U0221295

国家科学技术学术著作出版基金资助出版

优秀青年学者文库·工程热物理卷

生物质热解机理及目标产物定向调控机制

Mechanism of Biomass Pyrolysis and Product Regulation

杨海平　陈应泉　陈　伟　陈汉平　著

科学出版社

北　京

内 容 简 介

本书全面系统地介绍了生物质热解机理及目标产物定向调控的相关内容，包括从微观化学有机结构层面揭示生物质的热解机理，提出了热解多联产的生物质转化利用新思路，从原料特性、预处理过程、热解条件、无机矿物质迁移转化、热解生物炭理化结构演变、热解催化等多个方面对生物质热解多联产过程进行全面系统深入地描述，为生物质高值转化和综合利用奠定科学依据。

本书对在高校和科研院所从事生物质资源研究的科技工作者，以及从事生物质利用技术应用与推广的企业技术及管理人员具有很好的参考价值。

图书在版编目(CIP)数据

生物质热解机理及目标产物定向调控机制 / 杨海平等著. — 北京：科学出版社, 2025. 3. — ISBN 978-7-03-081616-0

Ⅰ. TK6

中国国家版本馆CIP数据核字第2025QB9831号

责任编辑：范运年　王楠楠 / 责任校对：王萌萌
责任印制：师艳茹 / 封面设计：蓝　正

科学出版社出版
北京东黄城根北街16号
邮政编码：100717
http://www.sciencep.com
北京中石油彩色印刷有限责任公司印刷
科学出版社发行　各地新华书店经销
*
2025年3月第　一　版　开本：720×1000　1/16
2025年3月第一次印刷　印张：13 1/2
字数：300 000

定价：138.00元

（如有印装质量问题，我社负责调换）

青年多创新，求真且力行(代序)

——青年人，请分享您成功的经验

能源动力及环境是全球人类赖以生存和发展的极其重要的因素，随着经济的快速发展和环境保护意识的不断加强，为保证人类的可持续发展，节能、高效、降低或消除污染排放物、发展新能源及可再生能源已经成为能源领域研究和发展的重要任务。

能源动力短缺及环境污染是世界各国面临的极其重要的社会问题，我国也不例外。虽然从 20 世纪 50 年代我国扔掉了“贫油”的帽子，但是“缺油、少气、相对富煤”的资源特性是肯定的。从 1993 年起，随着经济的快速发展，我国成为石油净进口国，截止到 2018 年，我国的石油进口对外依存度已经超过 70%，远远超过 50%的能源安全线。由于大量的能源消耗，特别是化石能源的消耗，环境受到很大污染，特别是空气质量屡屡为世人诟病。雾霾的频频来袭，成为我国不少地区的难隐之痛。我国能源工业发展更是面临经济增长、环境保护和社会发展的重大压力，在未来能源发展中，如何充分利用天然气、水能、核能等清洁能源，加快发展太阳能、风能、生物质能等可再生能源，洁净利用石油、煤炭等化石能源，提高能源利用率，降低能源利用过程中带来的大气、固废、水资源的污染等问题，实现能源、经济、环境的可持续发展，是我国未来能源领域发展的必由之路。

近年来，我国政府在能源动力领域不断加大科研投入的力度，在能源利用和环境保护方面取得了一系列的成果，也有一大批年轻的学者得以锻炼成长，在各自的研究领域做出了可喜的成绩。科学技术的创新与进步，离不开科研人员的辛勤努力，更离不开他们不拘泥于前人研究成果、敢于创新的勇气，需要青年学者的参与和孜孜不倦的追求。

近代中国发生了三个巨大的变革，改变了中国的命运，分别是 1919 年的五四运动、1949 年的中华人民共和国成立和 1978 年的改革开放。五四运动从文化上唤醒国人，中华人民共和国成立后从一个一穷二白的国家发展成初具规模的工业大国，变成了真正意义上的世界强国。改革开放将中国发展成世界第二大经济体。涉及国运的三次大事变，年轻人在其中发挥了重要的作用。

青年是创造力最丰富的人生阶段，科学的未来在于青年。

经过数十年的发展，我国已经成为世界上最大的高等教育人才的培养国，每年不仅国内培养出大量优秀的青年人才，随着国家经济实力不断壮大，大批学成的国外优秀青年学者也纷纷回国加入到祖国建设的队伍中。在“不拘一格降人才”的精神指导下，涌现出一大批“杰出青年”“青年长江学者”“青年拔尖人才”等优秀的年轻学者，成为所在学科的领军人物或学术带头人或学术骨干，为学科的发展做出重要贡献。

科学的发展需要交流，交流的最重要方式是论文和著作。古代对学者要求的“立德、立功、立言”的三立中，立言就是著书立说。一个人成功，常常谦虚地表示是站在巨人的肩膀上，就是参照前人的研究成果，发展出新的理论和方法。我国著名学者屠呦呦之所以能够发现青蒿素，就是从古人葛洪的著作中得到重要启发。诺贝尔物理学奖获得者杨振宁教授，除了与李政道合作的宇称不守恒理论之外，还提出了非阿贝尔规范场论以及杨-巴克斯特方程，为后来获得诺贝尔物理学奖奠定了很好的基础，他在统计力学和高温超导方面的贡献也为后来的工作起到重要的方向标作用。因此，著书立说，不仅对于个人的学术成熟和成长有重要的作用，对于促进学科发展、带动他人的进步也至关重要。

著名学者王国维曾在其所著的《人间词话》中对古今之成大事业、大学问者提出人生必经三个境界，第一境界是“昨夜西风凋碧树，独上高楼，望尽天涯路”；第二境界是“衣带渐宽终不悔，为伊消得人憔悴”；第三境界是“众里寻他千百度，蓦然回首，那人正在灯火阑珊处”。这里指出，做学问，成大事首先是要耐得住孤独；其次是要守得住清贫，要坚持。在以上基础上，成功自然就会到来。当然，著书是辛苦的。在当前还没有完全消除唯论文的现状下，从功利主义出发，撰写一篇论文可能比著一本书花费的时间、精力要少很多，然而，作为一个真正的学者，著书立说是非常必要的。

科学出版社作为国家最重要的科学文集出版单位，出于对未来发展、对培养青年人的重大担当，提出了《优秀青年学者文库 · 工程热物理卷》出版计划。该计划给了青年学者一个非常好的机会，为他们提供了很好的展现能力的平台，也给他们一个总结自己学术成果的机会。本套丛书就是立足于能源与动力领域优秀青年学者的科研工作，将其中的优秀成果展示出来。

国家的经济快速发展，能源需求日盛。化石能源消耗带来的资源和环境的担忧，给我们从事能源动力的研究人员一个绝好的发展机会，寻找新能源，实现可持续发展是我们工程热物理学科所有同仁的共同追求。希望我们青年学者，不辱使命，积极创新，努力拼搏，创造出一个美好的未来。

姚春德

2019 年 2 月 27 日

前　言

作为唯一含碳的可再生能源，生物质具有储量丰富、CO_2零排放、绿色可再生等优点，同时其还是唯一可转化为液体燃料的可再生能源，能与传统化石能源的利用进行很好的兼容，因此在能源转型过程中扮演着重要角色。随着我国经济以及城镇化的快速发展，农林废弃物、城镇生活垃圾、工业有机固废等生物质资源的量急剧增加，预计到2060年将增加到10亿吨标准煤，如果进行充分的利用，仅2060年就可减排20多亿吨CO_2当量。生物质的高效高值化利用不仅关乎国民经济的绿色、可持续发展，对我国碳中和目标的实现也有着显著的作用，符合我国可持续能源发展重大需求。

生物质热解可高效地将低品位生物质原料转化为气体燃料、液体油和固体生物炭，是生物质发展的重要方向。经过多年的努力，生物质热解技术取得了快速的发展，多个示范工厂得以建立；然而到目前为止，国内外生物质热解工艺得到的产物产率较低，热解油、炭的品质较低、成分复杂，进而限制了生物质热解技术的发展和应用。特别是随着新兴产业的发展(如精细化工、新能源产业(氢燃料电池、超级电容器)、土壤修复、环境保护等)，人们对高值清洁燃料、含碳化学品以及含碳新材料等的要求越来越高，现有技术和产品已无法满足迅速增长的需求，而且现有的研究多以单一产品的高值化为目标，生物质利用效率较低，经济性较差，造成这一状况的根本原因是缺乏对生物质热解过程机理的深入了解，因此，亟须弄清生物质热解机理，明晰热解产物的形成路径和调控机制，为生物质热解过程以及工艺优化调控奠定科学基础，这对生物质热解技术的发展以及生物质的利用有着重要的意义。

鉴于此，本书作者团队在生物质的热解机理及产物调控方面做了大量的工作，本书将基于前期的研究成果针对生物质的热解机理和热解目标产物调控等方面进行详细的阐述。本书共有11章，第1章主要对生物质的纤维组成(纤维素、半纤维素以及木质素)热解失重特性、吸放热特性以及挥发性气相产物、析出过程特性进行详细的分析，并对其热解动力学机理进行研究；第2章基于纤维组成对5种典型生物质原料进行热解动力学分析，确定生物质热解动力学机理，然后再结合热解气体产物的在线释放特性，深入分析生物质热解过程机理；第3、第4章分别以纤维素和半纤维素为主要研究对象，引入二维摄动红外相关光谱分析方法重点研究纤维素裂解过程中的断、成键机制以及生物炭结构演化过程，并结合气、液产物的析出特性全面解析纤维素和半纤维素的热解过程机理；第 5 章主要以木质素为对象，从初始热解阶段和剧烈热解阶段两个阶段详细研究木质素热解过程气体析出行为、官能团演变、热重特性、热解产物分布、生物炭结构变化等热解特性，深入揭示木质素热解机理；第 6 章主要针对典型生物质样品，重点分析热解产物分布特性、生物炭结构和挥发分演变规律，揭示生物质热解机理；第 7 章主要研究典型生物质热解动力学和产物析出特性，建立生物质热解过程以及产物形成特性与生物质原料特性的关联机制；第 8 章主要研究生物质催化热解制备液体燃料特性，重点分析金属氧化物、微孔分子筛等固体催化剂对生物质热解特性，特别是对生物油组成的影响，构建生物质催化热解制备高值液体燃料机制和调控措施；第 9 章主要研究活化改性以及表面掺杂对生物质热解生物炭理化结构及电容特性的影响，重点探究活化剂和掺氮剂的作用机理，形成了生物质热解绿色高效制备高富氮多孔生物炭新方法；第 10 章重点探讨固体生物炭、热解气、液体生物油联产耦合关联特性，提出生物质热解多联产新思路，建立生物质富氮热解联产高值含氮液体油和富氮热解炭材料工艺路线；第 11 章对目前生物质热解的研究前沿和发展方向进行总结和展望，以期为生物质进一步高效、高值转化和综合利用奠定科学依据。

本书在撰写过程中得到了本团队老师和博士研究生的支持，他们是王贤华、邵敬爱、张雄、陈旭、刘标、胡俊豪、胡强、李建、刘紫灏等，在此一并表示感谢。

本书及相关工作得到了国家自然科学基金委员会国家杰出青年科学基金项目(52125601)、优秀青年科学基金项目(51622604)及重点项目(50930006)等的资助，在此表示感谢！

由于作者水平有限，不妥或疏漏之处在所难免，敬请读者给予批评、指正！

作　者

2024 年 9 月

目　录

第1章　生物质纤维组成热解动力学和挥发分析出特性

1.1　引　　言

纤维素、半纤维素、木质素是生物质的主要有机成分，研究表明生物质的热解主要包括脱水干燥、半纤维素热解、纤维素热解和木质素热解四个阶段，而生物质的热解可以看作纤维组成热解的叠加。因此，了解纤维组成热解特性以及动力学对于理解生物质热解行为十分重要。鉴于此，本章主要采用热重分析仪与差示扫描量热仪研究纤维组成热解过程中的失重特性和吸放热特性，并对其动力学特性进行分析计算，而挥发分的析出特性采用傅里叶变换红外光谱仪进行在线分析，小分子气体产物采用固定床与微型气相色谱仪联用定量分析其产量[1]。该研究为了解纤维组成热解特性奠定了基础，对正确理解生物质热解过程也有着重要的意义。

1.2　纤维组成的结构特性

所采用的生物质纤维组成——纤维素、半纤维素和木质素样品，均购自西格玛奥德里奇化学药品公司(Sigma-Aldrich Chemie GmbH)，纤维素是白色粉末，平均粒径为20μm；而木质素为碱性木质素，灰褐色粉末，样品颗粒细而均匀，平均粒径约为50μm，其可溶于水，pH约为10.5(3wt%①)。然而对于半纤维素，因为很难从生物质中直接分离出半纤维素，一般以木聚糖作为样品来模拟半纤维素。本书研究的木聚糖从榉木中提取，其主要成分为聚*O*-乙酰基-4-*O*-甲基葡萄糖醛酸木糖，同时含有丰富的甲基葡萄糖醛酸侧链。生物质三组分的工业及元素分析结果见表1-1，纤维素的挥发分含量最高，而木质素中固定碳含量最高，且热值也最高。

纤维组成的有机官能团结构表征采用傅里叶变换红外光谱仪(FTIR，BioRad Excalibur 系列 FTS 3000)，检测器为氘化三甘氨硫酸酯(deuterated triglycine sulfate，DTGS)检测器，其可在短时间内(约1s)完成一次红外光谱(IR)扫描。具

① wt%表示质量分数。

表 1-1 生物质三组分的工业及元素分析

组分	工业分析(db)/wt%			元素分析(daf)/wt%					LHV/(MJ/kg)
	挥发分	固定碳	灰分	C	H	N	S	O	
纤维素	95.5	4.5	0.0	42.7	6.2	0.03	0.05	51.0	15.47
半纤维素	73.8	20.2	6.0	40.5	6.4	0.1	0.0	47.0	15.31
木质素	58.9	36.9	4.2	48.3	4.9	0.1	3.1	43.6	19.31

注：O 含量通过差减法得到，db 表示干燥基，daf 表示干燥无灰基，LHV 表示低位热值。

体分析方法为干燥的生物质样品(约 1.5mg)研磨后与 KBr 粉末(约 148.5mg)均匀混合压制而成 KBr 片(约 150mg)，生物质样品的量保持在 KBr 片总质量的 1%左右。所有 KBr 片都在相同的条件(质量、片的大小、压制时间和压制力度等)下制备。具体参数设置：分辨率为 $4cm^{-1}$，敏感度为 1，扫描频率为 2.5kHz，IR 光源开度为 $4\sim2000cm^{-1}$。在每次样品扫描前，先对纯 KBr 片进行 IR 扫描作为背景信息，在样品扫描中会自动扣除背景信息，以降低环境对 IR 扫描结果的影响。

纤维组分的红外吸收光谱如图 1-1 所示，从图中可知，它们主要由碳碳双键、醚键、芳环、羰基和羟基等官能团组成，如羟基 O—H($3400\sim3200cm^{-1}$)、羰基 C═O($1765\sim1715cm^{-1}$)、甲氧基 O—CH_3($1470\sim1430cm^{-1}$)、醚键 C—O—C($1090\sim1040cm^{-1}$)、羟基 C—OH($1220\sim1190cm^{-1}$)等，但三种组分有着不同的结构组成，纤维素含有较多的醇羟基(O—H)和醚键(C—O—C)，半纤维素有较多的羰基 C═O，木质素具有较丰富的甲氧基 O—CH_3 和羟基 C—OH 以及芳香环 C═C 结构。

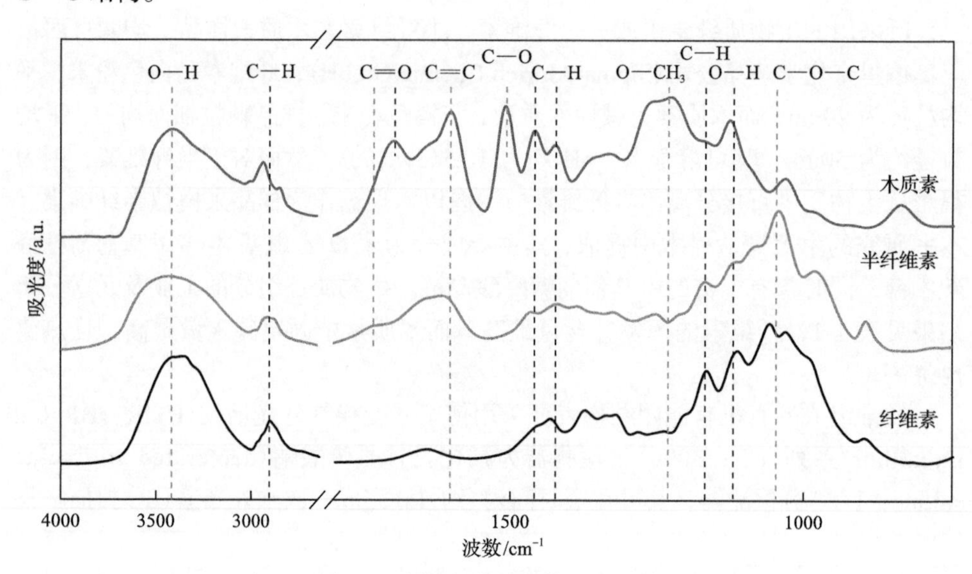

图 1-1 纤维组分的红外吸收光谱

1.3　纤维组成的热解失重与吸放热特性

纤维组成的热解失重特性采用热重分析仪(STA-449F3，德国耐驰)进行研究，具体方法如下：样品量为25mg，载气N_2(99.9999%)流速为40mL/min；样品从室温以10℃/min的升温速率加热到105℃，保温5min，以使样品完全干燥，然后以同样的升温速率加热到900℃，并恒温3min，以确保生物质完全热解。纤维组成的热解失重特性以热重(TG，wt%)曲线和微商热重(DTG，wt%/℃)曲线表示，热解过程中吸放热特性通过热重分析仪耦合同步差示扫描量热仪进行分析。

纤维组成(半纤维素、纤维素和木质素)的热解失重特性曲线见图1-2。从图中可以看出三组分的热解特性存在明显的差异，半纤维素的热解比较容易，在220℃开始缓慢热解，而后随温度升高，失重速率快速增加，并在260℃出现最大值(0.84wt%/℃)，而后失重速率快速降低，在315℃时失重速率降为约0.15wt%/℃；而随着温度的进一步升高(大于315℃)，失重速率逐渐减小，而当温度高于500℃时失重速率保持在约0.01wt%/℃，直到900℃。当温度在315℃时，半纤维素的热解过程基本结束，之后随温度升高无明显失重，生物炭残留物比例较高，大约为40wt%。半纤维素的易热解特性与它的结构有关，因为半纤维素的分子具有散乱的无定形结构，构成其高分子的各个支链很不稳定，在外界因素(稀酸或稀碱或加热)的影响下，易于发生水解或热裂解[2]。而纤维素分子是比较长的葡萄糖聚合体，其没有支链结构，以结晶体形式存在，结构坚固，较难分解，热解温度也相应较高[3]。因此，纤维素在315℃开始热解，随温度升高而快速分解，在355℃达到最大失重速率(2.1wt%/℃)；随温度的继续升高，失重速率快速减小，在400℃

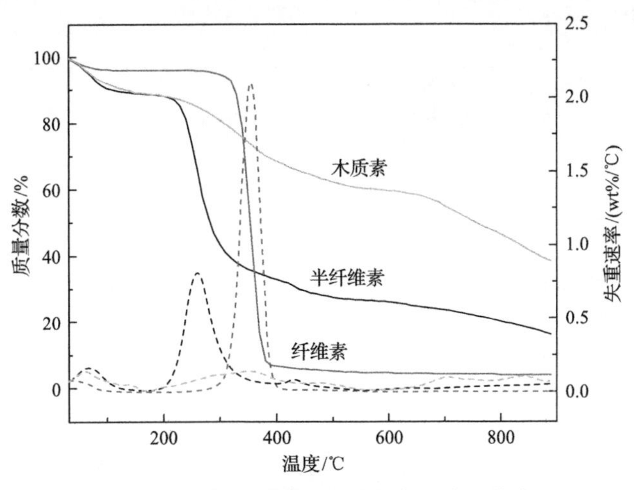

图1-2　生物质纤维组成热解失重特性曲线

实线表示热重曲线，虚线表示微商热重曲线

降为 0.027wt%/℃，热解基本结束，生物炭残留物较少，约为 6.6wt%。

相对于纤维素和半纤维素的快速失重热解，木质素的热解特性有明显不同。木质素的热解缓慢，所覆盖温度区域较宽，从 170℃开始发生缓慢热解，在 360℃达到最大失重速率(0.14wt%/℃)，木质素的 DTG 曲线宽而平。木质素的失重主要集中在两段：170～530℃和 650～900℃。在整个升温过程中，木质素以低于 0.14wt%/℃的低失重速率缓慢热解，当温度由室温升到 700℃时，木质素的失重仅约为 40wt%，它可能是木质素的缓慢炭化引起的，生物炭是木质素热解的主要产物，据知在生物质热解中木质素是形成生物炭的主要成分[4]。三组分热解的差别主要是由三组分内部结构和组成的不同引起的。木质素在化学结构上与纤维素及半纤维素相比具有很大的差异，纤维素和半纤维素都是多聚糖，和碳水化合物的特性相似。而木质素是主要由三种苯丙烷单体组成同时含有丰富的交叉支链结构的聚合体，其热稳定性最强，即使在强酸和强碱条件下，也不易降解[5]。生物质的三种主要组分的热解活性的大小为半纤维素＞纤维素＞木质素[6]。

纤维组分热解过程中的吸放热特性曲线如图 1-3 所示。当温度低于 200℃时，三组分的差示扫描量热(DSC)曲线表现出了相似的趋势，在 100℃左右是一个吸热的过程，这主要是由于生物质样品颗粒吸收热量，升温干燥，水分蒸发。不同于半纤维素和木质素的是，当温度继续升高(大于 200℃)时，纤维素在 355℃左右出现了一个较大的吸热峰，而半纤维素和木质素热解过程主要为放热，两个峰分别出现在 275℃和 365℃；这可能归因于三组分不同的结构和热解反应机制，炭化过程是放热的而挥发分析出过程是吸热的[7]。由于半纤维素和木质素热解产生的固体残留较多，它们的放热峰主要归因于炭化反应，纤维素的充分分解主要归因于快速脱挥发分反应，导致较少的固体残留[8]。为了更好地理解这一过程，还需要进一步的研究。

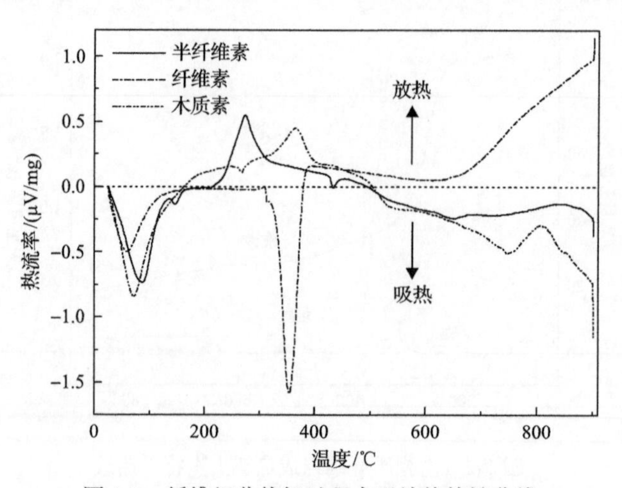

图 1-3　纤维组分热解过程中吸放热特性曲线

1.4　生物质三组分热解动力学

生物质热解动力学研究对生物质热解反应器设计和优化有重要的意义。假设生物质在热重分析仪中的热解反应是简单热裂解，其热解方程可以描述为式(1-1)，反应动力学机理可以简化为式(1-2)。其中，A(s)为原生物质固体，是反应物，B(s)是高温热解的固体剩余物——生物炭，C(g)是气体产物，它包括水蒸气、一氧化碳(CO)、二氧化碳(CO_2)、氢气(H_2)和一些碳氢化合物。

$$\mathrm{A(s)} \longrightarrow \mathrm{B(s)} + \mathrm{C(g)} \tag{1-1}$$

$$\frac{\mathrm{d}\alpha}{\mathrm{d}t} = kf(\alpha) \tag{1-2}$$

其中，α 为生物质的转化率，可以写为 $\alpha = \dfrac{w_0 - w}{w_0 - w_\infty}$，$w$ 为 t 时刻生物质样品的质量，w_0 和 w_∞ 为样品最初的质量和最终剩余质量；$f(\alpha)$ 为反应机理函数。

根据阿伦尼乌斯(Arrhenius)方程，$k = A\exp\left(-\dfrac{E}{RT}\right)$，式(1-2)可以转化为

$$\frac{\mathrm{d}\alpha}{\mathrm{d}t} = A\exp\left(-\frac{E}{RT}\right)f(\alpha) \tag{1-3}$$

其中，E 和 A 分别为热解反应的活化能和指前因子；R 为通用气体常数，R=8.314J/(mol·K)；T 为热力学温度。

为了得到生物质热解动力学参数 E 和 A，多采用非等温计算方法。非等温计算方法是指在热解过程中保持升温速率恒定，假设升温速率为 β，$\beta = \mathrm{d}T / \mathrm{d}t$，式(1-3)可以转化为

$$\mathrm{d}\alpha / \mathrm{d}T = (1/\beta)A\exp(-E/RT)f(\alpha) \tag{1-4}$$

假设热解反应是简单反应，其反应机理函数就可写为 $f(\alpha) = (1-\alpha)^n$，n 为反应级数，因此式(1-4)可以转化为

$$\mathrm{d}\alpha / \mathrm{d}T = (1/\beta)A\exp(-E/RT)(1-\alpha)^n \tag{1-5}$$

对于绝大多数情况，E 值很大，故 RT/E 项可近似于取零，并且有 $1-2RT/E \approx 1$，因此，热解动力学机理方程可以简化为

$$\ln[G(\alpha)] = -(E/RT) + \ln(AR/\beta E) \tag{1-6}$$

$$G(\alpha)=\begin{cases}-\ln(1-\alpha)/T^2, & n=1 \quad (1\text{-}7)\\ \left[1-(1-\alpha)^{1-n}\right]/(1-n)T^2, & n\neq 1 \quad (1\text{-}8)\end{cases}$$

如果所假设的反应级数 n 与真正的裂解反应级数一致，那么 $\ln[G(\alpha)]$ - $-1/T$ 图形应该是一条直线，便可从直线的斜率和截距分别计算出样品热解的活化能 E 和指前因子 A。

然而，随着热解温度的变化，热解反应机理可能会有所不同，因此不同温度下的热解动力学参数需进行独立的计算分析。当整个热解过程被分为几个阶段时，E 仅为单个温度段的活化能，与整个热解反应过程没有直接关系。为得到热解反应的总包动力学参数和热解特性，质量加权平均活化能用于分析样品热解的整体活性：

$$E_m = E_1F_1 + E_2F_2 + \cdots + E_nF_n \quad (1\text{-}9)$$

其中，$E_1, E_2,\cdots, E_n$ 为每个阶段的平均活化能；$F_1, F_2,\cdots, F_n$ 为各阶段相对失重份额。

为了准确确定热解动力学参数，假设多个不同的反应级数：n=0, 0.5, 1, 2, 3，通过式(1-6)～式(1-8)计算动力学参数活化能 E 和指前因子 A，正确的反应级数采用最佳拟合原则确定，生物质三组分的热解动力学参数计算结果见表 1-2。从质量加权平均活化能 E_m 计算结果可以得到生物质主要组分半纤维素、纤维素和木质素的活化能相差很大。与半纤维素和纤维素相比，木质素的热解动力学活化能很低，为 33.22kJ/mol，相应的指前因子也比较低。半纤维素的热解动力学活化能远远低于纤维素，这可能是由它们的结构差异引起的，如上所述，半纤维素分子结构散乱、不定形，热稳定性较差，因此其热解所需的活化能较低(约 70kJ/mol)，而纤维素结构坚固，较难热解，热解所需的活化能也相对较高(高于 200kJ/mol)。

表 1-2 生物质三组分的热解动力学参数

生物质样品	温度/℃	E/(kJ/mol)	A/s^{-1}	CR*	失重/wt%	E_m/(kJ/mol)
半纤维素	220～400	69.39	2.1×10^3	0.9902	46.8	69.39
纤维素	315～400	207.68	9.8×10^{13}	0.9969	86.4	207.68
	220～380	7.80	4.9×10^{-5}	0.9926	16.4	
木质素	380～530	8.20	0.0001	0.9973	9.1	33.22
	750～900	54.77	0.034	0.9907	30.0	

*拟合相关系数。

1.5　升温速率对纤维组成热解失重特性的影响

不同升温速率下的纤维素热解失重曲线如图 1-4 所示。不同升温速率下，纤维素热解的起始温度(T_i)、DTG 峰值和失重峰对应温度(T_{max})、热解结束温度(T_f)等特征点列于表 1-3 中。从图 1-4 可以看出，热解起始温度和结束温度随着升温速率的增加而增加，DTG 曲线的峰也随之变宽和趋于平滑。当升温速率很低时(0.1℃/min)，纤维素热解始于 230℃，而在 280℃后就几乎无失重发生；而当升温速率升高到 100℃/min 时，纤维素热解的起始温度推后到了 330℃，热解延续到 430℃左右结束，最大失重速率(DTG 峰值)对应的温度也随之升高，但最大失重速率明显降低。在不同升温速率下，纤维素热解的动力学活化能计算结果见表 1-3，为了简化计算，纤维素热解反应级数都设为 1。在不同升温速率下，拟合相关系

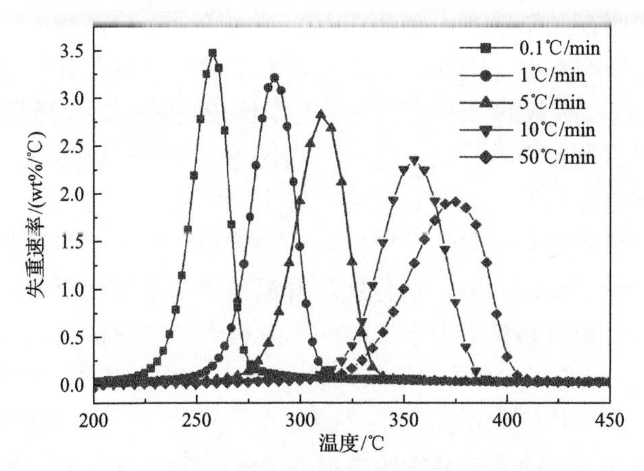

图 1-4　不同升温速率下的纤维素热解失重曲线

表 1-3　不同升温速率下纤维素的热解特性参数

升温速率/(℃/min)	T_i/℃	T_{max}/℃	DTG 峰值/(wt%/℃)	T_f/℃	E/(kJ/mol)	A/s^{-1}	CR
0.1	230	257	3.59	280	203.50	9.0×10^{14}	0.9898
0.5	250	280	3.38	300	216.58	1.4×10^{16}	0.9917
1	260	290	3.26	310	232.75	3.6×10^{17}	0.9962
5	280	310	2.75	330	217.32	9.0×10^{15}	0.9959
10	315	355	2.10	390	207.68	9.8×10^{13}	0.9969
20	317	360	2.07	395	206.36	1.1×10^{15}	0.9891
35	320	365	1.96	400	184.87	1.42×10^{13}	0.9891
50	325	375	1.86	410	160.44	7.04×10^{10}	0.9954
80	330	380	1.68	425	152.43	1.46×10^{10}	0.9993
100	330	385	1.61	430	153.85	2.42×10^{10}	0.9995

数都约为 0.99，这说明预先假设的反应级数(n=1)适于纤维素的热解过程。从表 1-3 可以看出，当升温速率在 0.1～20℃/min 变化时，纤维素的热解活化能无明显变化，约为 200kJ/mol；然而，当升温速率高于 35℃/min 时，随着升温速率的继续提高，纤维素热解活化能略有减小，当升温速率达到 100℃/min，活化能减少到 153.85kJ/mol，同时指前因子(A)也随升温速率的增加(大于 35℃/min)而明显降低。

在不同升温速率下，生物质热解特性温度(T_i、T_{max} 和 T_f)的变化很大程度上与生物质样品颗粒内外的传热、传质有关。当升温速率较低时，样品从内到外均匀受热，样品热解迅速，快速失重，最大失重速率也有显著增加(表 1-3)；相反，当升温速率较高时，样品颗粒内外温差增大，当样品表面开始升温热解时，颗粒内部的温度仍比较低，因此生物质的热解在更宽的温度范围内进行，最大失重速率逐渐减小，更多的生物质热解偏向高温区。随着升温速率的提高(从 0.1℃/min 到 20℃/min)，尽管特性温度有很大的变化，然而，所计算的热解活化能保持在约 200kJ/mol，这说明在升温速率小于 20℃/min 的情况下，样品内外的传热限制对生物质样品热解的影响不大，因此，上面的动力学参数计算在升温速率为 10℃/min 时(表 1-3)是正确、有效的。然而当升温速率比较高时(大于 35℃/min)，热传递的限制引起生物质颗粒内外较大的温差，热传递的作用逐渐增强，使计算得到的热解动力学活化能远远低于它的真实值。这主要因为在计算热解动力学参数时首要的假设条件是热解完全受化学反应控制，而传热、传质对热解没有影响。在高的升温速率下(大于 35℃/min)，活化能随升温速率的增加而降低。

升温速率对生物质热解动力学参数的影响很大，热重曲线的形状和热解过程的升温速率有关，造成同一样品在不同升温速率下得到的动力学参数不同(表 1-3)，但许多研究者认为活化能和指前因子之间存在补偿效应，即活化能的减小往往伴随着指前因子的增大。动力学补偿效应把动力学参数 E 和 A 相互联系起来，同一样品在不同升温速率下得到的 ln$A$-E 图形应为一条直线，如图 1-5 所示，纤维素在

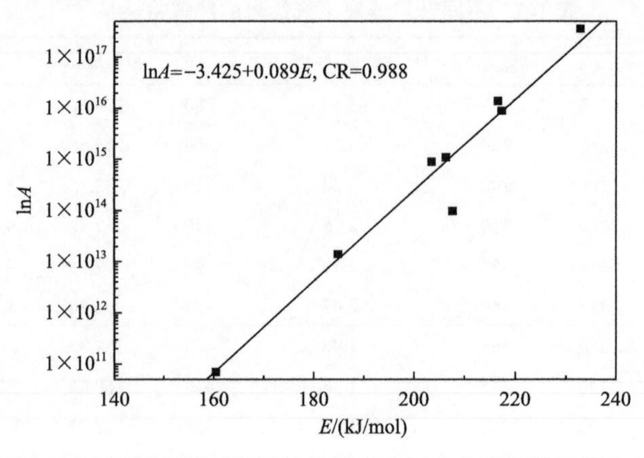

图 1-5 在不同升温速率下的纤维素热解动力学参数补偿效应

不同升温速率下的补偿效应，说明不同升温速率下，纤维素的活化能 E 和指前因子 A 有良好的补偿效应。

1.6　纤维组成热解过程中挥发分析出行为

热解过程中气体产物的释放特性采用热重分析仪与 FTIR 联用技术进行在线分析，红外光谱仪仍采用 BioRad Excalibur 系列 FTS 3000，检测器为 DTGS 检测器，FTIR 与热重分析仪(TGA)直接相连。TGA 的升温程序和前面一致，生物质热解过程中所释放的气体产物直接进入 FTIR 气室进行红外扫描分析，载气流量为 120mL/min，为 TGA 所允许的最大流量，目的是使热解气体产物尽快送入温度稍低的 FTIR 气室内进行监测分析，从而减少生物质热解产物发生二次分解的可能性。为避免半挥发性气体产物潜在的冷凝，在测试中红外气室和气体传输管路的温度保持在 230℃。FTIR 扫描的 IR 波数为 4000～500cm^{-1}，分辨率和敏感度分别为 2.5cm^{-1} 和 1。而当热解温度低于 150℃时，因为只有水分释放，所以 FTIR 的扫描分析从热重分析仪 150℃时才开始，直到热解结束(900℃)。为了方便、快捷地得到生物质热解过程的气体产物的三维红外谱图，扫描速率为 5s 一次，反应产物从热重反应器到红外检测器的过程中约有 1min 的滞后时间。

半纤维素热解气体产物析出过程的三维红外谱图如图 1-6 所示。对红外谱图中主要峰对应的挥发分组成进行解析，由红外谱图数据库可知，CO_2 波数为 2363cm^{-1}、667cm^{-1}、CO 波数为 2167cm^{-1}、CH_4 波数为 3017cm^{-1}，含有 C═O 有机官能团的化合物波数为 1730cm^{-1}，含有 C—O—C/C—C 有机官能团的化合物波数为 1167cm^{-1}。对于含 C═O 和 C—O—C/C—C 的有机化合物，它们主要是甲醛(CH_2O)、乙醛

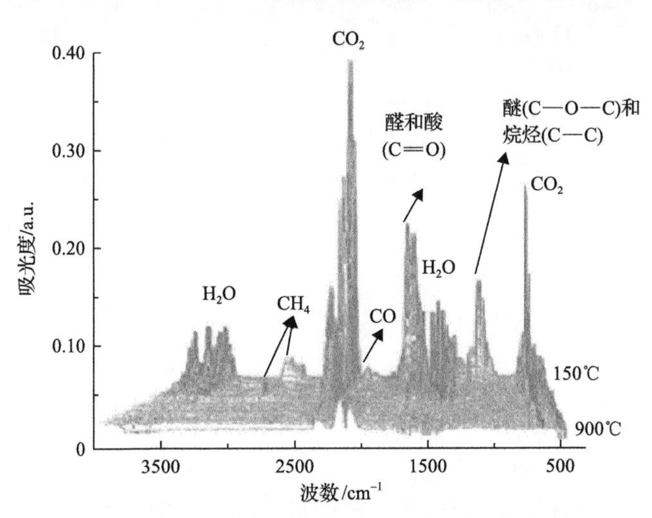

图 1-6　半纤维素热解气体产物析出过程的三维红外谱图

(CH$_3$CHO)、甲醇(CH$_3$OH)、甲酸(HCOOH)、苯酚(C$_6$H$_5$OH)和丙酮(CH$_3$COCH$_3$)等[9,10]。从图中可以看出，生物质热解的主要气体产物为二氧化碳(CO_2)、甲烷(CH_4)、一氧化碳(CO)和一些有机物(酸、醛(C═O)，烷烃(C—C)和醚(C—O—C)的混合物等)以及 H_2O。在温度较低时(200℃以下)，释放的气体主要是水蒸气；而随着温度的升高(200～400℃)，大量 CO_2 和 CO 析出，并伴有一定的含 C═O 和 C—O—C 有机物析出；而随着温度进一步升高(大于 400℃)，气体产物的析出量快速降低，在温度较高时(大于 600℃)仅有少量的 CO_2 和 CO 析出。气体产物的释放主要集中在低温区(200～400℃)，这与图 1-2 中生物质失重的特性一致。

由于红外测量的方法和操作遵循完全相同的程序，所以红外吸收峰的峰高的变化可以反映气体种类的浓度变化趋势[11,12]。因此，将生物质热解的主要气体产物的红外峰的峰高随温度的变化绘图，纤维素、半纤维素和木质素热解过程中气体产物的析出特性如图 1-7 所示。对于 CO_2，半纤维素有三个明显的释放峰，分别在 280℃、450℃和 660℃。在较低温度下(200℃)，CO_2 逐渐析出，并随着温度的升高快速析出，在 280℃出现第一个析出峰，这主要与半纤维素主链相连的 C—C

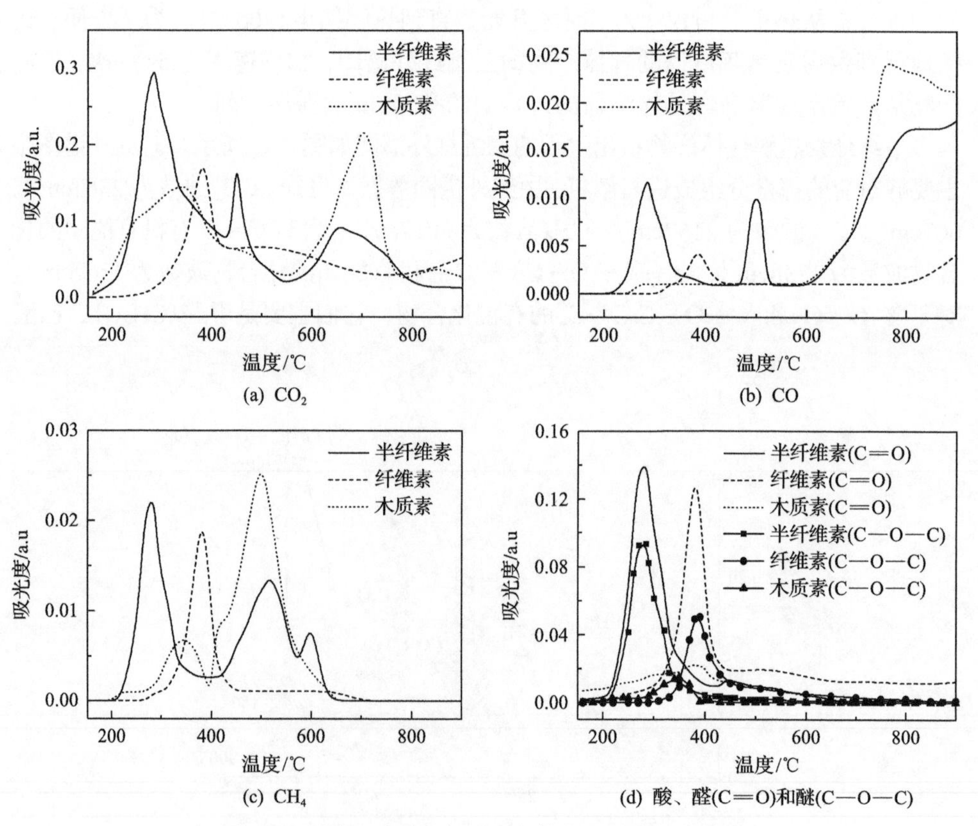

图 1-7　纤维组成热解挥发分气体析出过程特性曲线

和 C—O 键的断裂和脱落有关；而随着热解温度的继续升高，CO_2 的析出逐渐降低，但在 450℃左右出现一个小的肩峰；随着温度的继续升高，在 550℃后 CO_2 的析出又逐渐增大，并在 660℃有第三个析出峰，这主要是高温下生物炭的二次裂解脱羰基(C═O)和羧基(COOH)引起的。对于木质素，在 150℃就开始有 CO_2 缓慢析出，随着温度的升高而逐渐增多，在 340℃有第一个析出峰；而在较高温度时，其和半纤维素类似，在 700℃有第二个析出峰，且第二个峰明显高于第一个峰，这是因为木质素的热解主要集中在高温段。纤维素热解起始温度较高，类似地，CO_2 析出起始温度也较高，开始于 300℃，而且仅有一个小的 CO_2 释放峰(380℃)，这主要和纤维素中 C═O 基团含量较低有关(图 1-1)。由三种纤维组成的 CO_2 的析出特性可以发现：生物质热解过程中释放的二氧化碳主要是由低温(小于 500℃)下的半纤维素和高温(大于 500℃)下的木质素热解释放的，而纤维素仅在低温下有部分 CO_2 析出[1,13]。

对于 CO，在较低温度(小于 600℃)下，半纤维素显示出两个 CO 释放峰(280℃和 500℃)，这主要是因为一次裂解过程中半纤维素中醚键(C—O—C)和羰基(C═O)的裂解以及热解生物炭的二次裂解过程中大量析出 CO；然而，在高温(大于 600℃)下，CO 的析出快速升高，这可能是由生物炭和部分 CO_2 的重整反应引起的。木质素的热解在较低温度(小于 600℃)下几乎没有 CO 释放，但随着温度升高，CO 含量明显增加，在 760℃时达到最大值，这主要由木质素热解挥发分的二次热解以及固体生物炭的高温裂解导致。从纤维素中释放出的 CO 很少，仅在接近 380℃处观察到一个小峰。这主要因为纤维素中醚键和羰基较少，而半纤维素和木质素中有较多的醚键和羰基[14]。

CH_4 的形成主要集中在较低温度(小于 600℃)，这主要由生物质中甲氧基 O—CH_3 的裂解引起。半纤维素有两个主要 CH_4 释放峰(280℃和 520℃)，其分别由半纤维素一次热解和较高温度下的二次热解引起；而木质素有较多的 CH_4 析出，且其主要集中在 400～600℃，这主要与其有较高的 O—CH_3 含量有关(图 1-1)。有机化合物的释放不同于其他气体产物，它主要发生在低温下(半纤维素温度为 200～300℃，纤维素温度为 300～400℃)，这与纤维组成热失重温度一致，并且半纤维素和纤维素的热解贡献较大，而木质素的贡献可以忽略不计。

为了进一步定量分析纤维组成热解过程中气体产物的析出特性，采用固定床慢速热解实验系统对纤维素、半纤维素、木质素的慢速热解特性进行实验研究，并结合气相色谱仪对气体产物进行收集和定量分析。其中反应器为固定床反应器，石英管反应器高 650mm、内径 38mm、外径 42mm。生物质样品(约 2g)在反应器升温之前预先放置于反应器中，载气为 N_2(99.9999%)，以 120mL/min 流量由下向上连续供入，为生物质热解提供惰性环境。热解炉从室温以 10℃/min 的升温速率升温至 1000℃，然后快速冷却，热解结束。随着炉内温度的不断升高，生物质颗粒受热热解，挥发分逐渐挥发析出，并随载气排出到低温(冰水混合物)冷凝器，可冷凝气在冷凝器中冷凝，不可冷凝部分经过玻璃棉和硅胶颗粒除尘和干燥后采用气袋直接收集以供进一步定量分析。气体产物产量是通过整个热解温度段(200～1000℃)各种产物产量的累加得到的，具体方法就是由所测的体积含量和析出气体的总体积(气体产物产率与载气的流量之和)计算气体的体积产率，然后在常温常压下转化为质量产率(常温常压下 1mol 气体的体积为 24.45L)。

生物质热解的气体产物主要有 CO_2、CO、CH_4、H_2 和一些碳氢化合物(C_2)，其具体组成和含量采用微型气相色谱仪(Micro-GC, Varian, CP-4900, 双色谱柱)结合热导检测器(TCD)进行分析。Micro-GC 的双色谱柱：A 柱，分子筛 5A(MS- 5A)，Ar 为载气，可检测气体为 H_2、O_2、N_2、CH_4 和 CO；B 柱，Porapak Q(PPQ)，He 为载气，可以测定的气体成分为 CO、CH_4、CO_2 和一些碳氢化合物(C_2、C_3 等)。为了对气体产物的释放特性进行定量分析，Micro-GC 需进行气体的标定校准。所采用标准气体为商业配制的(H_2 35.89vol%①, CO 20.01vol%, CH_4 10.16vol%, CO_2 29.94vol%, C_2H_4 1vol%, C_2H_6 1vol%)，在标准气体中还含有 2vol%的 C_2H_2(预先假定气体产物中含有 C_2H_2)。A 柱(MS-5A)温度设为 95℃，测定 H_2、CO 和 CH_4，B 柱(PPQ)温度设为 60℃，测定 CO_2、C_2H_4 和 C_2H_6。气体收集为连续收集，一次延续 5min，气体收集起始时间为在炉温(温控仪温度)200℃时准时开始，直到热解反应结束，具体收集的温度段为 200～250℃、250～300℃、300～350℃、…、950～1000℃。

纤维组成热解过程中小分子气体的析出特性见图 1-8～图 1-10。可以看出，H_2 的析出主要集中在较高温度(大于 500℃)，并且随着温度升高，H_2 的释放量大

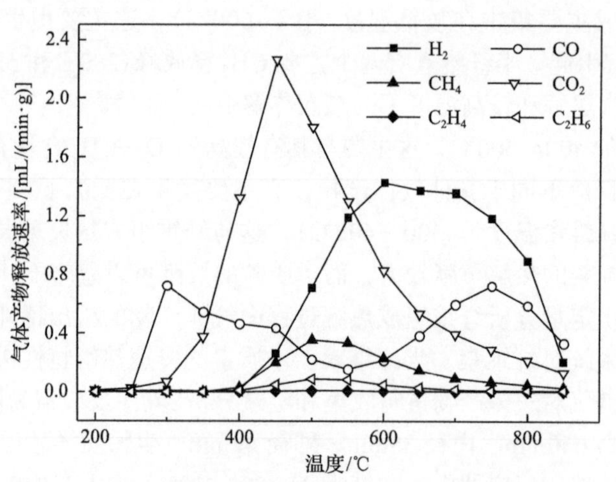

图 1-8 半纤维素慢速热解过程中气体产物的析出特性

① vol%表示体积分数。

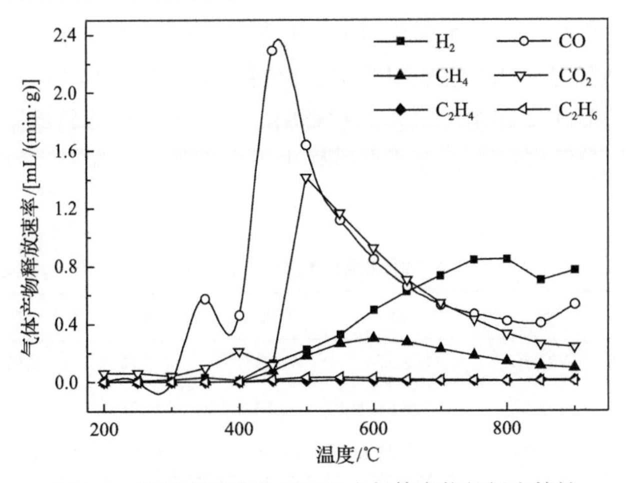

图 1-9　纤维素慢速热解过程中气体产物的析出特性

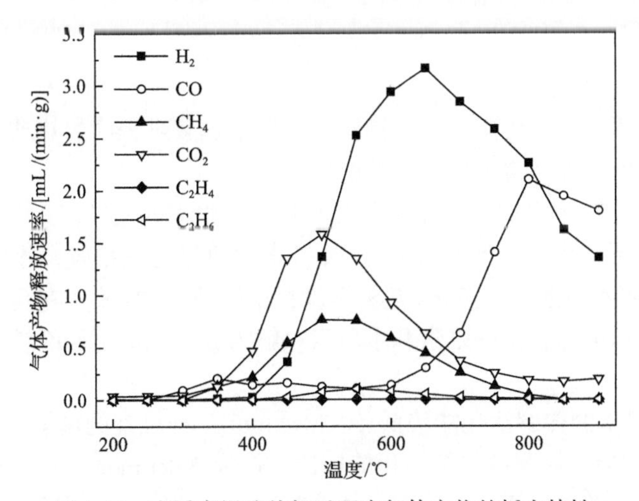

图 1-10　木质素慢速热解过程中气体产物的析出特性

大增加。对于半纤维素和木质素，H_2的释放非常显著，并且在接近 600℃时达到最大释放速率。CO_2主要集中在 400～600℃，在 450～500℃时达到最大释放速率。CH_4的析出与 CO_2相似，但其产率较小，并且发现 CH_4的最大释放速率在 500～600℃；而 C_2H_4和 C_2H_6的析出量通常非常低。与其他气体相比，CO 具有不同的释放特性，对于半纤维素，CO 有两个释放峰，分别对应低温一次热解(300℃)和高温二次热解(750℃)，和 FTIR 结果一致；纤维素的 CO 主要析出峰约 450℃；木质素 CO 的释放较晚，在 600℃才开始析出，释放速率随温度的升高而增加，在 800℃达到最大值[15, 16]。

表 1-4 给出了纤维组成热解气体产物产率，其通过对整个温度范围(200～900℃)中气体产物析出速率曲线积分求和得到，是生物质热解过程中每种气体的

总产率。从表中可以看出，木质素具有最高的 H_2 和 CH_4 产率，这主要因为木质素样品中芳香环和 O—CH_3 官能团的含量较高，H_2 主要来自 C═C 和 C—H 的开裂和分解，而 CH_4 主要是由甲氧基的裂解引起的[17, 18]；由于纤维素中羰基含量较高，因此其 CO 产量最高[19]；而半纤维素由于含有较多的羧基，所以其 CO_2 的产量最高[20]。

表 1-4 纤维组成热解气体产物产率 （单位：mL/g）

样品	H_2	CO	CH_4	CO_2	C_2H_4	C_2H_6
半纤维素	427.70	262.77	76.97	475.13	2.58	18.05
纤维素	268.17	484.68	89.84	321.73	3.72	8.25
木质素	1019.28	413.72	194.47	381.82	1.67	20.51

1.7 本 章 小 结

本章主要研究了纤维素、半纤维素、木质素热解过程中的热动力学特性以及气体产物的析出特性，得出的主要结论如下。

(1)半纤维素、纤维素和木质素的热解特性有很大的差异，其中半纤维素易于热解，失重主要发生在 220～315℃，纤维素的热稳定性稍好，热解主要集中在 315～400℃，而木质素难以热解，热解温度范围较宽，主要集中在高温(>400℃)，且生物炭残余量最高；半纤维素和木质素热解为放热反应，而纤维素热解主要为吸热反应。

(2)半纤维素的热解活化能较低(约 70kJ/mol)，纤维素的热解活化能较高，高于 200kJ/mol，但木质素的热解活化能较低，仅为 33kJ/mol 左右；热解反应除了木质素的高温热解外均为一级反应。随着升温速率的增大，纤维素的热解温度升高，并且失重速率降低；当升温速率从 0.1℃/min 增大到 1℃/min 时，活化能随升温速率的增大而升高，而当升温速率大于 1℃/min 时，随着升温速率的升高，热解活化能明显降低，活化能和指前因子间有很好的补偿效应。

(3)挥发分的析出与热解失重行为有很好的一致性，CO_2 主要是一次热解产物，而 CO 和 CH_4 主要来源于生物质挥发分的二次热解，有机挥发分(醛、酸、醚等)主要在低温下析出；同时纤维素有较高的 CO 产率，半纤维素有较高的 CO_2 产率，而木质素有较高的 H_2 和 CH_4 产率。

参 考 文 献

[1] Yang H P, Yan R, Chen H P, et al. Characteristics of hemicellulose, cellulose and lignin pyrolysis[J]. Fuel, 2007, 86(12-13): 1781-1788.

[2] Werner K, Pommer L, Broström M. Thermal decomposition of hemicelluloses[J]. Journal of Analytical and Applied Pyrolysis, 2014, 110: 130-137.

[3] Suhas, Gupta V K, Carrott P J M, et al. Cellulose: A review as natural, modified and activated carbon adsorbent[J]. Bioresource Technology, 2016, 216: 1066-1076.

[4] Yang W, Fang M N, Xu H, et al. Interactions between holocellulose and lignin during hydrolysis of sawdust in subcritical water[J]. ACS Sustainable Chemistry & Engineering, 2019, 7(12): 10583-10594.

[5] Wang S R, Dai G X, Yang H P, et al. Lignocellulosic biomass pyrolysis mechanism: A state-of-the-art review[J]. Progress in Energy and Combustion Science, 2017, 62: 33-86.

[6] Yeo J Y, Chin B L F, Tan J K, et al. Comparative studies on the pyrolysis of cellulose, hemicellulose, and lignin based on combined kinetics[J]. Journal of the Energy Institute, 2019, 92(1): 27-37.

[7] Deng J, Xiong T Y, Wang H Y, et al. Effects of cellulose, hemicellulose, and lignin on the structure and morphology of porous carbons[J]. ACS Sustainable Chemistry & Engineering, 2016, 4(7): 3750-3756.

[8] Zhou X W, Li W J, Mabon R, et al. A critical review on hemicellulose pyrolysis[J]. Energy Technology, 2017, 5(1): 52-79.

[9] Zhang L Q, Li K, Zhu X F. Study on two-step pyrolysis of soybean stalk by TG-FTIR and Py-GC/MS[J]. Journal of Analytical and Applied Pyrolysis, 2017, 127: 91-98.

[10] Yao Z L, Ma X Q, Wu Z D, et al. TGA-FTIR analysis of co-pyrolysis characteristics of hydrochar and paper sludge[J]. Journal of Analytical and Applied Pyrolysis, 2017, 123: 40-48.

[11] Xu F F, Wang B, Yang D, et al. TG-FTIR and Py-GC/MS study on pyrolysis mechanism and products distribution of waste bicycle tire[J]. Energy Conversion and Management, 2018, 175: 288-297.

[12] Bassilakis R, Carangelo R M, Wójtowicz M A. TG-FTIR analysis of biomass pyrolysis[J]. Fuel, 2001, 80(12): 1765-1786.

[13] Yang H P, Yan R, Chen H P, et al. In-depth investigation of biomass pyrolysis based on three major components: Hemicellulose, cellulose and lignin[J]. Energy & Fuels, 2006, 20(1): 388-393.

[14] Wang S R, Ru B, Dai G X, et al. Mechanism study on the pyrolysis of a synthetic β-O-4 dimer as lignin model compound[J]. Proceedings of the Combustion Institute, 2017, 36(2): 2225-2233.

[15] Dussan K, Dooley S, Monaghan R F D. A model of the chemical composition and pyrolysis kinetics of lignin[J]. Proceedings of the Combustion Institute, 2019, 37(3): 2697-2704.

[16] Kawamoto H. Lignin pyrolysis reactions[J]. Journal of Wood Science, 2017, 63(2): 117-132.

[17] Patwardhan P R, Brown R C, Shanks B H. Understanding the fast pyrolysis of lignin[J]. ChemSusChem, 2011, 4(11): 1629-1636.

[18] Ha J M, Hwang K R, Kim Y M, et al. Recent progress in the thermal and catalytic conversion of lignin[J]. Renewable & Sustainable Energy Reviews, 2019, 111: 422-441.

[19] Yang H P, Gong M, Hu J H, et al. Cellulose pyrolysis mechanism based on functional group evolutions by two-dimensional perturbation correlation infrared spectroscopy[J]. Energy & Fuels, 2020, 34(3): 3412-3421.

[20] Yang H P, Li S J, Liu B, et al. Hemicellulose pyrolysis mechanism based on functional group evolutions by two-dimensional perturbation correlation infrared spectroscopy[J]. Fuel, 2020, 267: 117302.

第2章 基于热重-红外联用的生物质热解动力学研究

2.1 引言

热重-红外联用技术是研究生物质热解及其过程机理的重要手段之一。热分析可以获得生物质热解动力学的众多信息，包括热解温度、反应级数、活化能等。生物质由半纤维素、纤维素、木质素组成，有研究者通过三组分与生物质的热分析推测三组分之间的热解特性具有相对的独立性，可以将生物质的热解行为划分为相对独立的分解过程，进一步，有研究者通过三组分热解模型解析不同生物质的热解过程[1, 2]。生物质热解多联产以产物为导向，深入分析热解过程中的产物析出机制才能掌握获得目标产物的调控手段。热分析只能给出生物炭产率在热解过程中的变化，而通过热解气体产物的释放特性能够更加详细地了解热解机理。鉴于此，本章将利用三组分模型对5种生物质原料进行热解动力学分析，确定各个阶段的热解动力学参数，然后再结合在线热解气体产物的释放特性，深入分析生物质热解过程机理。

2.2 实验样品与方法

2.2.1 生物质样品

本节所采用的生物质样品包括棉秆、油菜秆、烟梗、稻壳和竹屑，其工业和元素分析结果见表2-1。从表中可知生物质原料都具有较高的挥发分(V)和较低的

表2-1 生物质样品的工业分析与元素分析结果

样品	工业分析/(wt%, ad)				元素分析/(wt%, ad)					LHV/(MJ/kg)
	M	V	A	FC	C	H	N	S	O	
棉秆	4.65	74.96	2.59	17.80	45.22	6.34	1.15	0.34	37.70	17.18
油菜秆	3.88	81.99	4.60	9.53	45.63	5.73	0.45	0.21	39.50	16.31
烟梗	5.23	63.56	24.33	6.88	34.14	4.37	2.42	0.44	29.08	12.34
稻壳	2.34	66.10	15.84	15.72	40.80	5.22	0.29	0.08	35.46	14.69
竹屑	3.58	84.44	0.73	11.25	49.29	5.86	0.20	0.10	40.25	17.58

注：M表示水分；V表示挥发分；A表示灰分；FC表示固定碳；O由差减法计算得到；ad表示空气干燥基。表中数据为四舍五入结果。

固定碳含量，5 种原料中油菜秆和竹屑有较多的挥发分(＞80wt%)，而烟梗含有较多灰分，含量高达 24.33wt%，同时烟梗也含较多 N，高达 2.42wt%。生物质的热值较低，棉秆、竹屑和油菜秆的低位热值为 16～18MJ/kg，而烟梗由于具有较多的无机矿物质灰，其低位热值仅为 12.34MJ/kg。

图 2-1 为 5 种原料的 FTIR 分析谱图，5 种原料的有机官能团结构主体类似，但因不同生物质三组分的含量不同(表 2-2)，其各官能团在 FTIR 谱图上的相对强度有一定的差异。羟基($3600\sim3400cm^{-1}$)主要来源于纤维素、半纤维素，其强度相对较高，而 5 种原料棉秆的峰值最高，而稻壳和竹屑中羟基含量较低。芳环—CH_2—($2975\sim2740cm^{-1}$)主要是三组分脂肪支链结构的体现，其极性较弱，强度也相对较低。而由 5 种生物质样品在 $2927cm^{-1}$ 附近的吸光度对比可以发现，棉秆的峰值最高，油菜秆、烟梗次之，稻壳和竹屑最低。羰基($1740\sim1610cm^{-1}$)主要来源于半纤维素、木质素支链结构中的醛、酮、羧酸键结构，5 种原料中棉秆最高，油菜秆次之，而烟梗、稻壳和竹屑很低。在指纹区，则还有醚键(C—O—C，$1050cm^{-1}$)、苯环中的 C—C 键($1600\sim1560cm^{-1}$)等。烟梗中在 $1450\sim1390cm^{-1}$

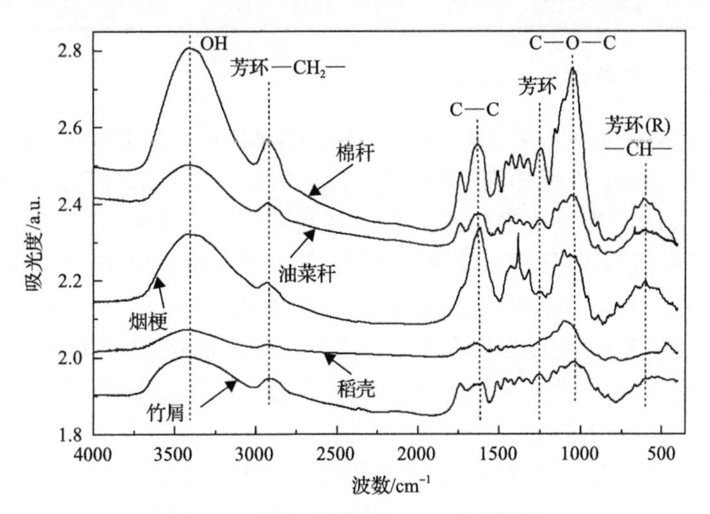

图 2-1　生物质原样的 FTIR 分析谱图

表 2-2　生物质三组分的组成　　(单位：wt%，ad)

样品	半纤维素	纤维素	木质素
棉秆	21.98	35.50	29.87
油菜秆	19.92	37.12	22.10
烟梗	11.78	26.43	18.63
稻壳	19.00	21.90	27.80
竹屑	26.10	40.10	30.90

有一个非常尖锐的峰，这一般认为是蛋白质中含氮官能团的体现，如 CO—NH_2 官能团。

5种生物质原料的三组分含量见表2-2，发现油菜秆和竹屑具有较高的纤维素，竹屑和棉秆有较高的木质素，而烟梗中灰分及抽提物含量较多。5 种原料的无机矿物质灰组成成分如表 2-3 所示，可以看出不同生物质的无机矿物质灰组成明显不同。稻壳灰以 SiO_2 为主（＞80%）；而棉秆、竹屑和油菜秆中含有较高的 K、Ca 和 Mg 等碱金属和碱土金属盐。

表 2-3　生物质无机矿物质灰组成成分　（单位：wt%）

样品	Na_2O	MgO	Al_2O_3	SiO_2	P_2O_5	K_2O	CaO	TiO_2	Fe_2O_3	SO_3	Cl
棉秆	6.45	10.73	4.06	14.70	7.70	16.24	20.66	0.23	2.64	5.90	4.62
油菜秆	3.42	3.10	0.49	2.34	2.12	31.50	18.43	0.03	0.30	14.02	14.21
烟梗	0.38	5.88	5.00	16.04	4.05	21.20	30.36	0.04	0.08	7.96	8.34
稻壳	0.05	0.76	1.23	83.15	—	3.50	1.57	0.78	2.46	—	—
竹屑	0.92	4.28	1.38	27.95	3.65	27.58	8.72	0.45	1.55	3.68	15.24

2.2.2　热解实验与测试分析方法

生物质热解失重过程采用热重分析仪（STA-449F3，德国耐驰）进行分析。每次实验约使用 20mg 干燥样品，粒径为 0.105～0.3mm，以 10℃/min 的升温速率从室温升至 800℃直至热解结束。气体挥发分采用 FTIR（VERTEX 70，德国 Bruker）进行在线收集分析。为避免挥发分的二次分解和热解气的冷凝，以 100mL/min 的高纯氮气将热解气迅速带入 FTIR 分析仪中；同时 TGA 与 FTIR 间的气体管路敷有加热带，温度保持在 250℃。FTIR 扫描的波数范围为 4000～400cm^{-1}，波数分辨率是 4cm^{-1}，吸光度分辨率是 0.1；但是由于管路输送延迟，FTIR 的数据分析会有 1～2min 的滞后。

生物质热解动力学模型基于如下的假设，即热解过程中，半纤维素、纤维素和木质素的热解为独立热解，而总的热解过程为三组分热解的叠加。非等温条件下各组分与生物质热解反应动力学描述如式（2-1）所示：

$$\frac{\mathrm{d}\alpha}{\mathrm{d}T}=\sum_{i=1}^{3}C_i\frac{\mathrm{d}\alpha_i}{\mathrm{d}T}=\sum_{i=1}^{3}A_i\exp\left(-\frac{E_i}{RT}\right)(1-\alpha_i)^{n_i} \tag{2-1}$$

其中，α、α_i 分别为生物质整体、各单个组分的转化率；C_i 为单个组分对生物质整体转化率的贡献；T 为热力学温度；R 为通用气体常数（R=8.314J/(mol·K)）；n_i 为反应级数。

热解气体析出动力学计算选用单反应模型计算了轻质气体分子的形成动力学特性[2]。典型气体红外信号强度与轻质气体分子析出量呈正相关，因此强度变化率可以反映出气体的释放速率。气体物种的转化率(α)可以写成如下形式：

$$\alpha = \frac{\mathrm{IR}(T) - \mathrm{IR}(0)}{\mathrm{IR}(\infty) - \mathrm{IR}(0)} \tag{2-2}$$

其中，IR(T)为温度 T 下挥发分的 FTIR 信号；IR(0)为初始温度下木质素热解析出的挥发分的 FTIR 信号；IR(∞)为最终温度下木质素热解析出的挥发分的 FTIR 信号。类似于非等温失重热解，气体释放也遵循 Arrhenius 方程，其计算过程与固体热解过程类似，采用式(1-5)来计算。

2.3　典型生物质热解过程失重特性

5 种生物质的热解失重及失重速率曲线如图 2-2 所示，表 2-4 给出了对应的热

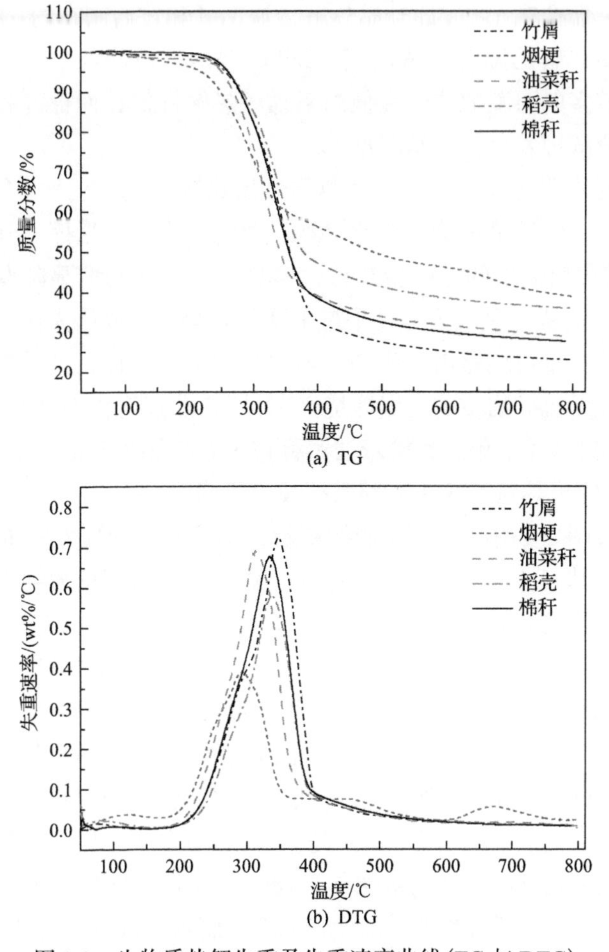

图 2-2　生物质热解失重及失重速率曲线(TG 与 DTG)

表 2-4 生物质热解特性参数

样品	热解特性参数		
	失重区间/℃	最大失重速率/(wt%/℃)	T_{max}/℃
棉秆	224～394	0.676	333
油菜秆	212～373	0.690	313
烟梗	190～347	0.390	293
稻壳	223～394	0.579	339
竹屑	213～397	0.723	347

解特性参数。由于生物质样品经过了预烘干过程，所以在温度低于 100℃时，5种生物质的质量基本保持不变。而随温度的升高(大于 180℃)，原料热解特性的差异逐渐体现：烟梗在 190℃即开始热解，油菜秆和竹屑则在约 210℃开始热解，棉秆和稻壳开始热解的温度最高(大于 220℃)[3]。这可能与生物质中可萃取物有关，烟梗含有较多的可萃取物，在低温下易于热解挥发；而棉秆和稻壳的可萃取物含量很低，热解挥发分析出稍困难[4]。

而随着温度的升高(>220℃)，生物质开始热解，迅速进入一个显著的失重阶段(220～400℃)，失重量占总失重的 80%～90%，生成大量挥发分，此区间为主热解区；而随着热解温度的进一步升高(>400℃)，失重量明显降低直到无明显失重，在热重(TG)曲线上呈现为一种平缓下降的趋势；一般认为在此区间为缓慢炭化阶段，微量的失重可能是由于生物炭内部结构重整而释放少量挥发分，也可能是由于可挥发性无机矿物质的高温煅烧。5 种原料热解终止温度有一定的差异性，烟梗在 350℃即完成了热解，紧接着油菜秆在 370℃完成热解，而棉秆、稻壳、竹屑则在 400℃才完成热解，这主要与其挥发分组成有关。

如表 2-4 及图 2-2 中的 DTG 曲线所示，不同原料的最大失重速率(DTG_{max})有明显的差异，其对应的温度也各不相同。最大失重速率从大到小依次是竹屑、油菜秆、棉秆、稻壳和烟梗。对生物质干燥基挥发分(V_{db})、灰分(A_{db})与 DTG_{max} 的关系进行线性拟合，其结果如图 2-3 所示，V_{db} 与 DTG_{max} 呈现正相关的关系，而 A_{db} 与 DTG_{max} 呈现负相关的关系；从线性拟合度 R^2 分析可知，A_{db} 与 DTG_{max} 的线性相关度要高于 V_{db} 与 DTG_{max} 的线性相关度；烟梗的 V_{db} 与稻壳相当，但是其 DTG_{max} 值却只有稻壳的 67%，这可能要归因于较多的挥发分在出现最大失重速率之前即在低温时析出，并且这种挥发分在烟梗中所占比例较高。最大失重速率所对应的温度(T_{max})从低到高依次是烟梗、油菜秆、棉秆、稻壳和竹屑。半纤维素的 T_{max} 为 260℃，纤维素的 T_{max} 为 355℃，而木质素的 T_{max} 则为 360℃，5 种

原料的 T_{max} 都低于木质素的 T_{max}，由此表明，5 种天然生物质原料热解最大失重速率(DTG_{max})出现时木质素可能还未显著分解。

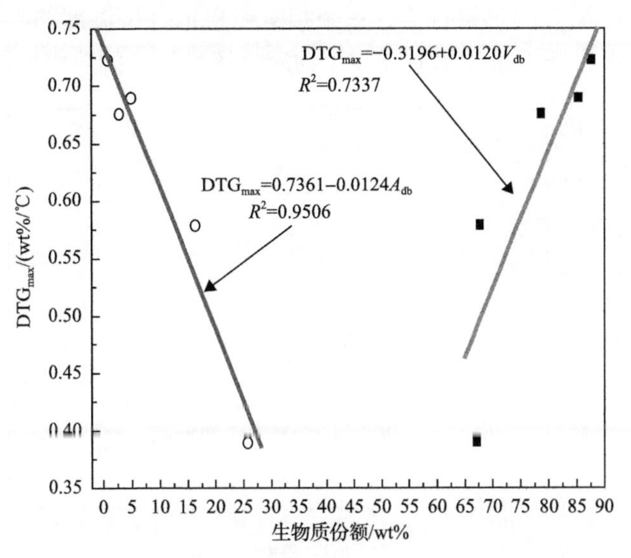

图 2-3 生物质干燥基挥发分/灰分与最大失重速率的关系图

2.4 基于高斯分峰的生物质热解动力学研究

从图 2-2 可知生物质热解失重速率曲线具有典型的峰形结构，虽然都是单峰结构，但是具有明显的隐藏肩峰，这可能是三组分独立热解峰叠加的效果。本节基于 Coats-Redfern 方法对 5 种生物质的热解过程进行三组分热解模拟研究，并在化学反应途径上有一定的改进，分别将半纤维素、纤维素和木质素的反应级数选为 2、1 和 2，而这里通过迭代优化法，不断调整反应级数而获得拟合度最高的结果。

图 2-4 是以竹屑为例的生物质热解失重过程高斯拟合示意图，在主热解区能够以三个高斯拟合峰很好地对生物质热解过程中的 DTG 峰进行拟合，相关系数(CR)都大于 0.99，说明计算过程具有较高的准确性。表 2-5 列出了 5 种原料高斯拟合峰的参数表，T_{peak} 为拟合峰峰位对应的温度，T_{range} 为拟合峰温度区间。前期研究发现半纤维素、纤维素和木质素的热解区间分别在 220～315℃、315～400℃和 220～900℃，DTG 峰值温度为 260℃、355℃和 360℃[1]；以竹屑为例，拟合峰Ⅰ温度区间为 214～384℃，峰值温度在 299℃，温度区间与半纤维素基本重合，峰值温度则稍微偏高，可能是生物质中半纤维素比木聚糖结构更加复杂；拟合峰Ⅱ温度区间为 300～407℃，峰值温度为 353℃，与纯纤维素的热解

相比，基本与纤维素的热解温度区间吻合；拟合峰Ⅲ温度区间为 174～594℃，峰值温度为 384℃，基本上位于木质素热解区间。综上所述，所选高斯拟合峰能够很好地对应三组分的热解行为，三个拟合峰根据峰位温度的由低到高，可依次代替半纤维素、纤维素和木质素在生物质热解过程中的热解特性。

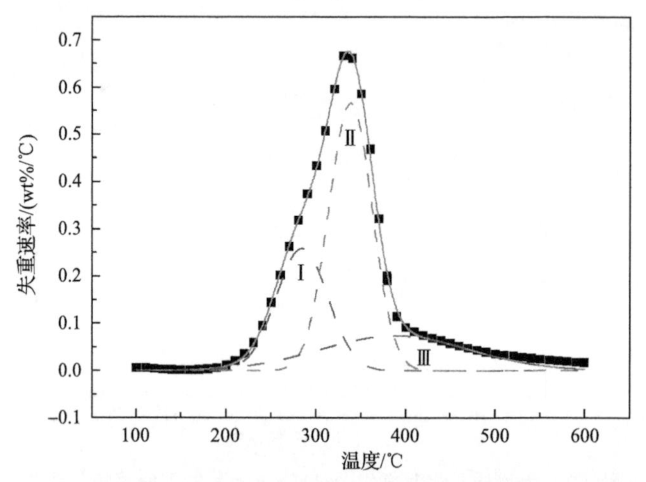

图 2-4　典型生物质热解失重速率曲线高斯拟合峰示意图(竹屑)

表 2-5　生物质三组分模型高斯拟合峰参数表　　(单位：℃)

样品	拟合峰Ⅰ		拟合峰Ⅱ		拟合峰Ⅲ	
	T_{peak}	T_{range}	T_{peak}	T_{range}	T_{peak}	T_{range}
棉秆	284	217～352	338	281～395	387	191～585
油菜秆	268	208～329	319	264～375	358	164～552
烟梗	261	204～319	305	254～357	359	167～551
稻壳	284	222～347	340	285～396	387	190～583
竹屑	299	214～384	353	300～407	384	174～594

表 2-6 为基于高斯拟合峰的生物质热解动力学参数，相关系数(CR)的数值基本上都处在 0.999 以上，表明所得动力学参数准确可靠。然而，与表 1-2 中半纤维素的热解活化能为 69.39kJ/mol 不同[1]，这里计算所得五种生物质热解时半纤维素分解的反应级数处在 1.445～1.592，活化能为 95.88～127.13kJ/mol，所得结果偏高，可能与木聚糖与生物质中半纤维素结构上的差异有关，木聚糖的热稳定性偏低；除竹屑外，其他四种原料的活化能接近，在 125kJ/mol 左右，从反应级数来看，也都在 1.5 左右。竹屑中半纤维素活化能仅有 95.88kJ/mol，低于其他四种原料，这可能与竹屑中无机矿物质的低温催化有关[5]。

表 2-6　基于高斯拟合峰的生物质热解动力学参数

样品	组分	占比/%	反应级数	指前因子/s^{-1}	活化能/(kJ/mol)	相关系数	总反应活化能/(kJ/mol)
棉秆	半纤维素	27.19	1.592	6.11×10^9	127.13	0.9988	132.00
	纤维素	50.14	1.507	5.29×10^9	173.42	0.9990	
	木质素	22.67	1.210	8.70×10^9	46.22	0.9992	
油菜秆	半纤维素	21.74	1.445	4.78×10^9	122.54	0.9991	122.85
	纤维素	52.50	1.491	1.79×10^9	162.70	0.9992	
	木质素	25.76	1.244	5.76×10^9	41.86	0.9996	
烟梗	半纤维素	21.62	1.445	1.18×10^9	124.73	0.9992	81.87
	纤维素	25.89	1.505	1.89×10^9	169.68	0.9992	
	木质素	52.49	1.211	6.43×10^9	20.90	0.9949	
稻壳	半纤维素	23.01	1.446	3.24×10^9	124.55	0.9993	123.89
	纤维素	51.10	1.404	5.86×10^9	163.27	0.9994	
	木质素	25.89	1.245	8.02×10^9	45.61	0.9997	
竹屑	半纤维素	37.89	1.452	2.99×10^9	95.88	0.9991	123.44
	纤维素	42.66	1.455	2.30×10^9	185.31	0.9992	
	木质素	19.45	1.211	3.60×10^9	41.44	0.9995	

本节计算所得纤维素热解的反应级数也为 1.5 左右，活化能从低到高依次是油菜秆、稻壳、烟梗、棉秆和竹屑，数值介于 162.70～185.31kJ/mol；除烟梗外，其余四种原料纤维素含量越高，对应纤维素的活化能越低。这主要因为生物质中的纤维素结构与纯纤维素结构有一定的差异，而且生物质中半纤维素或木质素在低温下热解释放的物质会促进纤维素在较低温度下开始热解[6]。

对于木质素的热解，其活化能在 20.90～46.22kJ/mol，原料间的差异不是很大；然而烟梗木质素的活化能较低，只有 20.90kJ/mol，是其他原料的一半左右，这主要由于烟梗中极易挥发的果胶、蛋白质等可萃取物跟木质素的热解过程类似，而被归入木质素的低温区热解过程。五种生物质热解主要阶段的活化能可采用质量加权平均法得到，由此计算可得棉秆、油菜秆、烟梗、稻壳和竹屑的热解总反应活化能分别为 132.00kJ/mol、122.85kJ/mol、81.87kJ/mol、123.89kJ/mol 和 123.44kJ/mol，烟梗的热解活化能较低，其他四种类似，这可能与烟梗中可萃取物含量较高有关系。

2.5　生物质热解过程气体产物释放规律及动力学机理

生物质热解过程中通过傅里叶红外检测到的产物包括 CO_2、CO、CH_4 小分子碳氢化合物(C_2 等)以及 H_2O、NH_3、HCN、SO_2、COS 等气体产物。生物质热解过程中典型气体产物的 FTIR 谱图如图 2-5 所示。气体产物中主要包括羟基(3800～3600cm^{-1})、CH_4 及含量可能很低的小分子碳氢化合物(2900～2700cm^{-1})、CO_2(2350cm^{-1})、CO(2180cm^{-1})、醛或酸中的羰基(1770cm^{-1})、甲基或亚甲基(1370cm^{-1})、脂肪链中的 C—C 键(1170cm^{-1})、醚键 C—O—C(1105cm^{-1})以及含 N 挥发物(NH_3、NO/NO_2)。以是否含有含氮化合物可将五种生物质原料分为两类，其中棉秆、油菜秆和烟梗中有典型含氮化合物，而稻壳和竹屑中没有。

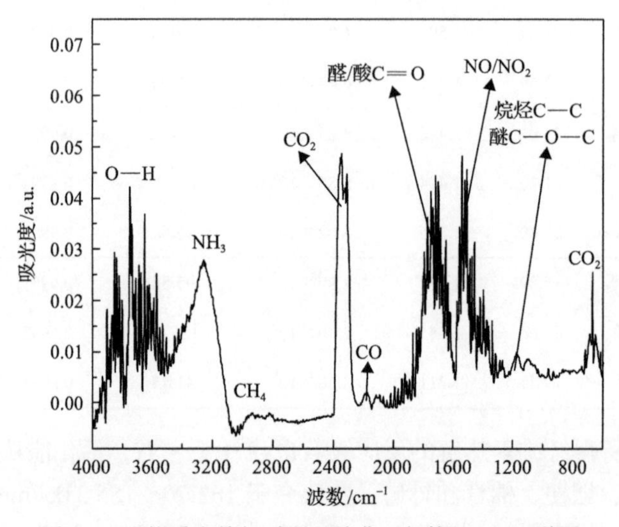

图 2-5　生物质在热解时所释放典型气体的 FTIR 谱图

棉秆、油菜秆和烟梗热解气体产物中的含氮化合物主要集中在波数为 3250cm^{-1} 附近的宽峰和 1540～1500cm^{-1} 附近的几个尖峰。在 3250cm^{-1} 附近的宽峰强度较强，峰型也相对较尖锐，这可能是自由 NH_4^+、—NH_2、—NH—、仲酰胺—NHR 等含氮基团红外峰的叠合峰[7]，这里以 NH_3 来表示。而在 1540～1500cm^{-1} 附近可能的含氮化合物是 NO_2、仲酰胺、三氮杂苯、NH_3 等，而在 1540cm^{-1} 有一个尖的强峰，以—NO_2 官能团为主。在 1270cm^{-1} 附近存在一个相对较弱的峰位，主要是—C≡N 官能团的振动引起的，这可能是挥发分气体中的 HCN 引起的[8,9]。对于不同的生物质，含灰量低的生物质的热解气体产物中含有羰基的有机物含量相对较高，其次是 CO_2 等，而含灰量高的生物质热解气体产物中 CO_2 的相对含量较高，含有羰基的有机物次之。

图 2-6 以油菜秆为例给出了生物质热解气体释放过程与温度间的关系，由图可知，生物质失重区段与气体释放量基本呈现为正相关关系，主热解区也是热解气体产物释放的主要温度段(200～450℃)。从各个组分随温度的释放特性来看，释放曲线都在主释放区形成一个峰值，在峰值附近还有一个隐藏的肩峰，与热解DTG 曲线类似，表明热解气体的释放与三组分分解有紧密的对应关系；因此本节采用高斯拟合峰将所得气体释放曲线进行分段处理，以建立挥发分析出过程与生物质组成的关联。图 2-7 给出了油菜秆中 CO_2 释放曲线的拟合示意图，气体释放曲线拟合度达到了 0.995 以上。然后将各个阶段的气体释放曲线通过 Coats-Redfern 法求得其动力学参数[10,11]，本节依次计算了 1、1.5、2、2.5、3 为气体释放反应级数时的动力学参数，以相关系数最优值作为反应级数的选取标准，计算结果表明反应级数选为 1.5 时，相关系数都能达到 0.995 以上，而选取其他反应级数时，大部分组分的拟合相关系数都低于 0.97，特别是反应级数高于 2 时，拟合度较差；

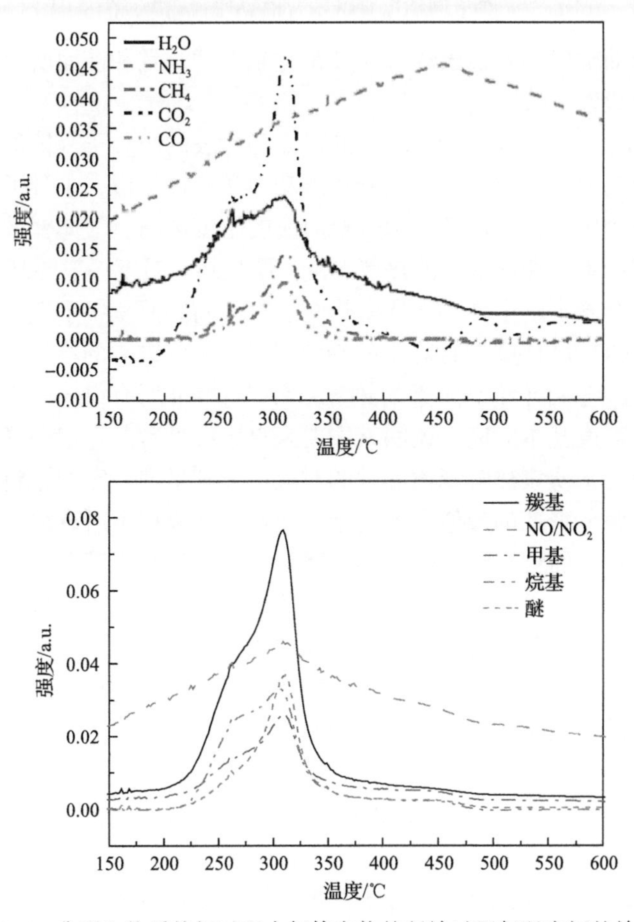

图 2-6　典型生物质热解过程中气体产物的释放过程与温度间的关系

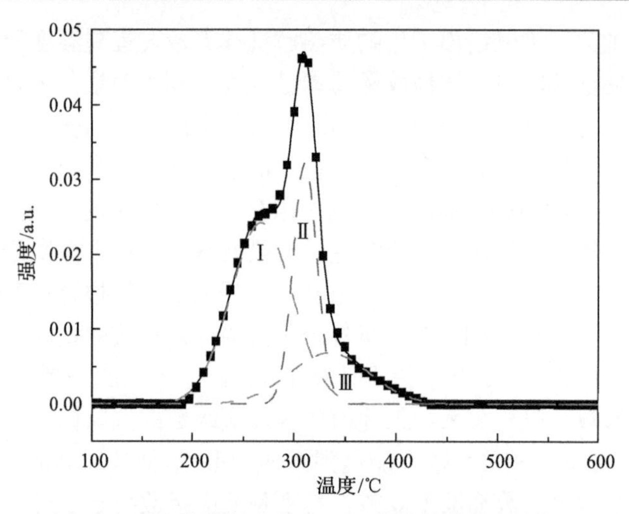

图 2-7　基于高斯拟合峰的 CO_2 气体释放拟合示意图

因此，挥发分的析出动力学级数选为 1.5 比较合适，且和前面所得纤维素和半纤维素热解反应级数一致。

表 2-7 给出了以 CO_2、CO、CH_4 和 H_2O 为代表的小分子气体的分峰拟合参数和对应的释放动力学参数。和三组分热解动力学特性类似，小分子气体的释放曲线也划分了三个区域，对比各个拟合峰对应的温度区间，气体释放拟合峰Ⅰ和Ⅱ主要包含了半纤维素和纤维素的热解温度，而其终止温度一般要高 10～20℃；然而气体释放拟合峰Ⅲ则主要是木质素热解温度区间。而从各个气体组分的析出峰值温度来看，CO_2 和 H_2O 拟合峰Ⅰ的峰值温度与半纤维素的峰值温度接近，说明 CO_2 和 H_2O 主要来自于半纤维素的热解；而拟合峰Ⅱ所有组分的峰值温度跟纤维素的失重峰值温度基本对应，说明其主要来自于纤维素。在拟合峰Ⅲ上各组分对应的峰值温度与木质素热解峰值温度的对应情况则呈现一定的原料依赖性，棉秆和稻壳中所有组分释放的峰值温度高于木质素；油菜秆中所有组分释放的峰值温度都低于木质素，而竹屑中 CH_4、H_2O 释放的峰值温度高于木质素；烟梗中 CO、H_2O 释放的峰值温度低于木质素。综上所述，本节采用基于高斯多峰拟合方法分析生物质热解挥发性气体的析出过程，其中小分子气体释放特性与半纤维素、纤维素的热解特性契合良好，而与木质素的热解特性稍有差异，这可能是因为生物质样品中含有的无机矿物质的催化或抑制作用导致其挥发分析出和分解与三纤维组成有一定的差异[12, 13]。

对比表 2-6 和表 2-7 中活化能的大小，可进一步获得各挥发分组成在热解过程中析出的难易程度。在半纤维素分解段，棉秆中除 CO 的释放活化能高于半纤维素热解活化能外，其他三种小分子气体的释放活化能要低于半纤维素的热解活化能，表明棉秆中半纤维素可能会直接发生脱羧基、脱水、脱甲基支链反应而直

表 2-7　小分子气体释放动力学参数

气体组分		拟合峰Ⅰ				拟合峰Ⅱ				拟合峰Ⅲ				总 E/(kJ/mol)
		T_{peak}/℃	T_{range}/℃	C/%	E/(kJ/mol)	T_{peak}/℃	T_{range}/℃	C/%	E/(kJ/mol)	T_{peak}/℃	T_{range}/℃	C/%	E/(kJ/mol)	
棉秆	CO_2	287	210～365	49	105	335	300～371	28	282	404	285～523	23	98	153
	CO	297	239～354	37	151	333	297～370	58	276	392	322～463	5	168	225
	CH_4	291	222～361	37	121	336	300～372	39	280	372	312～431	11	189	200
	H_2O	290	210～370	59	104	334	296～372	34	265	371	305～437	8	170	163
油菜秆	CO_2	268	196～339	53	108	311	283～339	27	360	335	243～426	19	275	209
	CO	283	224～342	51	143	309	283～336	46	364	344	324～365	3	522	257
	CH_4	272	217～327	36	147	311	282～340	38	330	334	266～403	26	145	217
	H_2O	267	217～316	18	44	308	269～347	17	71	345	192～498	14	161	88
烟梗	CO_2	248	200～296	38	153	293	263～323	21	292	372	213～531	42	65	145
	CO	252	216～288	35	222	290	262～318	59	317	320	275～365	6	215	277
	CH_4	263	207～319	50	140	293	268～318	50	360	—	—	—	—	249
	H_2O	246	206～286	29	37	289	245～334	17	91	342	220～464	16	187	90
稻壳	CO_2	290	229～351	41	139	339	304～374	41	308	405	305～505	18	122	205
	CO	309	245～373	43	142	338	305～371	42	322	400	314～487	15	138	217
	CH_4	305	243～367	38	146	342	307～376	41	303	368	306～431	18	176	218
	H_2O	302	239～365	44	142	339	304～374	48	310	385	336～434	8	243	231
竹屑	CO_2	299	214～384	66	101	348	318～378	34	350	—	—	—	—	185
	CO	310	243～377	50	137	347	317～377	50	358	—	—	—	—	248
	CH_4	309	224～394	48	105	349	317～382	34	328	397	322～472	18	159	191
	H_2O	298	230～366	46	129	346	311～381	34	302	407	325～488	20	151	192

注：C 为对应拟合峰峰面积占所有峰峰面积的百分比。

接生成 CO_2、H_2O 和 CH_4[14]；油菜秆和烟梗中 H_2O 的释放活化能远小于半纤维素的热解活化能，表明这两种原料中的半纤维素极易发生脱水反应，油菜秆中半纤维素还会直接通过脱羧基反应生成 CO_2；而对于油菜秆和烟梗的其他组分，以及稻壳和竹屑的所有小分子气体组分，它们的释放活化能都要高于半纤维素热解活化能(除油菜秆拟合峰 I CO_2 外)，这表明这些原料中的半纤维素分解过程中可能要经历较多的反应步骤才能形成小分子气体。CO 在所有原料中的释放活化能都大于半纤维素热解活化能，由此表明半纤维素在热解段可能没有直接的脱羰基反应，而 CO 在此区间内的析出可能主要归因于半纤维素分解碎片在较高温度下的脱羰基反应。在纤维素热解段，除油菜秆和烟梗中拟合峰Ⅱ H_2O 外，原料各个组分的释放活化能都要远高于纤维素对应的热解活化能，这表明小分子气体的形成可能来自于纤维素分解后的中间产物。而在木质素热解段，小分子气体的释放活化能也远高于木质素热解活化能，这也表明木质素不会直接断键而形成小分子气体[15]。

与小分子气体不同，可凝气体中有机官能团在热解过程中的释放特性难以代表某种单一特定的物质，而是多种有机产物的总和，而由此获得的动力学特性也是这些有机物的综合效应，表 2-8 给出了这些官能团释放曲线的分峰拟合参数和对应的释放动力学参数。首先是释放曲线拟合峰与三组分热解峰的对应情况，与小分子气体不同，可凝气体官能团释放曲线的拟合峰与三组分热解峰的匹配度有所降低，主要体现在拟合峰 I 与半纤维素热解峰的匹配度降低；棉秆拟合峰 I 的峰值温度、终止温度均高于半纤维素对应的温度，羰基和甲基的起始温度低于半纤维素而烷基、醚键的起始温度则要高于半纤维素；油菜秆拟合峰 I 官能团的拟合区间与半纤维素相差不大，但是峰值温度要高出 5～8℃；烟梗则是拟合峰峰值温度要低于半纤维素热解峰值温度，而拟合区间则与半纤维素相当；稻壳的第一个拟合峰与半纤维素热解峰相比，总体上向高温区移动 10～20℃；竹屑中，羰基、烷基和甲基与半纤维素热解峰几乎重叠，而醚键则要偏离半纤维素热解峰 20℃左右。这可能是因为生物质中三组分的铰链结构对组分的热解有着明显的影响[16]，同时生物质中无机矿物质组成对有机挥发分的析出也有一定的催化作用[5, 17]。

对比表 2-6 和表 2-8 内活化能大小，能够进一步确定各个阶段不同产物的析出顺序，原料差异也非常明显。在半纤维素热解段，棉秆和烟梗中的羰基和棉秆中的烷基的析出活化能低于半纤维素热解活化能，表明在此阶段半纤维素可能直接断链而形成这些物质[18]；而其他官能团的析出活化能则都高于半纤维素的热解活化能，表明这些产物可能是半纤维素断链后的碎片经历进一步的断键而来。棉秆中官能团的析出先后顺序是羰基、烷基、甲基和醚键，羰基要先于 CO_2 析出，进一步证明半纤维素糖苷键会直接断裂，烷基与 CO_2 和 H_2O 的析出活化能相当，可能表明这三个产物的形成反应为平行反应。油菜秆中羰基和烷基的活化能相当，

表 2-8　可凝气体析出释放动力学参数

气体组分		拟合峰Ⅰ				拟合峰Ⅱ				拟合峰Ⅲ				总 E/(kJ/mol)
		T_{peak}/℃	T_{range}/℃	C/%	E/(kJ/mol)	T_{peak}/℃	T_{range}/℃	C/%	E/(kJ/mol)	T_{peak}/℃	T_{range}/℃	C/%	E/(kJ/mol)	
棉秆	羰基	297	195～400	53	81	334	299～369	30	296	426	329～523	17	132	155
	甲基	296	230～362	47	128	333	297～370	34	276	375	242～507	19	81	170
	烷基	296	218～374	46	109	334	298～370	33	291	392	262～523	21	87	164
	醚键	300	233～367	35	133	334	298～370	44	277	389	252～527	21	81	185
油菜秆	羰基	276	217～334	58	138	309	282～336	35	126	335	285～384	7	206	139
	甲基	268	221～316	43	169	307	273～341	34	282	355	202～508	23	64	183
	烷基	273	212～334	32	131	310	279～341	25	300	340	162～519	42	51	140
	醚键	275	226～324	26	167	310	279～340	48	325	343	200～487	26	67	216
烟梗	羰基	258	187～329	9	78	293	267～320	48	104	339	234～445	21	343	164
	甲基	255	202～307	44	148	293	265～320	42	337	329	234～423	13	100	221
	烷基	256	208～304	44	162	292	267～317	50	352	320	280～359	7	254	262
稻壳	羰基	303	235～371	46	128	339	305～373	54	299	—	—	—	—	221
	甲基	297	235～359	41	142	339	304～374	47	310	387	308～467	11	146	222
	烷基	303	242～364	39	146	340	306～373	57	321	387	351～422	4	345	254
	醚键	311	245～376	44	141	339	308～371	49	330	390	324～456	7	180	236
竹屑	羰基	295	237～352	47	150	345	310～380	48	311	401	311～490	5	134	226
	甲基	292	230～355	60	138	346	310～382	40	301	—	—	—	—	203
	烷基	295	236～354	44	149	346	311～381	52	298	394	351～438	4	284	231
	醚键	321	235～407	67	105	348	320～375	33	379	—	—	—	—	196

甲基与醚键的活化能相当。烟梗中依次析出的是羰基、甲基和烷基。稻壳中会先析出羰基，紧接着会同时析出其他官能团。竹屑则与其他原料有较大差异，首先析出醚键，然后是甲基，而后烷基与羰基同时析出。在纤维素热解段，除烟梗拟合峰Ⅱ的羰基外，各官能团的析出活化能和小分子气体一样，都高于纤维素热解活化能，而各官能团的析出顺序又与半纤维素热解段有所不同[19]。棉秆中甲基和醚键同时先析出，而羰基和烷基后析出，不过两组反应的活化能相差不大。烟梗中羰基析出的活化能低于纤维素热解活化能，表明羰基在此阶段可能是纤维素一次断键而成，随后依次析出甲基和烷基。烟梗的官能团析出先后顺序与油菜秆一样，羰基在纤维素断键时同步析出，之后是甲基和烷基析出。稻壳和竹屑官能团析出活化能都很大，醚键析出的活化能都最高，稻壳中依次析出羰基、甲基和烷基，而竹屑中其余官能团的析出顺序为烷基、甲基和羰基。虽然木质素热解段，官能团析出活化能依然大于木质素热解活化能，但是棉秆和油菜秆比小分子气体析出活化能要小，表明木质素分解更易于形成可凝气体[20]。

棉秆、油菜秆和烟梗中氮元素含量相对较高，因此在其热解气体产物中检测到了含氮产物。与其他产物相比，含氮产物在较低温度下即检测到相当的浓度，并且没有明显的平坦阶段，难以进行分峰拟合，也无法获得其析出动力学参数。NH_3 是含氮产物中的小分子气体，NH_3 在较低温度下就有释放，随着温度升高，释放浓度逐步增加，达到峰值后再逐渐降低，棉秆的释放峰值在 530℃、油菜秆在 450℃，而烟梗的释放峰值则在失重峰附近。在烟梗中 NH_3 的来源可能主要是蛋白类物质，蛋白类物质较低的分解温度导致 NH_3 的低温析出[21]；油菜秆和棉秆中的 NH_3 可能是含氮产物在还原性气氛下被氢自由基还原而成，因此其峰值温度要高一些。在可凝气体中的含氮产物，其析出特性与 NH_3 不同，棉秆、油菜秆和烟梗中都是单峰模式，峰值都出现在热解峰值附近。

2.6 本章小结

本章主要采用热重与傅里叶红外联用分析了 5 种原料的热解特性和热解气体的释放特性，并基于高斯分峰对热解过程失重特性以及所释放的热解气体产物进行了分段模拟分析，并得到了生物质原料的热解动力学参数和气体释放动力学参数，所得结论主要如下。

(1) 5 种生物质原料主要的热解区间为 190～400℃。干燥无灰基灰分和挥发分与最大失重速率呈强相关关系，其中干燥无灰基灰分与最大失重速率呈现显著的线性关系。

(2) 采用三组分模型可以很好地模拟生物质的热解特性，棉秆、油菜秆、稻壳和竹屑的热解总反应活化能接近，在 122.85～132.00kJ/mol；但烟梗热解总反应活化能较低，只有 81.87kJ/mol。

(3)通过在线 FTIR 检测到生物质热解主要的气体产物为 CO_2、CH_4、H_2O、CO 和一些有机物，这些有机物的主要官能团包括羰基、甲基、烷基、醚键等，热解气体释放的反应级数为 1.5，气体释放可以采用三个拟合峰进行拟合。小分子气体中，H_2O 和 CO_2 的释放活化能一般低于 CH_4 和 CO，而 CO 的释放活化能最高。

参考文献

[1] Yang H P, Yan R, Chen H P, et al. Characteristics of hemicellulose, cellulose and lignin pyrolysis[J]. Fuel, 2007, 86(12–13): 1781-1788.

[2] Yang H P, Yan R, Chen H P, et al. In-depth investigation of biomass pyrolysis based on three major components: Hemicellulose, cellulose and lignin[J]. Energy & Fuels, 2006, 20(1): 388-393.

[3] Liang F, Wang R J, Hongzhong X, et al. Investigating pyrolysis characteristics of moso bamboo through TG-FTIR and Py-GC/MS[J]. Bioresource Technology, 2018, 256: 53-60.

[4] Chen L, Yu Z S, Xu H, et al. Microwave-assisted co-pyrolysis of *Chlorella vulgaris* and wood sawdust using different additives[J]. Bioresource Technology, 2019, 273: 34-39.

[5] Lin X N, Kong L S, Cai H Z, et al. Effects of alkali and alkaline earth metals on the co-pyrolysis of cellulose and high density polyethylene using TGA and Py-GC/MS[J]. Fuel Processing Technology, 2019, 191: 71-78.

[6] Zhao C X, Jiang E C, Chen A H. Volatile production from pyrolysis of cellulose, hemicellulose and lignin[J]. Journal of the Energy Institute, 2017, 90(6): 902-913.

[7] Chen H P, Xie Y P, Chen W, et al. Investigation on co-pyrolysis of lignocellulosic biomass and amino acids using TG-FTIR and Py-GC/MS[J]. Energy Conversion and Management, 2019, 196: 320-329.

[8] Wei X Y, Ma X Q, Peng X W, et al. Comparative investigation between co-pyrolysis characteristics of protein and carbohydrate by TG-FTIR and Py-GC/MS[J]. Journal of Analytical and Applied Pyrolysis, 2018, 135: 209-218.

[9] Yoshida S, Kobayashi K. Role of amino acids in the formation of polycyclic aromatic amines during pyrolysis of tobacco[J]. Journal of Analytical and Applied Pyrolysis, 2013, 104: 508-513.

[10] Wang C J, Liu H R, Zhang J Q, et al. Thermal degradation of flame-retarded high-voltage cable sheath and insulation via TG-FTIR[J]. Journal of Analytical and Applied Pyrolysis, 2018, 134: 167-175.

[11] Wang B, Xu F F, Zong P J, et al. Effects of heating rate on fast pyrolysis behavior and product distribution of *Jerusalem artichoke* stalk by using TG-FTIR and Py-GC/MS[J]. Renewable Energy, 2019, 132: 486-496.

[12] Yang H P, Li S J, Liu B, et al. Hemicellulose pyrolysis mechanism based on functional group evolutions by two-dimensional perturbation correlation infrared spectroscopy[J]. Fuel, 2020, 267: 117302.

[13] Yang H P, Gong M, Hu J H, et al. Cellulose pyrolysis mechanism based on functional group evolutions by two-dimensional perturbation correlation infrared spectroscopy[J]. Energy & Fuels, 2020, 34(3): 3412-3421.

[14] Patwardhan P R, Brown R C, Shanks B H. Product distribution from the fast pyrolysis of hemicellulose[J]. ChemSusChem, 2011, 4(5): 636-643.

[15] Chen L, Wang X H, Yang H P, et al. Study on pyrolysis behaviors of non-woody lignins with TG-FTIR and Py-GC/MS [J]. Journal of Analytical and Applied Pyrolysis, 2015, 113: 499-507.

[16] Hilbers T J, Wang Z, Pecha B, et al. Cellulose-lignin interactions during slow and fast pyrolysis[J]. Journal of Analytical and Applied Pyrolysis, 2015, 114: 197-207.

[17] Yang H P, Huan B, Chen Y Q, et al. Biomass-based pyrolytic polygeneration system for bamboo industry waste: Evolution of the char structure and the pyrolysis mechanism[J]. Energy & Fuels, 2016, 30(8): 6430-6439.

[18] Zhou X W, Li W J, Mabon R, et al. A mechanistic model of fast pyrolysis of hemicellulose[J]. Energy & Environmental Science, 2018, 11(5): 1240-1260.

[19] Chen L M, Liao Y E, Guo Z G, et al. Products distribution and generation pathway of cellulose pyrolysis[J]. Journal of Cleaner Production, 2019, 232: 1309-1320.

[20] Chen Y Q, Yang H P, Wang X H, et al. Biomass-based pyrolytic polygeneration system on cotton stalk pyrolysis: Influence of temperature[J]. Bioresource Technology, 2012, 107: 411-418.

[21] Chen H P, Lin G Y, Chen Y Q, et al. Biomass pyrolytic polygeneration of tobacco waste: Product characteristics and nitrogen transformation[J]. Energy & Fuels, 2016, 30(3): 1579-1588.

第3章 纤维素热解过程机理研究

3.1 引　　言

纤维素是木质纤维类生物质的最主要有机组分，占生物质的 40%～60%。研究纤维素的裂解特性、产物形成机理对于理解生物质热化学转化过程至关重要。迄今为止，很多研究者对纤维素的热解特性进行了研究，对纤维素的热解产物特性以及热解机理有了一定的认知。Shaw 等[1]、Ye 等[2]、Zhang 等[3]、Wang 等[4]、Carrier 等[5]、Fan 等[6]、Wang 等[7-9]等利用闪速裂解与气相色谱-质谱联用仪、热重分析仪及流化床、固定床等热解反应器研究了纤维素的失重特性和产物释出规律，发现纤维素裂解产物主要为脱水糖、呋喃类化合物以及小分子醛醇酮酸。Dai 等[10]、Lu 等[11]、Lousada 等[12]、Paine 等[13-16]、Mettler 等[17-19]等基于 ^{13}C 葡萄糖、纤维二糖、α-环糊精等模型化合物实验结果，利用密度泛函理论(DFT)、分子动力学(MD)等研究了纤维素及其模型化合物裂解过程中的断、成键机制，并给出了左旋葡萄糖(LG)、左旋葡萄糖酮(LGO)、糠醛(FF)和羟基乙酸甲酯(HAM)等产物形成路径。

然而，前人的研究主要基于纤维素气、液相产物形成过程，而对于固体生物炭的研究较少，特别是关联固体生物炭特性的机理解析还未有涉及。生物质热解生物炭化学结构复杂，常规表征方法存在不同缺陷，如核磁共振(NMR)碳谱扫描时间长、FTIR 峰位重叠、X 射线光电子能谱(XPS)无峰关联等，导致生物炭演化过程中的化学结构分析困难，且生物炭演变与气、液相产物之间的关联甚少。鉴于此，本章引入二维摄动红外相关光谱(2D-PCIS)，用于分析生物炭化学结构演变特性；该方法不仅能够有效解决 FTIR 峰位重叠问题，还能给出分子结构间的相互关联信息，是一种先进的生物炭结构分析方法。Harvey 等[20]利用二维摄动红外相关光谱研究了不同生物质热解生物炭的分子结构特性，并将羧基、芳环碳骨架与其离子交换能力、抗氧化性进行了关联；Chen 等[21]利用 2D-PCIS 方法研究了棉秆、玉米芯裂解过程，发现棉秆伯醇基(—CH_2OH)断键方式主要为 O—H 断裂，而玉米芯主要为 C—O 断裂；Wang 等[22]利用 2D-PCIS 研究了半纤维素的低温烘焙过程，发现脱羟基、脱支链反应为半纤维烘焙的主要反应。

综上所述，为描述纤维素裂解过程中的气、液、固相产物关联关系，并准确解析纤维素的热解路径，揭示纤维素热解过程机理，本章以微晶纤维素(以下简称纤维素)为原料，以 2D-PCIS 分析方法为基础，重点研究纤维素裂解过程中的断、成键机制以及生物炭结构演化过程，并结合气、液产物的析出特性全面解析纤维素热解过程机理，为理解生物质热解过程奠定科学基础。

3.2　实验样品与方法

3.2.1　实验方法

采用固定床作为生物质热解反应器，该反应器能够有效缓解挥发分与生物炭二次反应。固定床实验台架如图 3-1 所示，具体由载气输送装置、电炉(Carbolite Gero，英国)、温控仪、石英管(内径 30mm，长 400mm)和冷凝装置、气袋等构成。将电炉温度设定为预定值，称取约 2g 纤维素样品于吊篮内，并用吊钩将其悬挂于石英管顶部，持续通入 N_2(500mL/min)；待管路内空气排尽后，调节 N_2 流量至 100mL/min；连接气袋，快速将吊篮推送到恒温反应区域，热解反应开始。为了避免气体管路有液体冷凝，采用加热带保温(约 250℃)。纤维素样品开始热解 30min 后，关闭气袋并收集冷凝装置中的液相产物，快速推拉吊篮至反应器冷端，待冷却至室温后收集固体样品。生物油采用 5 倍质量的丙酮溶液清洗、收集；生物炭称重后用样品袋封存，以备后续测试。生物油、生物炭产率分别由吊篮、冷凝装置前后质量差计算获得，气体产率则通过定体积载气(N_2)换算获得。为确保实验结果准确、可靠，每组实验重复 2～3 次，确保实验误差在 5%以内。另需强调的是因红外光谱限制以及纤维素本身热解主要集中在中低温段，本章的研究温度主要集中在 200～600℃。

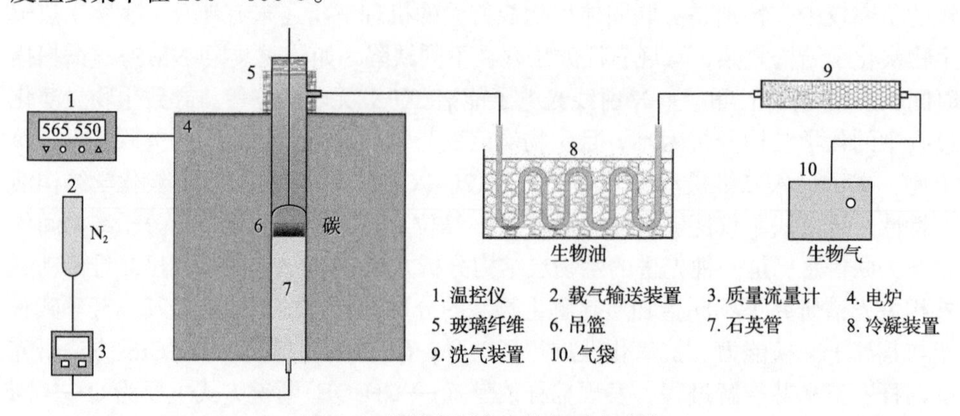

图 3-1　纤维素固定床热解反应系统

3.2.2　热解产物表征方法

气体产物采用气相色谱分析仪(Panna A91 GC，常州磐诺仪器有限公司)分析，该仪器采用三阀四柱系统，配备了热导检测器(TCD)和氢火焰离子化检测器

(FID)，一次进样能够同时完成多种组分的定量检测。其中，TCD 用于常规气体(H_2、O_2、N_2、CO、CO_2、CH_4)的定量分析；FID 用于小分子烃类(C_2H_6、C_2H_4、C_2H_2、C_3H_8、C_3H_6、C_4H_{10}、C_4H_8、C_5H_{10})的定量分析。

生物油采用气相色谱-质谱联用仪进行分析(GC/MS，Agilent，美国，7890B/5977A 型)。毛细色谱柱型号为 DB-5MS(30m×0.32mm×0.25μm)。色谱柱升温程序：柱箱初温为 50℃，以 10℃/min 的升温速率升至 100℃，继续以 5℃/min 升至 200℃，而后以 10℃/min 的升温速率升至 300℃并保持 3min；平衡时间 1min，最高温度不超过 330℃。色谱柱进样口温度为 280℃，分流流量为 40mL/min，分流比为 40∶1；电离方式，EI-70eV；全范围扫描，质荷比(m/z)为 35～550。GC-MS 结果与国家标准与技术研究所(NIST)2014 数据库匹配，有机组分含量以相对峰面积作为半定量依据。

生物炭的元素分析(C、H、N/S)由德国 Vario 公司生产的 EL-3 型元素分析仪/定硫仪测定，氧含量通过差分法计算，每组样品测试两次，取平均值；生物炭灰分含量由 ASTM E1755-01(2020)工业分析测试方法获得。生物炭的有机官能团结构采用 FTIR(Bruker，Vertex 70 型)进行分析，测试前，称取约 0.75mg 样品与约 75mg 溴化钾(KBr)粉末混合、研磨，确保混合均匀，而后压片。FTIR 测试参数：扫描范围为 4000～400cm^{-1}，分辨率为 4cm^{-1}；以 KBr 作为空白背景，扣除水分、CO_2 等噪声影响。采用 Bruker 公司 OPUS 7.0 软件对红外谱图进行光滑、基线校正处理。纤维素及其生物炭晶体结构采用 X 射线衍射仪(XRD，Empyrean 型，PANalytical B.V.，荷兰)进行测试分析，2θ 为 5°～50°。

3.2.3　二维摄动红外相关光谱分析方法

根据生物质中红外官能团和晶体结构可分析生物质裂解过程中的分子基团、晶体结构变化特征，但对于分子结构变化过程中的关联性依然不清楚；而且由于 FTIR 峰位重叠严重，指纹区、氢键等关键区域内的分子结构辨识性差，不能确切表征分子结构的变化过程。因此，本章引入 2D-PCIS 分析方法，用于研究生物质热解生物炭演变过程中的分子结构转化过程及其关联关系。该方法不仅能够有效解决 FTIR 峰位重叠问题，还能给出分子结构间的相互关联信息，对生物质热解过程的解析有着重要意义。

2D-PCIS 源于二维相关光谱(2D-COS)概念，2D-COS 则由日本化学家 Noda 在 1986 年提出，用于解决二维光谱技术中的时间标尺过短问题[23]。1993 年，Noda 对二维相关光谱进行了完善、广义化，衍生出 2D-PCIS、二维相关拉曼光谱等方法，此类方法主要应用于高分子材料[24, 25]和蛋白质特性[26-28]研究，Harvey 等[20]、Chen 等[21]将其引入生物质炭结构研究中。2D-PCIS 是基于时间分辨的红外信号检测，灵敏度高、辨识性强能够清晰捕捉外界扰动引发的分子结构变化。

2D-PCIS 原理如下：外界扰动(温度、时间、压力、浓度等变化)下，红外光谱仪检测一系列动态红外光谱；将这些动态红外光谱转化为数字表格，而后采用相关数学方法[23, 29]（维纳-欣钦（Wiener-Khinchine）定理、希尔伯特（Hilbert）变换）或计算软件将数字表格转化为二维矩阵，再利用矩阵绘图即可获得 2D-PCIS 等高线谱图。2D-PCIS 的数学描述如下：

$$X(\nu_1,\nu_2) = \Phi(\nu_1,\nu_2) + \mathrm{i}\Psi(\nu_1,\nu_2) \tag{3-1}$$

其中，实部 $\Phi(\nu_1,\nu_2)$ 代表 2D-PCIS 的同步相关光谱，用于表征外部扰动下 ν_1、ν_2 之间的同步变化特性，如 ν_1、ν_2 同时增加、减少，或者变化趋势相反；而虚部 $\Psi(\nu_1,\nu_2)$ 为 2D-PCIS 的异步相关光谱，用于表征 ν_1、ν_2 之间的先后变化顺序。

图 3-2 为典型的 2D-PCIS 等高线图，位于对角线上（$\nu_1=\nu_2$）的峰称为自动峰（auto peak），始终是正值，表征该变量的自相关变化特性。自动峰为同步相关光谱中特有的峰，其等高线强度为该变量对外部扰动的响应程度。2D-PCIS 中位于对角线两侧的峰称为交叉峰（cross peak），用于表征 ν_1、ν_2 之间的同步相关性；异步相关光谱中交叉峰用于判定 ν_1、ν_2 之间的先后变化顺序，但需要结合 $\Phi(\nu_1,\nu_2)$ 中对应交叉峰的正负值，具体判定方法详见表 3-1。

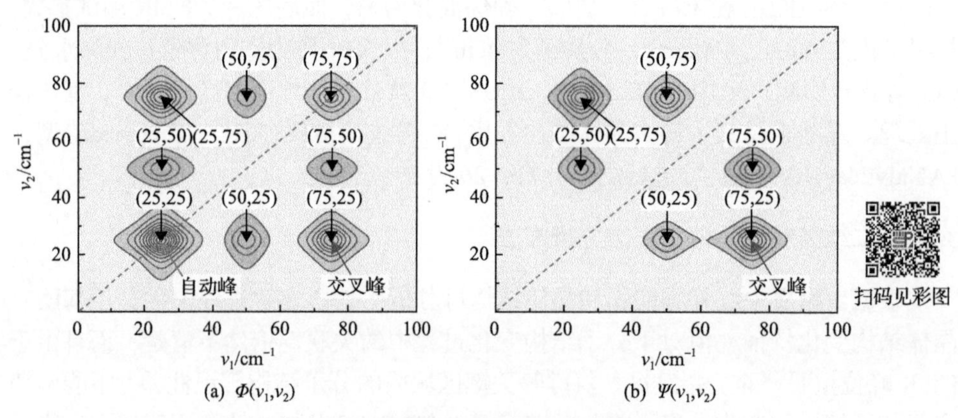

(a) $\Phi(\nu_1,\nu_2)$　　(b) $\Psi(\nu_1,\nu_2)$

图 3-2　典型 2D-PCIS 等高线图

粉色为+，蓝色为−，黄色为零，本章下同

表 3-1　2D-PCIS 中交叉峰判定方法描述

$\Psi(\nu_1,\nu_2)$	$\Phi(\nu_1,\nu_2)$	物理意义描述
—	正	ν_1、ν_2 的强度变化趋势一致，如同时增加或同时减小
—	负	ν_1、ν_2 的强度变化趋势不一致
正	正	ν_1 的强度变化先于 ν_2
负	正	ν_1 的强度变化后于 ν_2
负	负	ν_1 的强度变化后于 ν_2
正	负	ν_1 的强度变化先于 ν_2

3.3　纤维素热解过程特性

3.3.1　热解产物分布特性

图 3-3 为纤维素热解产物分布特性。纤维素热解起始温度较高，在温度较低时(<250℃)无明显失重，这与其规整、单一化的糖基晶体结构有关；而随着热解温度的升高(>300℃)，纤维素开始快速解聚、脱水，生成大量水、脱水糖、呋喃类化合物，导致生物油产率快速升高(300℃时为 44.7wt%)，在 500℃时达到最大值(62.4wt%)，而后随热解温度的升高而有所下降；而气体产率逐渐增加，在 600℃气体产率为 18.0wt%，而此时生物炭产率较低，仅为 12.4wt%，这主要是因为挥发分的二次裂解形成更多的小分子气体。此外，从图中还可以看出纤维素热解产物总产率平衡在 89.4wt%～99.1wt%，误差主要是因为液、固相产物收集不完全以及气体产物中未检测到的微量 $C_{2\sim3}$ 碳氢化合物。

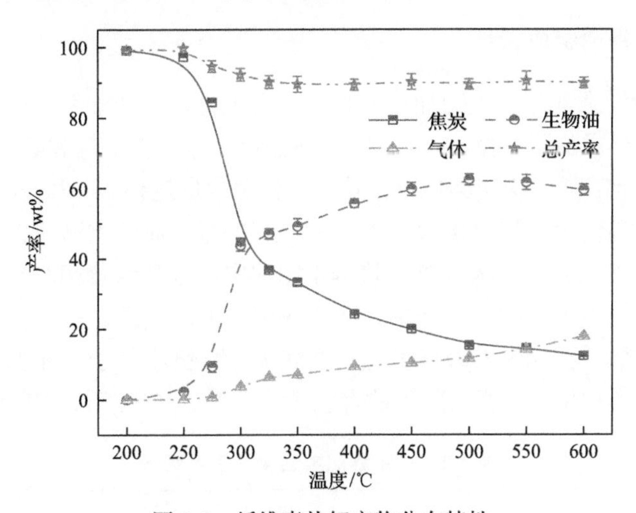

图 3-3　纤维素热解产物分布特性

图 3-4 为纤维素热解气体产物析出特性。由图可知，纤维素热解过程中，CO_2 主要生成于低温段，其生成量随温度的升高而快速增加，400℃达到 1.5mmol/g；而随着温度的继续升高，其析出量无明显变化。这是因为 CO_2 主要来源于糖苷键断裂以及吡喃环开裂后的分子碎片重整[30]，如中间产物乙烯酮的裂解[31]。气体产物中 CO 随温度的升高快速增加(0.03～3.3mmol/g)，这主要是因为 CO 主要来源于热解过程中的二次反应，如醛类产物的脱羰基反应[31]以及醚类中间体的脱醚键反应等[7]。相比 CO_2、CO，由于纤维素热解温度较低，CH_4、H_2 生成量有限。

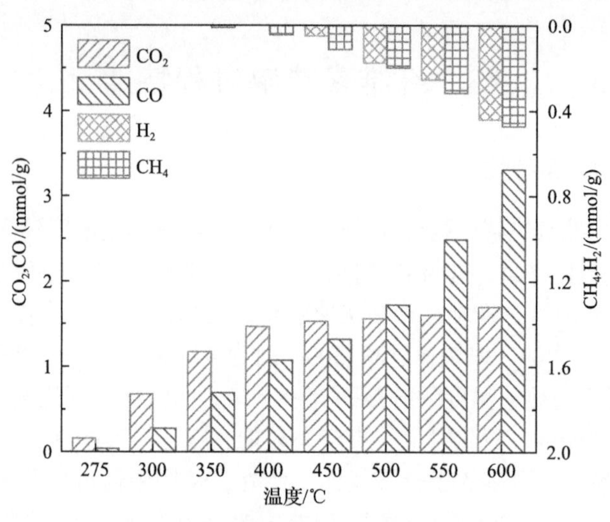

图 3-4　纤维素热解气体产物析出特性

3.3.2　热解生物油组成特性

表 3-2 为纤维素热解生物油主要组分。由表可知，纤维素热解生物油主要由短链小分子、环戊酮类、酚类、呋喃类、吡喃类(包括脱水糖和吡喃酮类)化合物构成。其中，吡喃类、呋喃类化合物较多，相对含量达到 74.3%～89.2%，短链小分子和环戊酮类较少，相对含量仅为 3.8%～11.1%，而酚类物质含量非常少，最高含量仅为 2.4%。图 3-5 为纤维素热解生物油中各分类组分相对含量。在较低温度下，生物油主要为吡喃类化合物；随着热解温度的升高，吡喃类化合物相对含量先减少后增加，在 400℃降至最低；呋喃类、短链小分子、环戊酮类化合物变化趋势与吡喃类相反，两者之间可能存在竞争关系，350℃后，生物油中出现微量

表 3-2　纤维素热解生物油主要组分　　(单位：%)

物质		温度								
		275℃	300℃	325℃	350℃	400℃	450℃	500℃	550℃	600℃
短链小分子类化合物	乙酸	2.1	1.4	1.7	2.3	2.7	1.6	1.3	1.3	1.5
	羟基丙酮	—	—	0.4	0.4	0.4	0.4	0.6	0.6	1.2
	羟基乙酸甲酯	—	0.9	0.8	1.3	1.2	1.1	1.0	0.9	—
环戊酮类物质	3-甲基-2-环戊烯-1-酮	—	—	—	0.6	0.7	0.5	0.5	0.4	0.3
	甲基环戊烯醇酮	0.8	1.3	1.6	1.8	1.3	0.9	0.6	0.8	0.6
	1,2-环戊二酮	0.9	1.1	1.5	1.8	2.2	1.6	1.9	1.3	2.0
	3-甲基-1,2-环戊二酮	—	1.3	1.8	2.2	2.6	1.9	1.3	1.2	1.1

续表

物质		温度								
		275℃	300℃	325℃	350℃	400℃	450℃	500℃	550℃	600℃
酚类物质	苯酚	—	—	—	1.0	1.1	0.7	0.6	0.5	0.8
	2-甲基苯酚	—	—	—	—	0.6	0.8	0.8	0.8	0.8
	3-甲基苯酚	—	—	—	—	—	0.5	0.7	0.7	0.8
呋喃类物质	糠醛	7.8	8.3	8.7	8.6	9.1	6.0	4.1	4.2	4.2
	2-乙酰基呋喃	—	1.6	1.9	2.2	2.3	1.6	1.2	1.1	0.9
	1-(2-呋喃基)-2-羟基乙酮	—	1.7	1.6	2.3	1.8	1.3	0.9	0.9	0.6
	2,5-二甲酰基呋喃	1.8	1.4	1.5	1.6	1.6	1.5	1.0	0.6	1.1
	5-羟甲基糠醛	2.3	2.8	2.1	2.5	1.7	2.5	1.5	1.9	1.3
	5-甲基糠醛	0.6	1.8	2.0	2.2	2.6	1.7	1.5	1.3	1.4
吡喃类物质	左旋葡萄糖酮	34.0	25.6	21.2	17.2	5.4	4.3	—	—	—
	1,6-脱水-*β*-*D*-葡萄糖(左旋葡萄糖)	18.9	20.7	21.8	23.5	34.5	42.5	51.3	55.4	64.6
	1,6-脱水-*α*-*D*-吡喃半乳糖	—	—	—	—	—	1.6	5.6	5.9	1.8
	1,4:3,6-双脱水-*α*-*D*-吡喃葡萄糖	22.3	18.8	17.8	13.8	11.4	9.4	5.9	5.2	4.5
	3,5-二羟基-2-甲基-4*H*-吡喃-4-酮	1.5	2.1	3.1	2.4	3.9	3.3	2.1	2.0	1.0

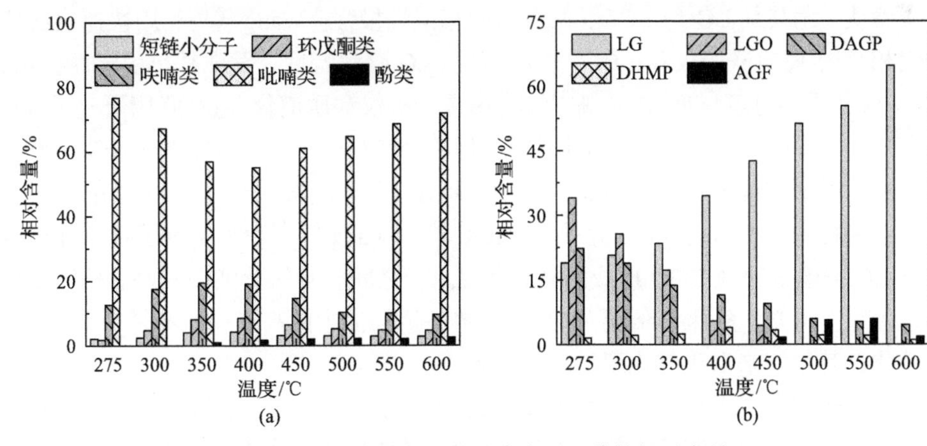

图 3-5　纤维素热解生物油中主要组分的相对含量

酚类物质，主要由苯酚、甲基苯酚构成。纤维素无苯环结构，其苯类产物形成过程主要由以下三步构成：①吡喃环开环形成链式分子碎片；②分子碎片通过脱氧、消去等反应形成；③双烯、丙炔类结构经过第尔斯-阿尔德环加成缩合反应，形成苯类化合物[14,32,33]。

吡喃类产物是纤维素热解的主要产物，根据吡喃类产物变化特性，可推断纤维素不同热解条件下的解聚反应机制和有机官能团结构的断、成键过程。图 3-5(b)给出了不同温度下纤维素热解生物油中左旋葡萄糖(LG)、左旋葡萄糖酮(LGO)、1,4:3,6-双脱水-*α*-*D*-吡喃葡萄糖(DAGP)、3,5-二羟基-2-甲基-4*H*-吡喃-4-酮(DHMP)、1,6-脱水-*α*-*D*-呋喃半乳糖(AGF)的相对含量。由图可知，随着热解温度升高，纤维素热解生物油中 LG 相对含量持续增加，而 LGO 与 DAGP 相对含量则快速减少，两组产物之间存在竞争或者转化关系。LG 为纤维素裂解最主要产物，其形成过程可分为糖苷键断裂和吡喃环 C_1—C_6 位醚化。LGO 生成过程可分解为糖苷键断裂、C_1—C_6 位醚化反应、吡喃环 C_2/C_3 位羟基消去反应以及酮醇异构化反应，其中 C_2 位羰基形成过程是制约整个反应进行的重要因素[34]。DAGP 由糖苷键断裂和 C_1—C_4、C_3—C_6 位羟基双脱水形成。DHMP、AGF 是纤维素裂解生成的微量脱水糖。DHMP 属于六元含氧杂环，环内含有不饱和 C═C 双键，C_3 位连接 C═O 结构；DHMP 中存在多个 C═C、C═O 等不饱和键，表明该类产物形成过程中可能发生了多步脱水反应。AGF 为呋喃半乳糖，来源于高温下的 LG 异构化反应，在 450℃后可检测到，随热解温度升高含量有一定的增加，在 500～550℃有最大值，随温度进一步升高(600℃)，有一定的降低。

LG、LGO、DAGP 是纤维素热解生成的主要吡喃类产物，三者皆源于纤维素解聚反应，热解过程中必然存在相互竞争，但三者之间是否存在转化关系，需进一步确认，尤其是 LG 与 LGO，两者结构相似性极强。Wang 等[7]利用快速裂解仪和气相色谱-质谱联用仪(Py-GC/MS)研究了 LG 降解特性，发现其热稳定性极强，600℃时几乎不分解；而 Bai 等[35,36]将热重分析仪和质谱仪(MS)联用研究了 LG 的慢速热解特性，发现其易于脱水成焦，但不会气相转化为 LGO，Kawamoto 等[37]也发现了类似的现象；Kawamoto 等[38]还研究了不同挥发分氛围下 LG 的裂解特性，也未检测到 LGO 产生。此外，Sarotti[39]、Zhang 等[40,41]利用量子化学计算研究了 LG 裂解过程及 LGO 形成路径，发现两者之间相互转化能垒较高，相互转化困难。综上可知：纤维素低温(<350℃)热解生物油中的高 LGO 不是来自于 LG 的转化，其可能来自于纤维素的直接解聚。

不同热解温度下纤维素的解聚反应机制不同，进而导致生物油中吡喃类产物种类与相对含量发生明显变化。温度较低时(<350℃)，纤维素解聚为链端脱离反应模型，链末端吡喃环逐级脱离糖链；纤维素解聚前发生了大量脱水反应，C_2—

C_3位羟基脱水、酮醇异构化形成LGO前驱体，C_3—C_6位羟基脱水形成DAGP前驱体，该类前驱体脱离糖链后形成LGO、DAGP。而在较高温度时(≥450℃)，纤维素高温解聚类型为链中断键反应模型，糖苷键快速断裂、吡喃环C_1—C_6醚化生成LG产物，C_2/C_3/C_6位脱水形成不饱和吡喃类中间体，促使吡喃环开裂；因此，纤维素高温热解(≥450℃)生物油中LG相对含量高，而LGO、DAGP相对含量极低。

呋喃类化合物是纤维素热解的重要产物，主要来源于吡喃环的开环、再环化反应。本节中，纤维素热解生物油中呋喃类化合物主要由糠醛(FF)、5-羟甲基糠醛(5- HMF)构成，呋喃类化合物相对含量为9.5%～19.4%，随热解温度的升高先增加后减少。表3-2中，FF相对含量上升区间为275～400℃，与LGO下降区间刚好相同，两者之间可能存在先后转化关系。由前文可知，LGO形成条件主要取决于C_2/C_3位羟基高顺位反应(早于糖苷键断裂)，而Zhang等[42]在研究*D*-葡萄糖开环过程中，发现C_2/C_3位脱水能够促进吡喃环开环，加速FF产物生成。Hu等[43]、Jadhav等[44]认为3-脱氧葡萄糖醛酮(3-DG)为呋喃类产物前驱体，并利用Py-GC/MS、高效液相色谱(HPLC)、量子化学等分析方法验证了相关推论，尽管本节中未检测到该物质，但根据3-DG分子结构特征，C_3位羟基脱水、酮醇异构化反应很可能是该物质形成的关键步骤。综合上述文献研究结果以及液相产物中的呋喃类、吡喃类组分变化规律，推断吡喃环C_2/C_3位羟基脱水促开环作用可能随着热解温度的升高(<400℃)而越来越强，从而导致生物油中吡喃类化合物相对含量减少、呋喃类化合物相对含量增加。

短链小分子和环戊酮类化合物是纤维素热解的非主量产物，两者变化趋势均与吡喃类产物相反。短链小分子产物主要来源于吡喃环裂解碎片的重构反应，如Grob环裂[13, 45]、逆羟醛缩合反应[13, 16, 45]引发的碳链断裂、不饱和键形成等；环戊酮类化合物来源于环裂碎片的再环化反应，Paine等[14]利用DFT研究了3-环戊烯-1,2-环戊二酮的形成过程，发现吡喃环C_2位羟基脱水形成的烯羰基结构是形成环戊酮类化合物的重要中间体，该结果验证了本节中的C_2/C_3位羟基脱水促开环结论。纤维素热解生物油中短链小分子主要由乙酸(AA)、羟基丙酮(HA)、羟基乙酸甲酯(HAM)构成，但因HAM与丙酮溶剂的色谱峰重叠，无法检测。上述化合物中均含有C═O结构，表明纤维素裂解过程中的酮醇异构化反应可能大量存在于环裂前、环裂后两个阶段。关于短链小分子形成路径，Mettler等[17]认为HA来源于C_5—O、C_3—C_4断裂后的中间体，Paine等[13]、Ponder和Richards[46]利用^{13}C标记*D*-葡萄糖裂解，发现AA主要来源于C_5—C_6环裂碎片，C_6位形成甲基结构。HAM可能由醇、酸类中间体通过克莱森缩合反应(Claisen condensation reaction)形成。

综合上述研究结果，纤维素热解生物油形成路径总结如图3-6所示。纤维

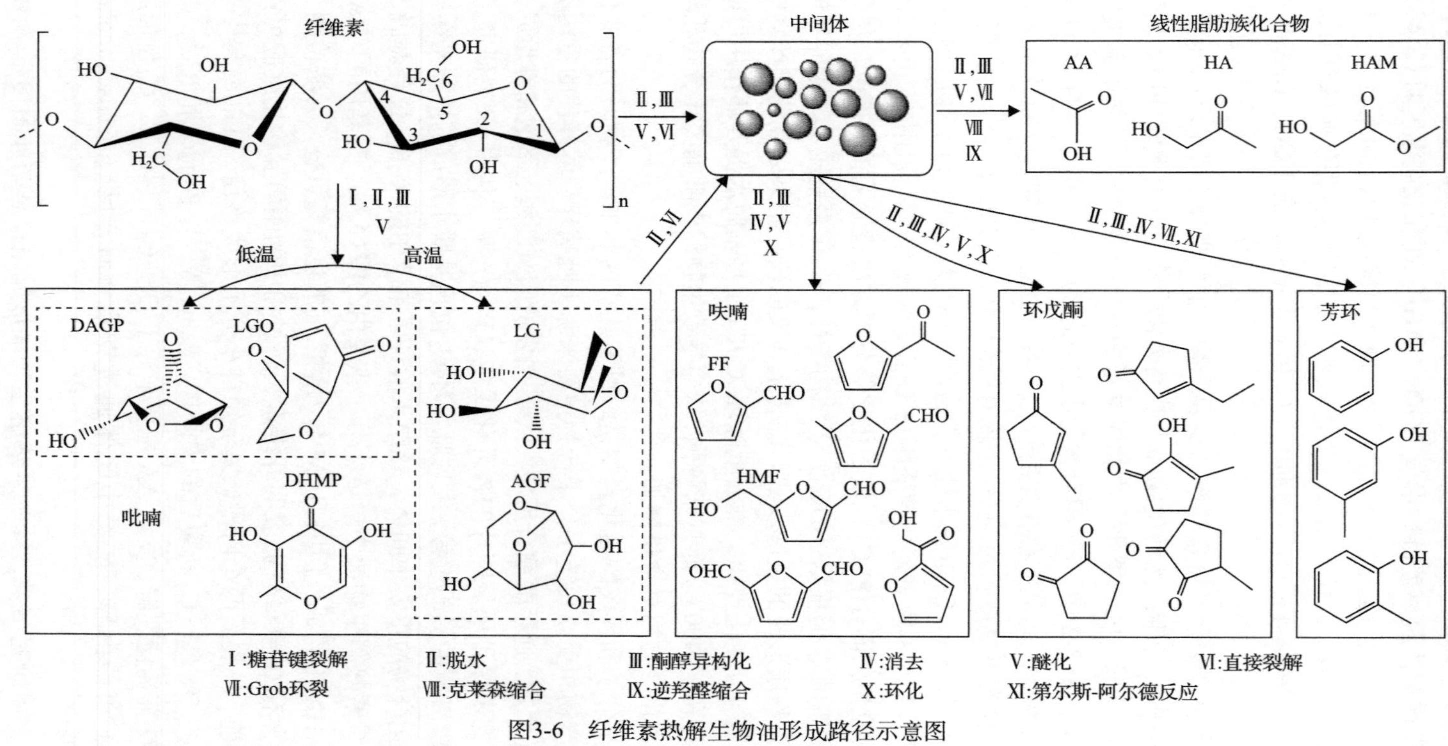

图3-6　纤维素热解生物油形成路径示意图

素热解生物油形成过程可分为两部分：①纤维素解聚形成吡喃类产物，此阶段主要发生糖苷键裂解（Ⅰ），并伴随着脱水（Ⅱ）、酮醇异构化（Ⅲ）、醚化（Ⅴ）等反应；纤维素低温（≤350℃）解聚反应过程中（或反应前）伴随着大量脱水、酮醇异构化反应，主要形成 LGO、DAGP；热解温度超过 450℃后，纤维素解聚反应快速发生，吡喃环 C_1—C_6 位醚化生成大量 LG。②吡喃环开环重构形成短链小分子、呋喃类、环戊酮类、酚类物质；吡喃环开环方式有直接裂解（Ⅵ）、Grob 环裂（Ⅶ）、先脱水-酮醇异构化形成不饱和吡喃中间体再裂解（Ⅱ、Ⅲ、Ⅵ）；重构反应包括脱水、酮醇异构化、消去（Ⅳ）、逆羟醛缩合（Ⅸ）、环化（Ⅹ）、克莱森缩合（Ⅷ）、第尔斯-阿尔德反应（Ⅺ）等[13-16, 45]。

3.4　生物炭结构组成特性

H/C、O/C 原子比是衡量生物炭结构的重要表征指数，Visser[47]认为 H/C 原子比可以用于表征碳材料结构，通过 H/C 原子比大小可以判断生物炭结构，如 H/C 原子比为 0.5，对应生物炭结构主要由无序小分子稠环结构组成。Xiao 等[48]、Matsuoka 等[49]结合 XRD 晶体结构计算，进一步推导了 H/C 原子比与生物炭结构的对应关系，具体见表 3-3。图 3-7 给出了纤维素热解生物炭中的 H/C 原子比、O/C 原子比特性，由图可知，纤维素的 H/C 原子比和 O/C 原子比较高，而随热解温度升高，生物炭中 O/C 原子比、H/C 原子比快速降低，而在较低温度下（小于 450℃），O/C 原子比、H/C 原子比下降速率相近，这表明其脱氧和脱氢速率相近；

表 3-3　H/C 原子比与生物炭结构的对应关系

文献	H/C 原子比	生物炭结构
Visser[47]	2	直链烷烃
	1.5～1.7	脂环类
	0.7～1.4	单苯环（碳原子总数小于 10）
	0.3～0.7	无序稠环
	小于 0.3	有序稠环
Xiao 等[48]、Matsuoka 等[49]	1	单苯环
	0.625	2×2 阶稠环
	0.475	3×3 阶稠环
	0.375	4×4 阶稠环

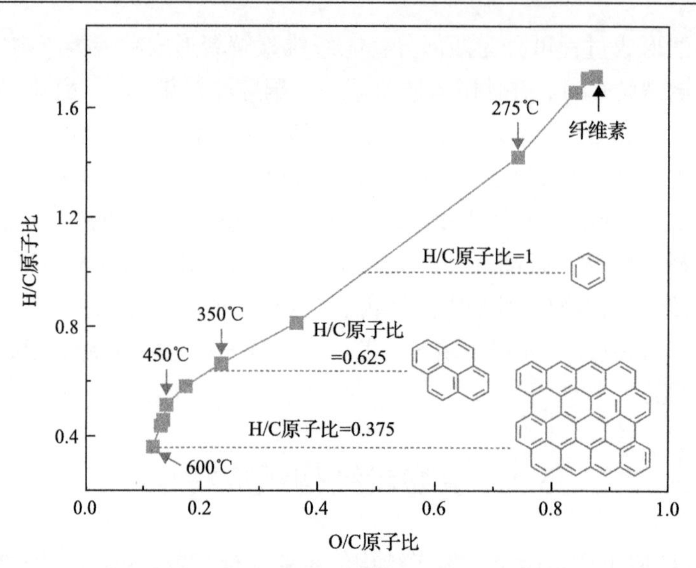

图 3-7　纤维素热解生物炭 van Krevelen 图

而在较高温度时(450～600℃)，随温度升高生物炭的 O/C 原子比下降不明显，而 H/C 原子比明显降低，表明该温度段的脱氢反应强度大于脱氧反应。根据 O/C 原子比-H/C 原子比曲线变化趋势，将纤维素热解生物炭划分为 4 个区域。具体为：105～275℃，纤维素热解生物炭 H/C 原子比由 1.71 下降至 1.42，对应吡喃环脱水、开环反应；300～350℃，H/C 原子比下降至 0.66～0.81，表明生物炭中含有大量单苯环结构；350～450℃，H/C 原子比为 0.51～0.66，对应生物炭中含有 2×2 阶苯环结构，Mcbeath 等[50]利用核磁共振表征生物炭结构，也获得了相似结论，认为 500℃生物炭结构中的稠环构成不超过 7 环；当温度在 450～600℃时，纤维素热解生物炭中 H/C 原子比下降至 0.3～0.7，生物炭结构至少含有 4×4 阶稠环化合物。

此外，根据 van Krevelen 图中 O/C 原子比变化趋势，可知生物炭中含氧分子结构主要在 450℃前脱除，O/C 原子比显著降低，对应 H_2O、CO_2、CO、脱水糖以及小分子类、羰基类产物生成；而在 450～600℃，纤维素热解，O/C 原子比降低缓慢，其主要发生脱甲基、脱氢缩聚反应，O、H 原子以 LG、CO、H_2、CH_4 等形式脱除。

为进一步研究纤维素热解过程中的含 C、H、O 分子结构的变化规律，采用红外光谱对生物炭表面化学结构进行了表征，并结合生物炭碳骨架结构的表征结果，探讨了生物炭结构演变过程中的分子结构变化与晶体特征关联。图 3-8 为纤维素热解生物炭的 FTIR 与 XRD 谱图。FTIR 中 s、δ 分别代表分子结构伸缩、弯曲振动，下文省略 s、δ；XRD 中 002、101、040 衍射峰对应典型 I 型纤维素晶体结构。采用 Segal 等[51]的研究对纤维素的结晶度进行定义：

$$\mathrm{CrI}=(I_{002}-I_{\mathrm{am}})/I_{002}\times 100\% \tag{3-2}$$

其中，I_{002}为纤维素晶体平面002衍射峰强度；I_{am}为无定形纤维素衍射强度。I_{002}和I_{am}对应2θ角度分别为22.6°、18.6°。

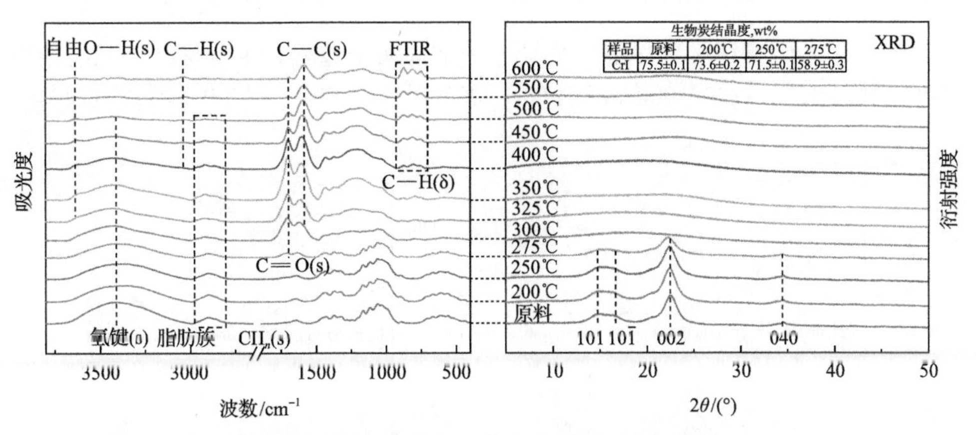

图3-8 纤维素热解生物炭FTIR和XRD谱图

纤维素中不含苯环、羰基结构，其红外光谱中1800～1500cm^{-1}波段吸收峰强度低，微弱C═O吸收峰来源于微量无定形纤维素的半缩醛结构。在较低温度下（小于250℃），纤维素热解生物炭的FTIR、XRD谱图变化不明显，结晶度从75.5%缓慢降至71.5%，主要来源于吡喃环上羟基脱水反应。而在热解温度升高到275℃时，热解生物炭红外光谱中C═O吸收峰强度明显上升，而纤维素结晶度明显降低（58.9%），这表明规则化排列的糖链结构开始分解。当温度高于300℃后，XRD谱图中晶体结构衍射峰消失，FTIR谱图中葡萄糖基C—O—C连接键（1100～900cm^{-1}）吸收峰强度也明显降低，表明纤维素葡萄糖基（晶胞）晶体结构全部裂解，形成无规则、乱序堆叠的无定形生物炭，生物炭主要由富含C═O（1740～1690cm^{-1}）的芳环（约1600cm^{-1}）、脂肪环、直链类化合物混合构成。300～350℃时，FTIR中C═O、芳环C—C振动峰强度持续增加；3650cm^{-1}左右出现自由羟基吸收峰，对应于酚羟基O—H伸缩振动，生物炭转化为富含C═O结构的小分子芳环基体堆叠，Mcgrath等[52]和Herring等[53]在研究纤维素低温（≤350℃）热解生物炭特性过程中也发现了类似现象，认为其基体结构主要由小分子芳环网络组成，芳环之间通过脂肪链连接。而400℃后，生物炭中C═O吸收峰强度开始减小，说明C═O断裂而形成CO析出；脂肪族—CH_n（3000～2800cm^{-1}）（n=1～3）吸收峰在500℃几乎消失，而芳环C—H（s，约3050cm^{-1}；δ，900～700cm^{-1}）、碳骨架C—C峰愈发明显，表明纤维素热解生物炭开始向复杂化的稠环类结构转变。

3.5　基于 2D-PCIS 的纤维素热解生物炭结构演变机制

3.5.1　基于 2D-PCIS 的分子结构演变特性

为了深入研究纤维素热解生物炭分子结构演变过程，本节将红外光谱分为 3700～2800cm^{-1}、1800～900cm^{-1}、900～700cm^{-1} 三个波段。图 3-9 为纤维素及其热

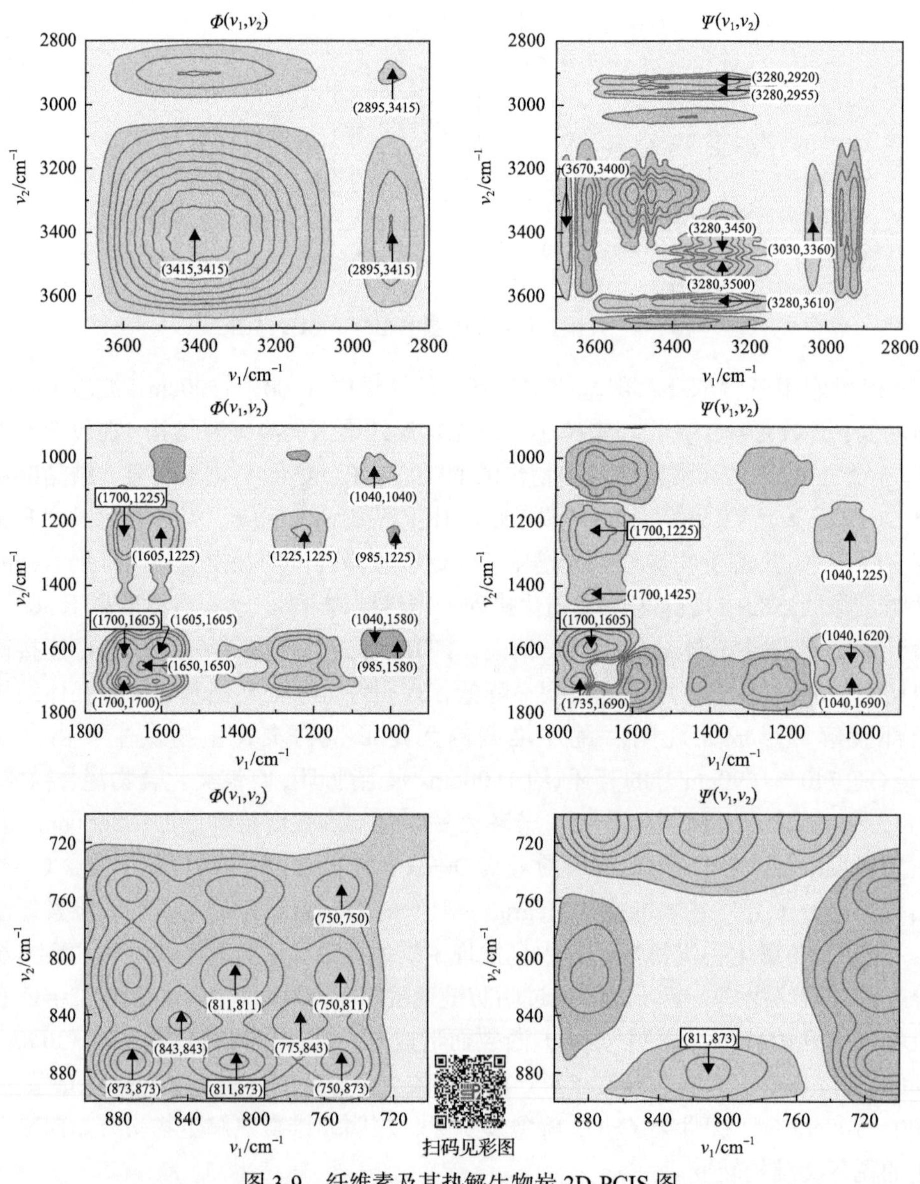

图 3-9　纤维素及其热解生物炭 2D-PCIS 图

解生物炭 2D-PCIS 图，$\Phi(v_1,v_2)$ 中对温度响应敏感的分子结构为羟基或氢键 O—H··· O（3415cm^{-1}）、脂肪链 C—H（2895cm^{-1}）、羰基 C═O（1700cm^{-1}）、脂肪链 C═C（1650cm^{-1}）、芳环 C—C（1605cm^{-1}）、脂肪醚 C—O—C（1225cm^{-1}）、伯醇基 C—OH（1040cm^{-1}）以及芳基 C—H（873cm^{-1}、843cm^{-1}、811cm^{-1}、750cm^{-1}）；这些分子结构是纤维素热解过程中的重要反应因子，通过开环、脱水、酮醇异构化、芳构化、缩聚等反应相互关联。$\Phi(v_1,v_2)$ 中交叉峰 Φ(2895cm^{-1}, 3415cm^{-1}) 为正，表明脂肪链 C—H 与羟基/氢键 O—H··· O 变化趋势相同，对应纤维素裂解过程中的吡喃环脱水、环裂碎片脱水反应。1800～900cm^{-1} 波段内，交叉峰 Φ(1700cm^{-1}, 1605cm^{-1})、Φ(1700cm^{-1}, 1225cm^{-1})、Φ(1605cm^{-1}, 1225cm^{-1}) 为正，表明羰基 C═O、芳环 C—C、脂肪醚 C—O—C 变化趋势相同，三种分子结构皆起源于吡喃环脱水、开环反应，热解过程中存在竞争、转化关系[54-56]。交叉峰 Φ(985cm^{-1}, 1225cm^{-1})、Φ(985cm^{-1}, 1580cm^{-1})、Φ(1040cm^{-1}, 1580cm^{-1}) 为负，表明伯醇基 C—OH/β-1,4 糖苷键 C—O—C（985cm^{-1}）与脂肪醚 C—O—C/稠环碳骨架 C—C（1580cm^{-1}）变化趋势相反，前两者属于纤维素原生结构，而醚键、稠环化合物是构成生物炭的重要连接键和化学结构[57-59]。900～700cm^{-1} 波段对应苯环 C—H 面外弯曲振动，$\Phi(v_1,v_2)$ 中，873cm^{-1}、843cm^{-1}、811cm^{-1}、750cm^{-1} 之间形成交叉峰，皆为正值，表明纤维素裂解过程中多取代位芳基结构变化趋势相同。

图 3-9 中异步相关光谱中 Ψ(1700cm^{-1}, 1605cm^{-1})、Ψ(1700cm^{-1}, 1225cm^{-1})、Ψ(811cm^{-1}, 873cm^{-1}) 可与 $\Phi(v_1,v_2)$ 中交叉峰对应，而其他交叉峰则单独存在，不能一一对应，这与生物炭中的分子结构峰位漂移有关，如高温下芳环 C—C 峰向低波数漂移[60,61]，脂肪醚 C—O—C 对称伸缩振动峰的定区域（1240～1160cm^{-1}）波动[57,62]。$\Psi(v_1,v_2)$、$\Phi(v_1,v_2)$ 中均出现交叉峰（1700cm^{-1}, 1605cm^{-1}）、（1700cm^{-1}, 1225cm^{-1}）、（811cm^{-1}, 873cm^{-1}），根据 Noda 法则，判定 C═O 变化顺序优先于脂肪醚 C—O—C、芳环 C—C 结构，1,4-取代基苯（811cm^{-1}）的形成早于 1,2,3(4),5-取代基苯（873cm^{-1}）。C═O 结构主要来源于羟基脱水、酮醇异构化反应，其变化顺序早于脂肪醚 C—O—C，表明纤维素低温热解时吡喃环脱水反应优先于吡喃环开环成醚反应，这与 LGO 形成过程中的 C_2/C_3 位羟基优先脱水相对应。羰基 C═O 变化早于芳环 C—C，对应环裂碎片芳构化过程中的脱羰基反应。1,4-取代基苯类化合物早于 1,2,3(4),5-取代基苯变化，表明高温有利于多取代位苯类化合物形成，从而强化芳环结构之间的彼此连接，从空间上拓展为宽广的 3D 网络分子结构[63]；此外，文献[64]和[65]认为 875～823cm^{-1}、905～835cm^{-1}、900～875cm^{-1} 分别为萘、萘衍生物以及蒽的 C—H 面外弯曲振动，因此，811cm^{-1}、873cm^{-1} 变化先后关系也可认为是苯环类结构形成早于生物炭稠环化反应。

除去可表征先后关系的交叉峰，$\Psi(v_1,v_2)$中还存在大量交叉峰，这些交叉峰的具体含义不清，但v_1、v_2之间可能存在某种潜在关联。3700～2800cm^{-1}波段内交叉峰主要由分子内、分子间氢键以及脂肪族/芳烃C—H关联构成。其中，3280cm^{-1}、3360cm^{-1}对应C_2—OH⋯ OC_6、C_3—OH⋯ OC_5分子内氢键，3400～3415cm^{-1}对应C_6—OH⋯ O′C_3分子间氢键，3450cm^{-1}、3500cm^{-1}为未知分子间氢键，3610cm^{-1}、3670cm^{-1}为孤立自由羟基[24,25]；2920cm^{-1}、2955cm^{-1}对应脂肪链—CH_2—、—CH_3反对称伸缩振动，3030cm^{-1}表征芳烃C—H振动。Ψ(3280cm^{-1}, 3450cm^{-1})、Ψ(3280cm^{-1}, 3500cm^{-1})为分子内、分子间氢键关联交叉峰，可能与羟基结构的协同脱除以及氢键网络解构有关，该反应有利于纤维素晶体结构快速分解，加速糖链分子结构断裂。C_6位氢键与自由羟基形成Ψ(3280cm^{-1}, 3610cm^{-1})、Ψ(3670cm^{-1}, 3400cm^{-1})交叉峰，可能与C_6位低温羧基化形成自由羟基相关[24, 25]；C_2—OH⋯ OC_6分子内氢键与脂肪链—CH_2—、—CH_3之间形成Ψ(3280cm^{-1}, 2955cm^{-1})、Ψ(3280cm^{-1}, 2920cm^{-1})交叉峰，可能与C_6位甲基化生成乙酸相关[13]；羟基/氢键O—H⋯ O与芳烃C—H形成交叉峰Ψ(3030cm^{-1}, 3360cm^{-1})，可能与纤维素的低温脱水、炭化相关联[54]。1800～900cm^{-1}波段内，共轭羰基C═O(1700～1690cm^{-1})与羧基C═O(1735cm^{-1})/C—OH(1425cm^{-1})之间形成交叉峰，对应羟基氧化、酮醇异构化为羰基C═O的反应；Ψ(1040cm^{-1}, 1700cm^{-1})、Ψ(1040cm^{-1}, 1620cm^{-1})、Ψ(1040cm^{-1}, 1225cm^{-1})表明伯醇基C—OH与共轭羰基C═O、共轭烯烃C═C以及脂肪醚C—O—C之间存在潜在关联，这与C_6位伯醇基的多转化方式有关，经脱水-酮醇异构化、消去、脱水-醚化等反应形成C═O、C═C、C—O—C结构。

3.5.2 基于相对峰强度的分子结构演变特性

根据2D-PCIS确定了官能团之间的相互关联，但对于分子结构转化区间并不清楚；鉴于此，这里将基于分子结构相对峰强度I_v/I_{max}的变化来探讨纤维素中低温裂解过程中的生物炭结构分子变化特性与转化关联。相对峰强度I_v/I_{max}中，I_v代表不同生物炭中某一分子结构的FTIR吸收峰强度，I_{max}代表该分子结构的最大吸收峰强度，而I_v/I_{max}为归一化值，介于0～1。图3-10给出了纤维素及其生物炭中主要分子结构的相对峰强度变化趋势。图3-10(a)中，氢键OH⋯ O(3500～3280cm^{-1})、伯醇基C—OH(1040cm^{-1})、糖苷键C—O—C(985cm^{-1})相对峰强度随热解温度的升高而快速下降，对应纤维素裂解过程中的氢键解构、羟基脱水和糖苷键断裂反应。

图3-10(b)中，吡喃环/脂肪链C—H(2895cm^{-1})与分子间氢键C_6—OH⋯ O′C_3(3415cm^{-1})变化趋势相同，验证了2D-PCIS相关结果；其相同变化趋势表明纤维素低温热解下，分子间氢键断裂、吡喃环C—H脱水同步进行，有利于LGO、

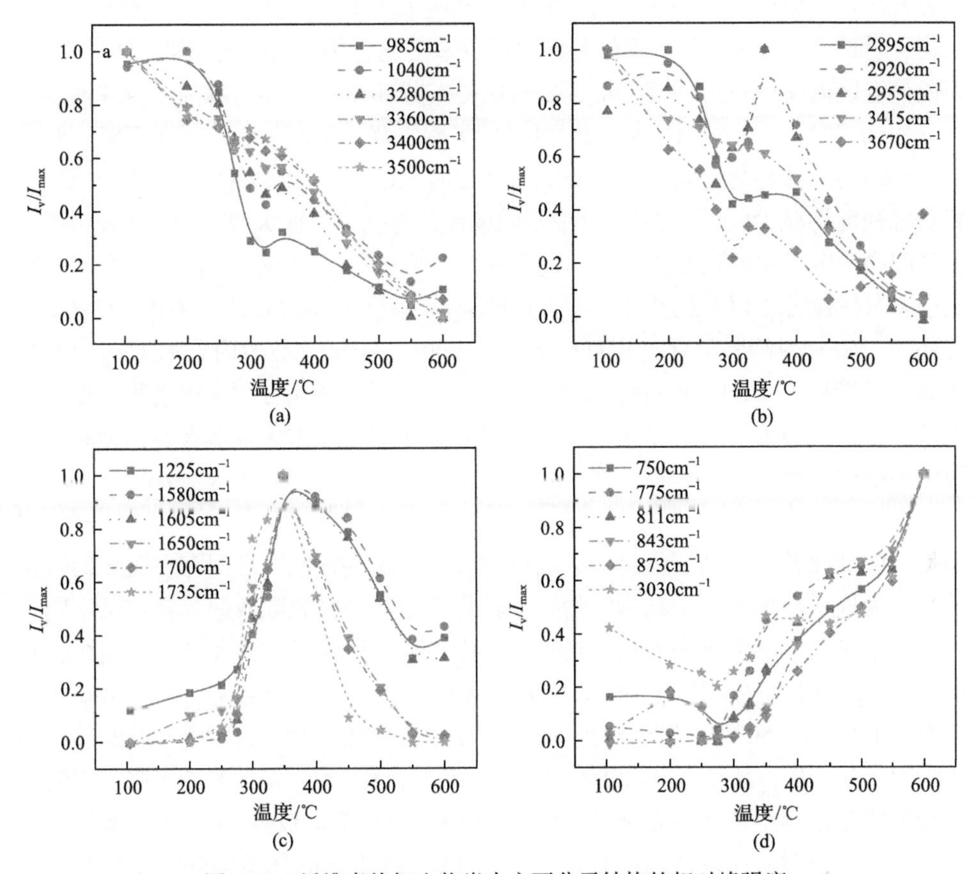

图 3-10　纤维素热解生物炭中主要分子结构的相对峰强度

ADGP 生成。脂肪链—CH_2—($2920cm^{-1}$)、—CH_3($2955cm^{-1}$)相对峰强度变化趋势相近，但 2D-PCIS 中两者之间并无关联。纤维素原生结构中无—CH_3基团，其吸收峰与吡喃环 C—H、伯醇基中—CH_2重叠，热解初期(<275℃)变化趋势无参考意义；而随热解温度升高(≤400℃)，纤维素裂解碎片经开环成链反应生成—CH_2—/—CH_3 结构，两者相对峰强度明显上升。而当热解温度升高到 450℃以上时，生物炭稠环化过程加剧，脱甲基、脱支链反应加剧，脂肪烃—CH_n吸收峰强度下降，气体产物中 CH_4 产量增加。低温(≤400℃)时，自由羟基($3670cm^{-1}$)与氢键结构峰位重叠，两者相对峰强度变化趋势相近；随温度继续升高，FTIR 中氢键的大包峰逐渐消失，自由羟基吸收峰愈发明显，相对峰强度开始增加。

在图 3-10(c)中，脂肪醚 C—O—C($1225cm^{-1}$)、芳环碳骨架 C—C($1605cm^{-1}$、$1580cm^{-1}$)、烯烃 C═C($1650cm^{-1}$)、羰基 C═O($1735cm^{-1}$、$1700cm^{-1}$)皆为纤维素裂解中间体结构，相对峰强度均先增加后减小。350℃前，纤维素糖苷键断裂、吡

喃环开环形成脂肪族 C—O—C 化合物，羟基脱水/氧化生成大量 C═O、烯烃 C═C 结构；同时双烯、丙炔类中间体芳构化形成苯类化合物，构成碳骨架基体[60, 66-68]，因此该温区内 C—O—C、C═C、C—O—C、芳环 C—C 相对峰强度持续增加。350～450℃时，C═O、C═C 相对峰强度大幅下降，芳环 C—C 微弱下降，对应单芳环结构向稠环化合物转变；450～550℃时，C═O、烯烃 C═C、芳环 C—C 相对峰强度均减少，而图 3-10(d) 中不同取代位芳基 C—H 大幅增长，这表明该温度区间内发生了大量脱支链反应，单芳环结构快速减少，苯环之间相互取代，生物炭中多取代位芳基以及稠环化合物含量增加。在 550～600℃时，1605～1580cm^{-1} 芳环 C—C 相对峰强度保持相对稳定，而 900～700cm^{-1} 波段内芳基 C—H(δ) 与 3030cm^{-1} 芳环 C—H(s) 相对峰强度持续升高，表明稠环化合物周边甲基、羰基结构减少，而芳环 C—H 越来越多，但需更高温才能将此类无定形炭转化为有序石墨微晶结构[55,57,69,70]。

由相对峰强度分析可知脂肪醚 C—O—C、芳环碳骨架 C—C、烯烃 C═C、羰基 C═O 变化趋势一致，但纤维素裂解过程中，这些官能团之间存在明显的转化关系。为进一步揭示分子结构间的相互转化作用和相对脱除效率，特定义不同官能团的相对变化率指数来表征相互间的转化关系，具体指数见表 3-4，而图 3-11 给出了纤维素热解生物炭中的 HC、DA、AA、CA、PA 变化趋势。从图可知在较低温度下(小于 350℃)，随着温度的升高，HC 指数快速增加，对应羟基酮醇异构化为 C═O 结构；而在 350℃以后，随着温度的升高，HC 指数开始下降，表明生物炭稠环化过程中的 C═O 脱除幅度大于脱羟基反应。DA、AA 指数增长区间可分为两个阶段：在较低温度时(小于 300℃)，纤维素晶体结构随温度的升高逐渐解聚，糖单元逐渐发生脱水和开环反应，生成大量醚类分子碎片和直链烯烃中间体，导致生物炭 DA 指数快速增加；同时，烯烃类中间体经过重构、缩合反应生成小分子芳环化合物，成为无定形生物炭结构的基体构架，AA 指数快速增加。300℃后，DA、AA 指数缓慢增加，主要原因在于芳环化合物的生成过程中，也伴随着 C—H 逐渐消耗(稠环化反应)，即 C—H/C—OH→C═C→单芳环→稠环。CA 用于表征生物炭中 C═O 结构与芳环化合物的相对占比。小于 275℃时，部分羟基酮醇异构化为 C═O，而芳环化合物尚未大量生成，因此 CA 指数呈快速增长；而在 275～350℃，生物炭中 C═O、芳环化合物相对峰强度均大幅增加，但 CA 指数呈下降趋势，这表明此阶段芳环增长幅度大于 C═O；而随着温度的继续升高(大于 350℃)，生物炭中脱羰基、稠环化反应增加，芳环化合物中羰基数量减少。PA 指数设定来源于芳环 C—C 振动峰的低波数漂移随温度的升高持续增长，其变化趋势与 Shin 等[71]的研究结果一致，表明生物炭中稠环化反应增加，形成更多的稠环结构。

表 3-4　不同官能团的相对变化率指数

指数	计算公式	物理意义描述
HC	(1735+1700)/3415	表征低温热解过程中的羟基→羰基转化过程
DA	(1650+1620)/2895	表征吡喃环/脂肪链 C—H→烯烃 C═C 转化过程
AA	1605/(1225+1650)	表征生物炭中的不饱和脂肪链→芳环类结构转化过程
CA	(1735+1700)/1605	芳环化合物中的 C═O 相对含量
PA	1580/1605	生物炭稠环化指数

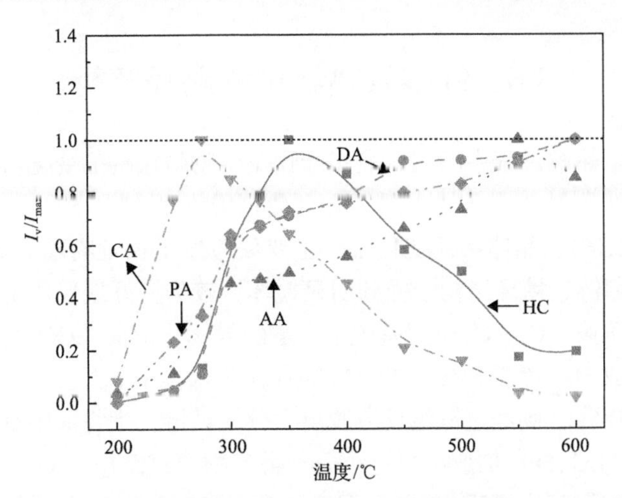

图 3-11　纤维素热解生物炭中主要分子结构间的相对变化趋势

基于以上结果，纤维素热解生物炭结构演化过程归纳如图 3-12 所示。纤维素

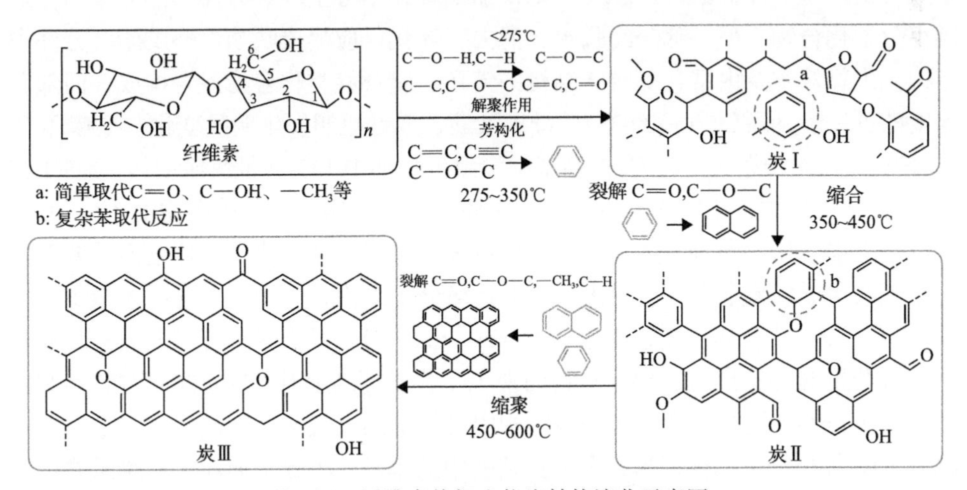

图 3-12　纤维素热解生物炭结构演化示意图

虚线代表该化学键与其他未绘出分子结构相连

热解生物炭结构演变过程可分为 3 个阶段：①275～350℃，主要为纤维素结构解聚、芳构化阶段。在此阶段，纤维素解聚、开环形成大量分子碎片，分子碎片重构为呋喃类、环戊酮、酚类物质，生物炭主体结构由简单取代位芳基结构组成，同时含有呋喃环、环戊酮等结构；②350～450℃，为轻度缩合阶段，主要发生纤维素热解生物炭的脱羰基、脱脂肪链反应，生物炭基体结构由复杂取代位芳基结构组成，含有大量小稠环(2～5 环)化合物；③450～600℃，为高度缩含阶段，发生大量脱氢缩聚、脱脂肪链反应，生物炭结构稠环化增加，主要为 4×4 阶稠环化合物。

3.6 纤维素热解过程路径解析

综合纤维素热解过程中的气、液相产物及生物炭结构的变化特性，对纤维素热解过程路径进行总结，具体见图 3-13。较低温度下(≤275℃)，纤维素裂解不明显，其分子结构、晶体特征变化小，主要反应发生在吡喃环上支链 C—OH、C—H 结构，糖链、糖环结构未受到明显损坏，较为完好地保留了纤维素晶体结构特征。在此阶段，C_2—C_3 位羟基脱水、酮醇异构化形成 LGO 前驱体，C_3—C_6 位羟基脱水形成 DAGP 前驱体，部分吡喃环在脱水作用下开裂、重构为呋喃类化合物；LGO、DAGP 则经过链端反应脱离大分子糖链，生物油中有机组分主要由 LGO、DAGP、LG、FF 构成，短链小分子类产物少，CO_2、CO 来源于纤维素开环过程中的羰基类碎片裂解。而随着温度的升高(275～350℃)，纤维素快速热解，其晶体结构全部解构，糖苷键大幅断裂形成脱水糖、吡喃酮产物，生物油中 LG 相对含量快速上升，LGO、ADGP 则快速下降；小分子环裂碎片一部分重构为短链小分子化合物，另一部分经脱水、消去、环化反应形成呋喃、环戊酮、芳环类结构。生物炭主要由富含 C═O 结构的芳环、脂环族类化合物混合构成。而随着温度的进一步升高(350～450℃)，纤维素断、成键机制发生明显变化，吡喃环 C_6 位羟基反应顺序优先于 C_2/C_3 位羟基，导致生物油中 LG 含量快速增加，LGO 在 400℃后不可检测，生物炭、分子碎片中脱羰基反应增加，气体产物中 CO、CO_2 生成量大幅增加；同时，生物炭稠环化过程中生成复杂取代位芳环结构，芳环之间相互取代形成无定形、空间化的 3D 网络分子结构，生物炭中含有大量小分子稠环(2～5 环)化合物。在较高温度下(450～600℃)，纤维素糖苷键断裂、吡喃环 C_1—C_6 位醚化加速反应，导致生物油中 LG 含量持续上升，在 600℃时其相对含量高达 64.6%；同时，生物炭基体结构中含氧基团、烷基结构进一步脱除，形成 CO、CH_4 等小分子气体产物，生物炭结构中的苯环、小分子稠环之间脱氢缩聚形成 4×4 大稠环分子结构，并释放出大量的 H_2。

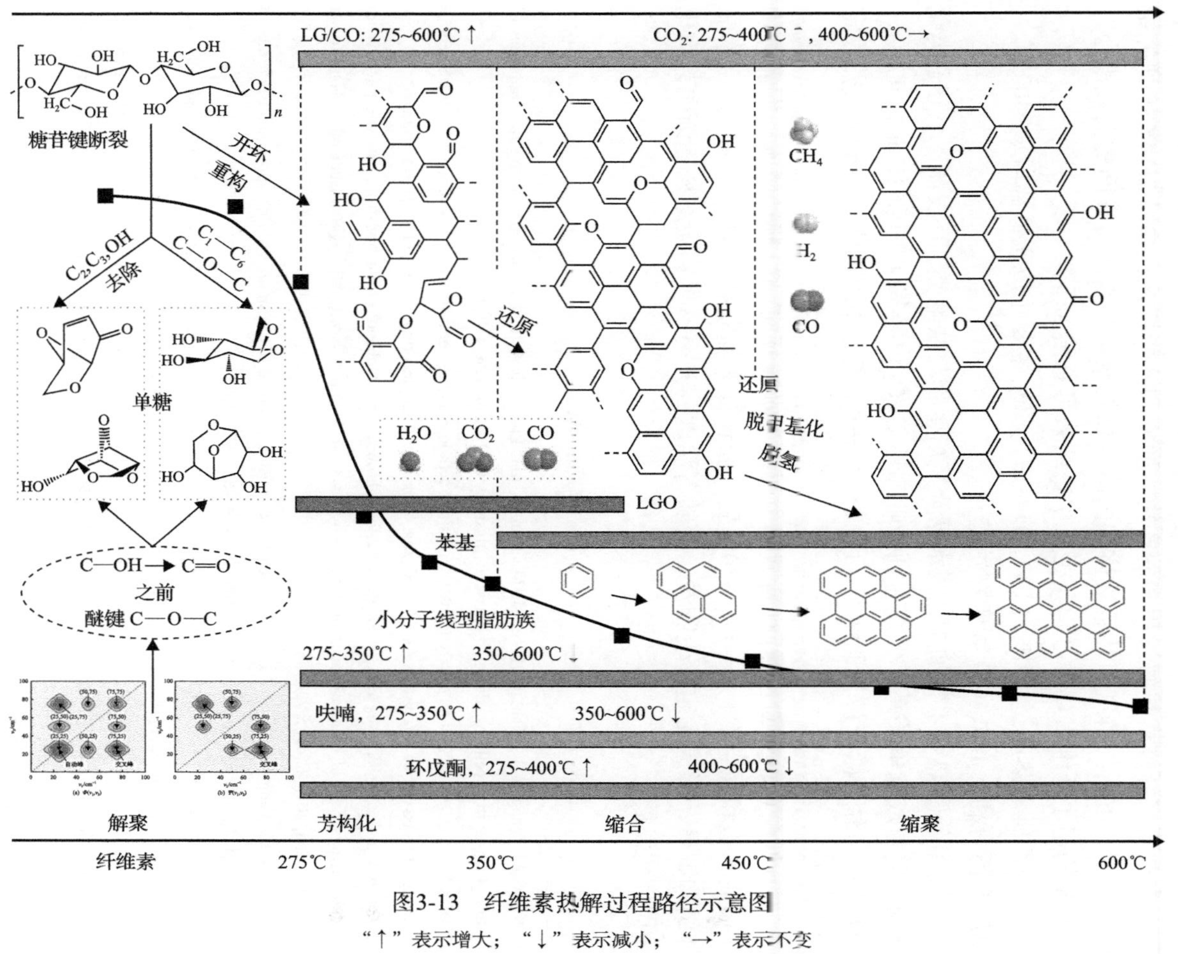

图3-13　纤维素热解过程路径示意图

“↑”表示增大；“↓”表示减小；“→”表示不变

3.7 本 章 小 结

本章研究纤维素热解过程中的产物的形成和演变特性；并以 2D-PCIS 研究结果为基础，解析热解气、热解液体和固体生物炭结构和组成特性间的关联耦合，进一步阐述了纤维素热解过程路径。主要结果可总结如下。

(1)纤维素热解过程中，LGO、DAGP、CO_2 主要生成于低温段(≤400℃)，温度升高有利于 LG、CO 等产物生成。

(2)纤维素热解生物油中，脱水糖及其衍生物与呋喃类、环戊酮、小分子类化合物之间形成竞争关系；低温有利于吡喃环 C_2/C_3 位羟基优先脱除，形成 LGO、ADGP；高温下糖苷键快速断裂、吡喃环 $C_1—C_6$ 醚化作用加强，主要形成热稳定性强的 LG、AGF。

(3)低温(≤350℃)下纤维素裂解主要发生吡喃环 C_2/C_3 羟基脱水、酮醇异构化形成不饱和 C═C、C═O；350℃后，糖苷键大幅断裂、糖环开裂，纤维素晶体结构解聚，形成无定形生物炭；而随着温度的升高，生物炭结构逐渐向芳构化和稠环化发展。

参 考 文 献

[1] Shaw A, Zhang X L, Kabalan L, et al. Mechanistic and kinetic investigation on maximizing the formation of levoglucosan from cellulose during biomass pyrolysis[J]. Fuel, 2021, 286: 119444.

[2] Ye X N, Lu Q, Wang X, et al. Catalytic fast pyrolysis of cellulose and biomass to selectively produce levoglucosenone using activated carbon catalyst[J]. ACS Sustainable Chemistry & Engineering, 2017, 5(11): 10815-10825.

[3] Zhang Y Y, Lei H W, Yang Z X, et al. Renewable high-purity mono-phenol production from catalytic microwave-induced pyrolysis of cellulose over biomass-derived activated carbon catalyst[J]. ACS Sustainable Chemistry & Engineering, 2018, 6(4): 5349-5357.

[4] Wang W L, Wang M, Huang J L, et al. Microwave-assisted catalytic pyrolysis of cellulose for phenol-rich bio-oil production[J]. Journal of the Energy Institute, 2019, 92(6): 1997-2003.

[5] Carrier M, Windt M, Ziegler B, et al. Quantitative insights into the fast pyrolysis of extracted cellulose, hemicelluloses, and lignin[J]. ChemSusChem, 2017, 10(16): 3212-3224.

[6] Fan Y S, Cai Y X, Li X H, et al. Effects of the cellulose, xylan and lignin constituents on biomass pyrolysis characteristics and bio-oil composition using the simplex lattice mixture design method[J]. Energy Conversion and Management, 2017, 138: 106-118.

[7] Wang S R, Guo X J, Liang T, et al. Mechanism research on cellulose pyrolysis by Py-GC/MS and subsequent density functional theory studies[J]. Bioresource Technology, 2012, 104: 722-728.

[8] Wang S R, Dai G X, Ru B, et al. Influence of torrefaction on the characteristics and pyrolysis behavior of cellulose[J]. Energy, 2017, 120: 864-871.

[9] Luo Z Y, Wang S R, Liao Y F, et al. Mechanism study of cellulose rapid pyrolysis[J]. Industrial & Engineering Chemistry Research, 2004, 43(18): 5605-5610.

[10] Dai G X, Wang K G, Wang G Y, et al. Initial pyrolysis mechanism of cellulose revealed by *in-situ* DRIFT analysis and theoretical calculation[J]. Combust Flame, 2019, 208: 273-280.

[11] Lu Q, Hu B, Zhang Z X, et al. Mechanism of cellulose fast pyrolysis: The role of characteristic chain ends and dehydrated units[J]. Combust Flame, 2018, 198: 267-277.

[12] Lousada C M, Sophonrat N, Yang W. Mechanisms of formation of H, HO, and water and of water desorption in the early stages of cellulose pyrolysis[J]. Journal of Physical Chemistry C, 2018, 122 (23): 12168-12176.

[13] Paine J B, Pithawalla Y B, Naworal J D. Carbohydrate pyrolysis mechanisms from isotopic labeling: Part 2. The pyrolysis of D-glucose: General disconnective analysis and the formation of C_1 and C_2 carbonyl compounds by electrocyclic fragmentation mechanisms[J]. Journal of Analytical and Applied Pyrolysis, 2008, 82 (1): 10-41.

[14] Paine J B, Pithawalla Y B, Naworal J D. Carbohydrate pyrolysis mechanisms from isotopic labeling: Part 3. The pyrolysis of D-glucose: Formation of C_3 and C_4 carbonyl compounds and a cyclopentenedione isomer by electrocyclic fragmentation mechanisms[J]. Journal of Analytical and Applied Pyrolysis, 2008, 82 (1): 42-69.

[15] Paine J B, Pithawalla Y B, Naworal J D. Carbohydrate pyrolysis mechanisms from isotopic labeling: Part 4. The pyrolysis of D-glucose: The formation of furans[J]. Journal of Analytical and Applied Pyrolysis, 2008, 83 (1): 37-63.

[16] Paine J B, Pithawalla Y B, Naworal J D, et al. Carbohydrate pyrolysis mechanisms from isotopic labelling: Part 1. The pyrolysis of glycerin: Discovery of competing fragmentation mechanisms affording acetaldehyde and formaldehyde and the implications for carbohydrate pyrolysis[J]. Journal of Analytical and Applied Pyrolysis, 2007, 80 (2): 297-311.

[17] Mettler M S, Mushrif S H, Paulsen A D, et al. Revealing pyrolysis chemistry for biofuels production: Conversion of cellulose to furans and small oxygenates[J]. Energy & Environmental Science, 2012, 5 (1): 5414-5424.

[18] Mettler M S, Paulsen A D, Vlachos D G, et al. Pyrolytic conversion of cellulose to fuels: Levoglucosan deoxygenation via elimination and cyclization within molten biomass[J]. Energy & Environmental Science, 2012, 5 (7): 7864-7868.

[19] Mettler M S, Paulsen A D, Vlachos D G, et al. The chain length effect in pyrolysis: Bridging the gap between glucose and cellulose[J]. Green Chemistry, 2012, 14 (5): 1284-1288.

[20] Harvey O R, Herbert B E, Kuo L J, et al. Generalized two-dimensional perturbation correlation infrared spectroscopy reveals mechanisms for the development of surface charge and recalcitrance in plant-derived biochars[J]. Environmental Science & Technology, 2012, 46 (19): 10641-10650.

[21] Chen Y Q, Liu B, Yang H P, et al. Evolution of functional groups and pore structure during cotton and corn stalks torrefaction and its correlation with hydrophobicity[J]. Fuel, 2014, 137 (0): 41-49.

[22] Wang S R, Dai G X, Ru B, et al. Effects of torrefaction on hemicellulose structural characteristics and pyrolysis behaviors[J]. Bioresource Technology, 2016, 218: 1106-1114.

[23] Noda I. Generalized two-dimensional correlation method applicable to infrared, Raman, and other types of spectroscopy[J]. Applied Spectroscopy, 1993, 47 (9): 1329-1336.

[24] Watanabe A, Morita S, Ozaki Y. Study on temperature-dependent changes in hydrogen bonds in cellulose I_β by infrared spectroscopy with perturbation-correlation moving-window two-dimensional correlation spectroscopy[J]. Biomacromolecules, 2006, 7 (11): 3164-3170.

[25] Watanabe A, Morita S, Ozaki Y. Temperature-dependent changes in hydrogen bonds in cellulose I_α studied by infrared spectroscopy in combination with perturbation-correlation moving-window two-dimensional correlation spectroscopy: Comparison with cellulose I_β[J]. Biomacromolecules, 2007, 8 (9): 2969-2975.

[26] Park Y, Jin S, Noda I, et al. Recent progresses in two-dimensional correlation spectroscopy (2D-COS) [J]. Journal of

Molecular Structure, 2018, 1168: 1-21.

[27] Tao Y C, Wu Y Q, Zhang L P. Advancements of two dimensional correlation spectroscopy in protein researches[J]. Spectrochimica Acta Part A: Molecular and Biomolecular Spectroscopy, 2018, 197: 185-193.

[28] Wu Y Q, Zhang L P, Jung Y M, et al. Two-dimensional correlation spectroscopy in protein science, a summary for past 20 years[J]. Spectrochimica Acta Part A: Molecular and Biomolecular Spectroscopy, 2018, 189: 291-299.

[29] Noda I, Ozaki Y. Two-dimensional Correlation Spectroscopy: Applications in Vibrational and Optical Spectroscopy [M]. Chichester: John Wiley & Sons, 2005.

[30] Li S, Lyons-Hart J, Banyasz J, et al. Real-time evolved gas analysis by FTIR method: An experimental study of cellulose pyrolysis[J]. Fuel, 2001, 80(12): 1809-1817.

[31] Shen D K, Gu S. The mechanism for thermal decomposition of cellulose and its main products[J]. Bioresource Technology, 2009, 100(24): 6496-6504.

[32] Cheng Z J, Tan Y Y, Wei L X, et al. Experimental and kinetic modeling studies of furan pyrolysis: Fuel decomposition and aromatic ring formation[J]. Fuel, 2017, 206: 239-247.

[33] Hajaligol M, Waymack B, Kellogg D. Low temperature formation of aromatic hydrocarbon from pyrolysis of cellulosic materials[J]. Fuel, 2001, 80(12): 1799-1807.

[34] Lu Q, Tian H Y, Hu B, et al. Pyrolysis mechanism of holocellulose-based monosaccharides: The formation of hydroxyacetaldehyde[J]. Journal of Analytical and Applied Pyrolysis, 2016, 120: 15-26.

[35] Bai X L, Johnston P, Sadula S, et al. Role of levoglucosan physiochemistry in cellulose pyrolysis[J]. Journal of Analytical and Applied Pyrolysis, 2013, 99: 58-65.

[36] Bai X L, Johnston P, Brown R C. An experimental study of the competing processes of evaporation and polymerization of levoglucosan in cellulose pyrolysis[J]. Journal of Analytical and Applied Pyrolysis, 2013, 99: 130-136.

[37] Kawamoto H, Murayama M, Saka S. Pyrolysis behavior of levoglucosan as an intermediate in cellulose pyrolysis: Polymerization into polysaccharide as a key reaction to carbonized product formation[J]. Journal of Wood Science, 2003, 49(5): 469-473.

[38] Kawamoto H, Morisaki H, Saka S. Secondary decomposition of levoglucosan in pyrolytic production from cellulosic biomass[J]. Journal of Analytical and Applied Pyrolysis, 2009, 85(1-2): 247-251.

[39] Sarotti A M. Theoretical insight into the pyrolytic deformylation of levoglucosenone and isolevoglucosenone[J]. Carbohydrate Research, 2014, 390: 76-80.

[40] Zhang X L, Yang W H, Blasiak W. Thermal decomposition mechanism of levoglucosan during cellulose pyrolysis[J]. Journal of Analytical and Applied Pyrolysis, 2012, 96: 110-119.

[41] Zhang X L, Yang W, Blasiak W. Kinetics study on thermal dissociation of levoglucosan during cellulose pyrolysis[J]. Fuel, 2013, 109: 476-483.

[42] Zhang M H, Geng Z F, Yu Y Z. Density functional theory (DFT) study on the pyrolysis of cellulose: The pyran ring breaking mechanism[J]. Computational and Theoretical Chemistry, 2015, 1067: 13-23.

[43] Hu B, Lu Q, Jiang X Y, et al. Pyrolysis mechanism of glucose and mannose: The formation of 5-hydroxymethyl furfural and furfural[J]. Journal of Energy Chemistry, 2018, 27(2): 486-501.

[44] Jadhav H, Pedersen C M, Solling T, et al. 3-Deoxy-glucosone is an intermediate in the formation of furfurals from D-glucose[J]. ChemSusChem, 2011, 4(8): 1049-1051.

[45] Vinu R, Broadbelt L J. A mechanistic model of fast pyrolysis of glucose-based carbohydrates to predict bio-oil composition[J]. Energy & Environmental Science, 2012, 5(12): 9808-9826.

[46] Ponder G R, Richards G N. Pyrolysis of some ^{13}C-labeled glucans: A mechanistic study[J]. Carbohydrate Research, 1993, 244(1): 27-47.

[47] Visser S A. Application of van Krevelen's graphical-statistical method for the study of aquatic humic material[J]. Environmental Science & Technology, 1983, 17(7): 412-417.

[48] Xiao X, Chen Z M, Chen B L. H/C atomic ratio as a smart linkage between pyrolytic temperatures, aromatic clusters and sorption properties of biochars derived from diverse precursory materials[J]. Scientific Reports, 2016, 6: 22644.

[49] Matsuoka K, Akahane T, Aso H, et al. The size of polyaromatic layer of coal char estimated from elemental analysis data[J]. Fuel, 2008, 87(4-5): 539-545.

[50] Mcbeath A V, Smernik R J, Schneider M P W, et al. Determination of the aromaticity and the degree of aromatic condensation of a thermosequence of wood charcoal using NMR[J]. Organic Geochemistry, 2011, 42(10): 1194-1202.

[51] Segal L, Creely J J, Martin A E, et al. An empirical method for estimating the degree of crystallinity of native cellulose using the X-ray diffractometer[J]. Textile Research Journal, 1959, 29(10): 786-794.

[52] Mcgrath T E, Chan W G, Hajaligol M R. Low temperature mechanism for the formation of polycyclic aromatic hydrocarbons from the pyrolysis of cellulose[J]. Journal of Analytical and Applied Pyrolysis, 2003, 66(1-2): 51-70.

[53] Herring A M, Mckinnon J T, Petrick D E, et al. Detection of reactive intermediates during laser pyrolysis of cellulose char by molecular beam mass spectroscopy, implications for the formation of polycyclic aromatic hydrocarbons[J]. Journal of Analytical and Applied Pyrolysis, 2003, 66(1-2): 165-182.

[54] Leng E W, Zhang Y, Peng Y, et al. *In situ* structural changes of crystalline and amorphous cellulose during slow pyrolysis at low temperatures[J]. Fuel, 2018, 216: 313-321.

[55] Zhou H, Wu C F, Onwudili J A, et al. Polycyclic aromatic hydrocarbons (PAH) formation from the pyrolysis of different municipal solid waste fractions [J]. Waste Management, 2015, 36: 136-146.

[56] Fu P, Yi W M, Bai X Y, et al. Effect of temperature on gas composition and char structural features of pyrolyzed agricultural residues[J]. Bioresource Technology, 2011, 102(17): 8211-8219.

[57] Pastor-Villegas J, Duran-Valle C J, Valenzuela-Calahorro C, et al. Organic chemical structure and structural shrinkage of chars prepared from rockrose[J]. Carbon, 1998, 36(9): 1251-1256.

[58] Sharma R K, Wooten J B, Baliga V L, et al. Characterization of chars from biomass derived material:Pectin char[J]. Fuel, 2001, 80: 1825-1836.

[59] Wiedemeier D B, Abiven S, Hockaday W C, et al. Aromaticity and degree of aromatic condensation of char[J]. Organic Geochemistry, 2015, 78: 135-143.

[60] Fu P, Hu S, Sun L S, et al. Structural evolution of maize stalk/char particles during pyrolysis[J]. Bioresource Technology, 2009, 100(20): 4877-4883.

[61] Gomez-Serrano V, Pastor-Villegas J, Perez-Florindo A, et al. FTIR study of rockrose and of char and activated carbon[J]. Journal of Analytical and Applied Pyrolysis, 1996, 36: 71-80.

[62] Kirtania K, Tanner J, Kabir K B, et al. *In situ* synchrotron IR study relating temperature and heating rate to surface functional group changes in biomass[J]. Bioresource Technology, 2014, 151: 36-42.

[63] Yang H P, Huan B J, Chen Y Q, et al. Biomass-based pyrolytic polygeneration system for bamboo industry waste: Evolution of the char structure and the pyrolysis mechanism[J]. Energy & Fuels, 2016, 30(8): 6430-6439.

[64] Fengel D, Wegener G. Wood: Chemistry, Ultrastructure, Reactions[M]. Berlin: Walter de Gruyter, 1984.

[65] Sharma R K, Wooten J B, Baliga V L, et al. Characterization of chars from pyrolysis of lignin[J]. Fuel, 2004, 83(11): 1469-1482.

[66] Smith M W, Pecha B, Helms G, et al. Chemical and morphological evaluation of chars produced from primary biomass constituents: Cellulose, xylan, and lignin[J]. Biomass and Bioenergy, 2017, 104: 17-35.

[67] Pastorova I, Botto R E, Arisz P W, et al. Cellulose char structure: A combined analytical Py-GC-MS, FTIR, and NMR study[J]. Carbohydrate Research, 1994, 262 (1): 27-47.

[68] Xin S Z, Yang H P, Chen Y Q, et al. Chemical structure evolution of char during the pyrolysis of cellulose[J]. Journal of Analytical and Applied Pyrolysis, 2015, 116: 263-271.

[69] Keiluweit M, Nico P S, Johnson M G, et al. Dynamic molecular structure of plant biomass-derived black carbon (biochar) [J].Environmental Science & Technology, 2010, 44 (4): 1247-1253.

[70] Fu P, Hu S, Xiang J, et al. Study on the gas evolution and char structural change during pyrolysis of cotton stalk[J]. Journal of Analytical and Applied Pyrolysis, 2012, 97 (0): 130-136.

[71] Shin S, Jang J, Yoon S H, et al. A study on the effect of heat treatment on functional groups of pitch based activated carbon fiber using FTIR[J]. Carbon, 1997, 35 (12): 1739-1743.

第 4 章　半纤维素热解特性及过程机理研究

4.1　引　　言

半纤维素是生物质的重要构成组分，相比纤维素的均一结构，不同生物质的半纤维素结构不同。为此，科研工作者采用碱液、有机溶剂抽提等方法，从生物质中分离出不同结构特性的半纤维素产品，其中，由碱法分离的半纤维素主要由木聚糖（80%～90%）、阿拉伯糖（10%～20%）构成，是一种较为纯净的多聚糖，应用前景广阔[1, 2]。木聚糖已经实现商品化生产，亦是半纤维素典型模型化合物；深入了解木聚糖热解行为及其裂解产物特性，不仅有利于木聚糖热化学转化利用，还对生物质热解基础研究有所助益。Yang 等[3]、Yeo 等[4]、Zhao 等[5]、Chen 等[6]、Carrier 等[7]、Shen 等[8, 9]研究了木聚糖与其他半纤维素的裂解特性，发现戊糖类（木聚糖）半纤维素裂解形成小分子酸酮醛和呋喃，而己糖类半纤维素主要产物为脱水糖和 5-羟甲基糠醛；Räisänen 等[10]、Dussan 等[11]、Wang 等[12]在研究戊糖、己糖单体裂解过程中，也发现了类似结果。然而现有文献中，关于木聚糖热化学转化的研究主要集中于气、液、固相产物形成规律，对于热解过程中的固相产物关联则鲜有涉及；基于此，本章以 2D-PCIS 为主要分析方法，研究木聚糖裂解过程中的生物炭结构演变规律，并结合气、液相产物变化特性，探索产物之间的具体关联以及木聚糖裂解产物形成机制。

4.2　实验样品与方法

4.2.1　实验样品

本章所用半纤维素为木聚糖，木聚糖购买于 Sigma-Aldrich 公司，提取于榉木，主要由木糖基体结构组成，糖基之间通过 β-1,4 糖苷键连接，糖基侧链含有 4-*O*-甲基-α-*D*-葡萄糖醛酸支链，C_2/C_3 位通过乙酰化作用连接阿拉伯糖；聚合度为 150～200，是浅黄色粉末。木聚糖工业、元素分析详见表 1-1，相比纤维素，木聚糖灰分含量高达 6.0%（根据 ASTM E1755-01（2020）测试方法），这与其分离过程相关。表 4-1 给出了木聚糖灰分组成以及 XRD 分子晶体结构，由表 4-1 可知，木聚糖灰分主要由 Na_2CO_3、$CaCO_3$ 组成。木聚糖灰分组成由美国 EDAX 公司生产的

EAGLE Ⅲ型 X 射线荧光光谱分析仪测定，分子晶体结构由美国 PANalytical B.V. 公司生产的 Empyrean 型 X 射线衍射仪测定。

表 4-1　木聚糖灰分组成及 XRD 分子晶体结构

样品	灰分组成/%									XRD 分子晶体结构
	Na	Mg	Al	Si	P	S	Cl	K	Ca	
木聚糖	50.4	5.8	1.5	1.7	0.7	1.9	2.8	1.0	34.2	$Na_2Ca(CO_3)_2$

4.2.2　实验方法

本章实验方法、产物表征手段与第 3 章相同，具体内容详见 3.2 节。

4.3　半纤维素热解过程特性

4.3.1　热解产物分布特性

半纤维素热解产物产率分布特性如图 4-1 所示。根据热解生物炭产率变化趋势，木聚糖中低温裂解可划分为两个阶段。相比纤维素，半纤维素易于裂解，在 250℃时，木聚糖即可发生大量解聚、开环、脱支链；生物油、气体产物产率分别达到 39.7%和 20.4%；而当温度高于 250℃时，其一次热解逐渐减缓，热解生物炭产率缓慢下降，气体产物产率持续增加(20.4%→29.7%)，这主要是因为生物炭分子结构重排缩聚形成大量小分子气体，进而使得气体产物产率逐渐增加，而生物油产率相对稳定，维持在 39.7%～42.6%。

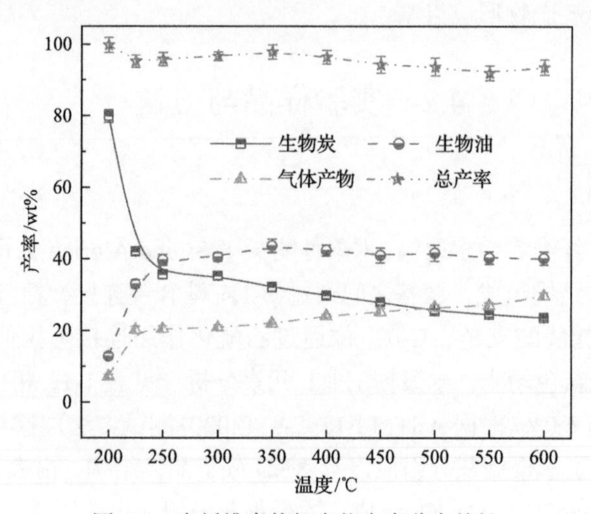

图 4-1　半纤维素热解产物产率分布特性

4.3.2　热解气体产物释放特性

图 4-2 为木聚糖热解气体产物析出特性。在较低温度下（小于 400℃），木聚糖热解过程产生大量 CO_2，且 CO_2 生成量随着热解温度的升高而逐渐增加；但随热解温度的进一步升高（400～600℃），CO_2 的生成量保持相对稳定，这主要是木聚糖乙酰基和葡萄糖醛酸基结构低温断裂造成的[9,13]。木聚糖热解 CO 的生成量相对较少，但随着热解温度升高其缓慢增加，其主要来源于热解过程中的脱羰基反应[14]和醚类中间体脱氧反应[15]；而在较高温度（大于 500℃后）其增幅明显升高，这与高温下挥发分的二次分解有关。木聚糖 H_2、CH_4 生成量较大，且远高于纤维素的生成量，这主要是因为木聚糖含有丰富的乙酰基、葡萄糖醛酸基结构，易于裂解成焦，并易于发生脱氢缩聚反应形成 CH_4 和 H_2[16, 17]。

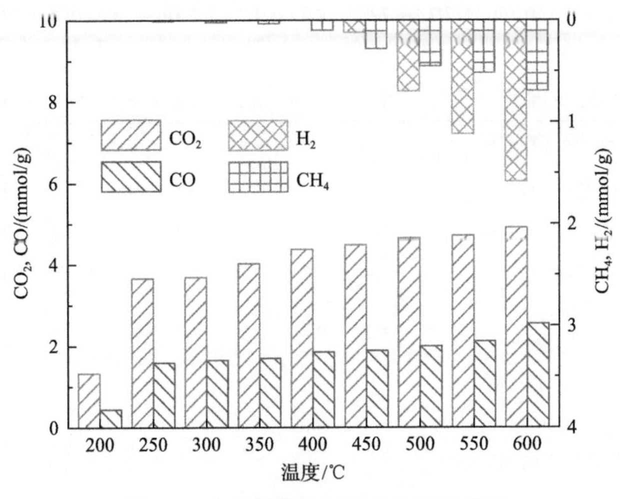

图 4-2　木聚糖热解气体产物析出特性

4.3.3　热解生物油组成特性

表 4-2 为木聚糖热解生物油主要成分的相对含量。由表可知，木聚糖热解生物油中不含脱水糖，这与其戊糖（木糖、阿拉伯糖）基体结构有关；C_6 位缺失导致糖苷键断裂后，无法形成稳定的 1,6-脱水糖（LG、LGO 等），而由戊糖基生成的 1,4-脱水糖极不稳定，易于裂解[9, 18]。本章中，木聚糖生物油中出现了 C_7 环戊酮和 C_{10} 含氧杂环，这可能与其侧链上的 4-*O*-甲基葡萄糖醛酸结构和 C_2/C_3 位 *O*-乙酰基相关，两者来源于长链碎片的再环化反应。200～225℃时，生物油中乙酸（AA）、丙酸、羟基丁酮（HBO）含量大幅下降，而该温度段 CO_2 含量快速增加，表明温度升高有利于羰基类分子碎片转换为 CO_2，而非小分子酸类化合物。

表 4-2　木聚糖热解生物油主要成分的相对含量　　（单位：%）

物质		温度									
		200℃	225℃	250℃	300℃	350℃	400℃	450℃	500℃	550℃	600℃
短链小分子类化合物	2,3-丁二酮	—	2.5	2.4	2.4	2.8	2.5	2.8	2.9	3.3	3.6
	2-丁酮	—	1.2	1.7	1.4	24.0	2.0	2.2	2.6	2.2	2.4
	3-戊酮	—	2.3	4.5	5.0	5.7	5.3	5.4	5.1	5.2	5.1
	乙酸	21.9	9.5	6.7	6.1	5.2	5.1	5.3	5.2	5.3	5.3
	丙酸	18.2	—	—	—	—	—	—	—	—	—
	羟基丙酮	7.5	9.2	9.4	9.6	10.0	10.4	10.4	10.3	10.5	10.4
	3-己酮	—	1.4	1.4	1.4	1.5	1.5	1.6	1.9	2.0	1.9
	乙酰丙酮	0.5	0.7	0.8	0.7	0.6	0.7	0.9	2.2	2.1	2.2
	2-甲基丁醛	3.7	2.0	2.3	1.9	2.7	1.4	1.1	1.0	1.5	1.2
	2-羟基苯甲醛	25.7	14.8	14.2	13.9	13.7	13.7	13.6	13.7	12.4	11.4
	乙二醇二乙酸酯	1.1	1.7	1.5	1.6	1.6	1.4	1.4	1.3	1.3	1.3
环戊酮类化合物	2-甲基-2-环戊烯-1-酮	—	1.2	1.7	1.4	1.6	2.0	2.5	2.7	3.2	3.6
	1,2-环戊二酮	—	0.9	1.1	1.3	1.5	1.6	1.8	1.7	2.0	2.0
	3-甲基-2-环戊烯-1-酮	—	1.1	0.9	0.9	1.0	1.1	1.4	1.5	1.5	1.5
	3,4-二甲基-2-环戊酮	—	1.2	1.3	2.2	2.2	2.2	2.0	1.6	1.3	1.1
	2,3-二甲基-2-环戊烯-1-酮	—	1.0	0.7	1.1	1.2	1.4	1.6	1.6	1.3	1.3
	3-甲基-1,2-环戊二酮	—	2.5	2.9	3.0	3.2	3.5	3.5	3.8	3.7	3.2
	2,3-二甲基-2-环戊烯-1-酮	—	0.5	1.1	1.1	1.1	1.7	1.9	1.8	1.7	1.8
	3-乙基-2-羟基-2-环戊烯-1-酮	0.7	3.3	3.8	3.9	3.4	3.3	2.9	2.9	2.8	2.8
酚类物质	苯酚	—	—	—	—	—	1.4	1.7	1.7	1.9	2.1
	2-甲基苯酚	1.5	2.7	3.3	2.9	2.9	4.0	3.9	3.9	3.9	4.1
	3-甲基苯酚	—	1.3	1.5	1.5	1.7	2.1	2.1	2.4	2.7	2.8
含氧杂环类化合物	糠醛	5.5	9.4	11.4	11.9	12.2	12.4	13.6	12.6	12.3	12.1
	四氢糠醇	0.8	0.9	1.2	1.3	1.1	1.1	1.1	1.0	0.9	0.9
	柠康酸酐	1.2	1.1	1.0	1.0	1.1	1.3	—	—	—	—
	无水碳酸亚乙烯酯	—	2.9	3.2	3.1	3.6	2.9	3.1	4.6	4.2	4.4
	6,7-二氢-4(5*H*)-苯并呋喃酮	—	12.3	11.0	10.7	9.4	8.9	7.4	6.2	6.2	4.3

为进一步研究生物油演变过程，将液体组成分为四大类：短链小分子、含氧

杂环、环戊酮、酚类物质，图 4-3 给出了不同温度下半纤维素热解生物油中主要组成的相对含量。由图 4-3(a)可知，木聚糖热解生物油中短链小分子类化合物相对含量较高(44.0%～46.1%)，但随温度的升高变化幅度较小；含氧杂环类化合物相对含量缓慢下降，而环戊酮、酚类物质相对含量缓慢上升。这主要因为短链小分子来源于木聚糖开环中间体的裂解、逆羟醛缩合、酮醇异构化等反应，含氧杂环、环戊酮、酚类物质来源于环裂碎片的缩合重构反应。热解温度升高，环戊酮/酚类物质增加、含氧杂环类化合物减少，表明高温有利于环裂碎片脱氧，促进脂环族化合物和苯类前驱体生成。

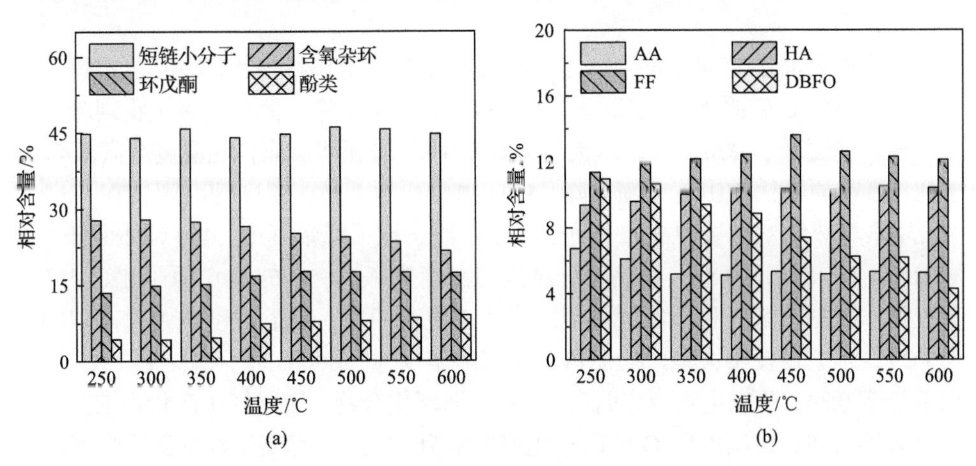

图 4-3　半纤维素热解生物油主要组成的相对含量

图 4-3(b)为不同温度下半纤维素热解生物油中羟基丙酮(AA)、HA、FF、6,7-二氢-4(5*H*)-苯并呋喃酮(DBFO)的相对含量特性。由图可知，随着热解温度升高，DBFO 相对含量线性降低，而 FF 先缓慢增加，在 450℃有最大值，而后又缓慢降低；HA 有轻微的增加，而 AA 稍有降低。木聚糖裂解过程中，AA 主要来源于乙酰基断裂[9,13]，CO_2 来源于葡萄糖醛酸羧基和乙酰基脱除；两者之间存在竞争关系，温度升高有利于乙酰基碎片化，形成 CO_2、CH_4[1, 9, 19]。然而，本章中木聚糖 AA 相对含量仅为 5.2%～6.7%(250～600℃)，远低于文献[16]和[20]报道的有机萃取的半纤维素热解得到的 12%～73%，这可能与木聚糖结构组成及其灰分中存在的碳酸盐、碱式盐有关，无机矿物盐的存在促进了 CO_2 的生成，但降低了乙酸产量。FF、HA、2-羟基苯甲酮(HBO)是木聚糖生物油中的主要有机组分，相对含量均高于 10%。FF 来源于木糖 C_1—O 断裂碎片[9, 21]，Huang 等[22-24]认为糖环开裂、异构化为链式羰基中间体是形成 FF 的首要步骤，Wang 等[25]则发现木酮糖是 FF 的重要前驱体。HA、HBO 来源于吡喃环开裂后的直链中间体重构，其经断链、酮醇异构化等反应形成 HA、HBO；热解温度升高，HBO 相对含量下降，HA 轻微增加，可能与高温下的碳链选择性断裂有关。DBFO 是木聚糖热解生物油中

的唯一双环类化合物，由环己酮和甲基呋喃环组成。文献[26]和[27]发现由榉木提取的木聚糖中，每隔 7～8 个木糖单元就会出现 1 个葡萄糖醛酸支链，而葡萄糖醛酸环体在热解过程中也会发生开环反应，经过脱水、再环化等反应形成环类化合物。DBFO 的形成可能与木糖及其相连葡萄糖醛酸结构的开环、再环化反应有关，高温下其相对含量逐渐减少，这与高温下的双环稳定性以及木糖、葡萄糖醛酸支链的环化反应概率变小有关。

4.4 生物炭结构组成特性

木聚糖及其生物炭中的 H/C 原子比、O/C 原子比特性见图 4-4。根据 van Krevelen 图中 O/C 原子比-H/C 原子比曲线变化趋势，将木聚糖热解过程划分为三个阶段，温度低于 250℃时，木聚糖主要发生脱水/开环反应，随温度升高 H/C 原子比、O/C 原子比均出现大幅下降，H/O 损失比为 1.87。温度升高到 250～400℃时，木聚糖热解生物炭中 H/C 原子比、O/C 原子比下降幅度小，400℃时热解生物炭 H/C 原子比高达 0.86，远高于纤维素同温度热解生物炭的 H/C 原子比(0.58)，这表明木聚糖热解过程中的脱氢反应发生在更高温度。随着温度继续升高(400～600℃)，木聚糖发生大量脱脂肪链、脱氢缩聚反应，600℃时生物炭中 H/C 原子比下降至 0.34，对应生物炭中含有 4×4 阶稠环化合物，使得气体产物中 H_2、CH_4 产量大幅增加；该温度段 O/C 原子比损失率为 21.5%，远高于纤维素同温度段的 6.4%，表明 400～600℃时，半纤维素脱氢缩聚、脱脂肪链反应伴随着大量的脱氧反应，导致气体产物中 CO、CO_2 析出量增加，生物油中含氧杂环化合物减少、环戊酮/苯类化合物增多。

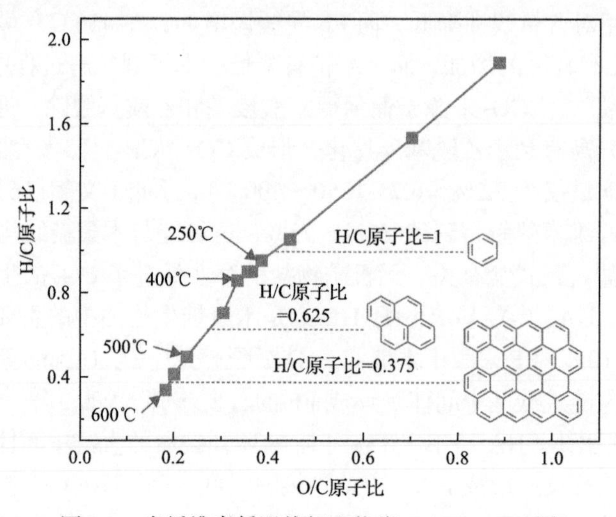

图 4-4　半纤维素低温热解生物炭 van Krevelen 图

木聚糖热解生物炭灰分含量高(表 4-3)，600℃热解生物炭中灰分含量高达 16.8%，其主要成分为碳酸盐，这会影响焦炭的表面化学结构测定。图 4-5 为木聚糖热解生物炭 FTIR、XRD 谱图，由图可知，木聚糖低温(250～400℃)热解生物炭中灰分主要以乙酸盐形式存在，高温(450～600℃)热解生物炭中灰分主要以碳酸盐形式存在，这主要与木聚糖的提取方式和其中含的 Ca/Na 碱式盐发生化学反应有关，低温热解时其与热解挥发分中的羧酸根反应生成乙酸盐；乙酸盐不稳定，在温度高于 400℃时会分解进一步形成碳酸盐[28]。而其 FTIR 谱图中乙酸盐—COO 特征峰(1700～1400cm^{-1})与芳环 C—C 吸收峰重叠，高温生物炭中碳酸盐特征峰(CO_3^{2-}：1450cm^{-1}(s)，870cm^{-1}(δ)甚至覆盖了生物炭基体结构吸收峰，导致生物炭基体结构吸收峰被遮盖，无法直接分析生物炭分子结构变化规律。

表 4-3　木聚糖热解生物炭灰分含量　(单位：%)

原料	200℃	225℃	250℃	300℃	350℃	400℃	450℃	500℃	550℃	600℃
6.0	7.8	11.5	12.8	13.2	13.6	14.8	15.7	16.2	16.6	16.8

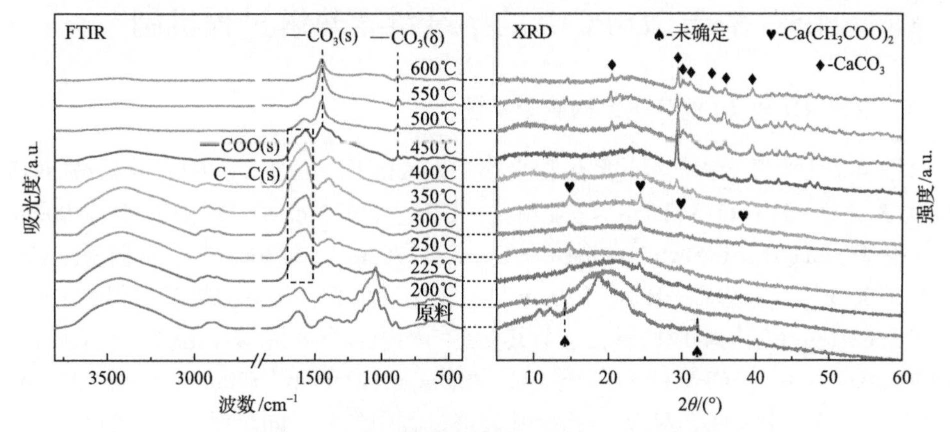

图 4-5　木聚糖热解生物炭 FTIR 和 XRD 谱图

为消除无机矿物质灰对半纤维素热解生物炭红外谱图的影响，采用足量稀盐酸脱除生物炭中的灰分，从而得到脱灰的生物炭样品，所得样品红外光谱如图 4-6 所示。图中半纤维素热解生物炭的变化规律与纤维素类似，羰基 C═O、芳环 C—C 吸收峰强度随热解温度的升高先增加而后降低，羟基/氢键 O—H… O、脂肪烃—CH_n 吸收峰强度持续下降；但半纤维素与纤维素结构不同，同一官能团结构变化的起始温度与转折点温度向低温区偏移，如 1700cm^{-1} 处 C═O 结构在 225℃低温热解下即可以大量形成，而纤维素对应变化出现在 275℃之后。1040cm^{-1} 为木糖基体结构(C—C/C—O—C/C—OH)特征峰[11, 29, 30]，C—C/C—O—C/C—OH 于 250℃后消失，对应木糖基体结构断键重组；500℃后，1600cm^{-1} 芳环 C—C 峰向低波数转移，对应生物炭中的稠环化合物大量增加，这主要因为芳香环缩聚稠环化而释放出大量的 H_2。

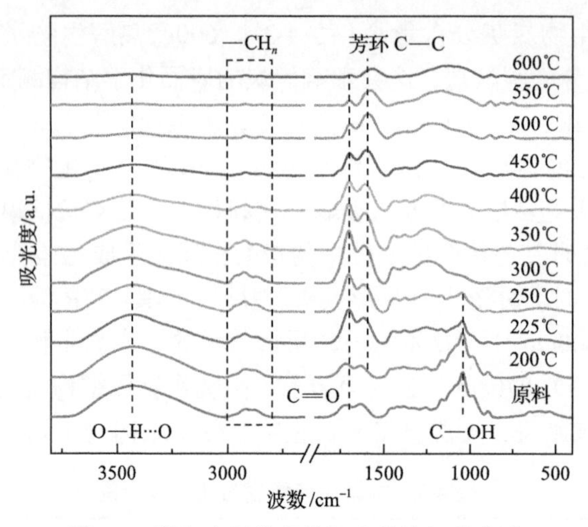

图 4-6 脱灰半纤维素热解生物炭红外光谱

4.5 基于 2D-PCIS 的半纤维素热解过程机制

4.5.1 基于 2D-PCIS 的分子结构演变特性

图 4-7 为半纤维素低温热解生物炭的 2D-PCIS 图，$\Phi(\nu_1,\nu_2)$中自动峰分别对应羟基/氢键 O—H··· O（$3425cm^{-1}$）、亚甲基—CH_2—（$2925cm^{-1}$）、羰基 C═O（$1700cm^{-1}$）、甲基—CH_3（δ，$1450cm^{-1}$）、醚 C—O—C（$1270cm^{-1}$、$1230cm^{-1}$）、木糖基体 C—O（$1040cm^{-1}$）、芳基 C—H（δ，$820cm^{-1}$）。相比纤维素，木聚糖热解过程中—CH_2—、—CH_3 分子结构响应敏感，这与其支链结构中含有大量 *O*-乙酰基、—CH_2OH 相关。$\Phi(\nu_1,\nu_2)$中，—CH_3、C═O 分子结构间形成 Φ($1450cm^{-1}$,$1700cm^{-1}$)、Φ($1375cm^{-1}$, $1700cm^{-1}$)正交叉峰，对应 *O*-乙酰基裂解过程中的分子同步反应；—CH_2—、O— H 之间形成 Φ($3425cm^{-1}$,$2925cm^{-1}$)正交叉峰，对应—CH_2OH 裂解过程中的分子同步反应。Φ($1375cm^{-1}$, $1450cm^{-1}$)为—CH_3 变角振动间的交叉峰；Φ($1040cm^{-1}$, $1415cm^{-1}$)、Φ($1040cm^{-1}$,$1470cm^{-1}$)为正，表明木糖单元开环过程中伴随着烯烃 C═C（δ）、烷烃—CH_2—（δ）相关反应；Φ($820cm^{-1}$,$872cm^{-1}$)为正，表明芳环化合物形成过程中的不同取代位苯类结构具有相同变化趋势；Φ($1270cm^{-1}$,$1700cm^{-1}$)为正，表明醚键 C—O—C、共轭羰基 C═O 的形成与脱除属于同步同向反应；Φ($1700cm^{-1}$, $1040cm^{-1}$)、Φ($1570cm^{-1}$,$1040cm^{-1}$)为负，表明半纤维素基体 C—O 变化趋势与共轭羰基、稠环 C—C（$1570cm^{-1}$）变化趋势相反，对应木聚糖原生结构向多苯环类生物炭结构转变。

异步峰 $\Psi(\nu_1,\nu_2)$有 15 个交叉峰，其中 Ψ($3425cm^{-1}$, $2925cm^{-1}$)、Ψ($1700cm^{-1}$, $1040cm^{-1}$)与 $\Phi(\nu_1,\nu_2)$中相关峰对应，根据 Noda 法则可以判定羟基/氢键 O—H··· O

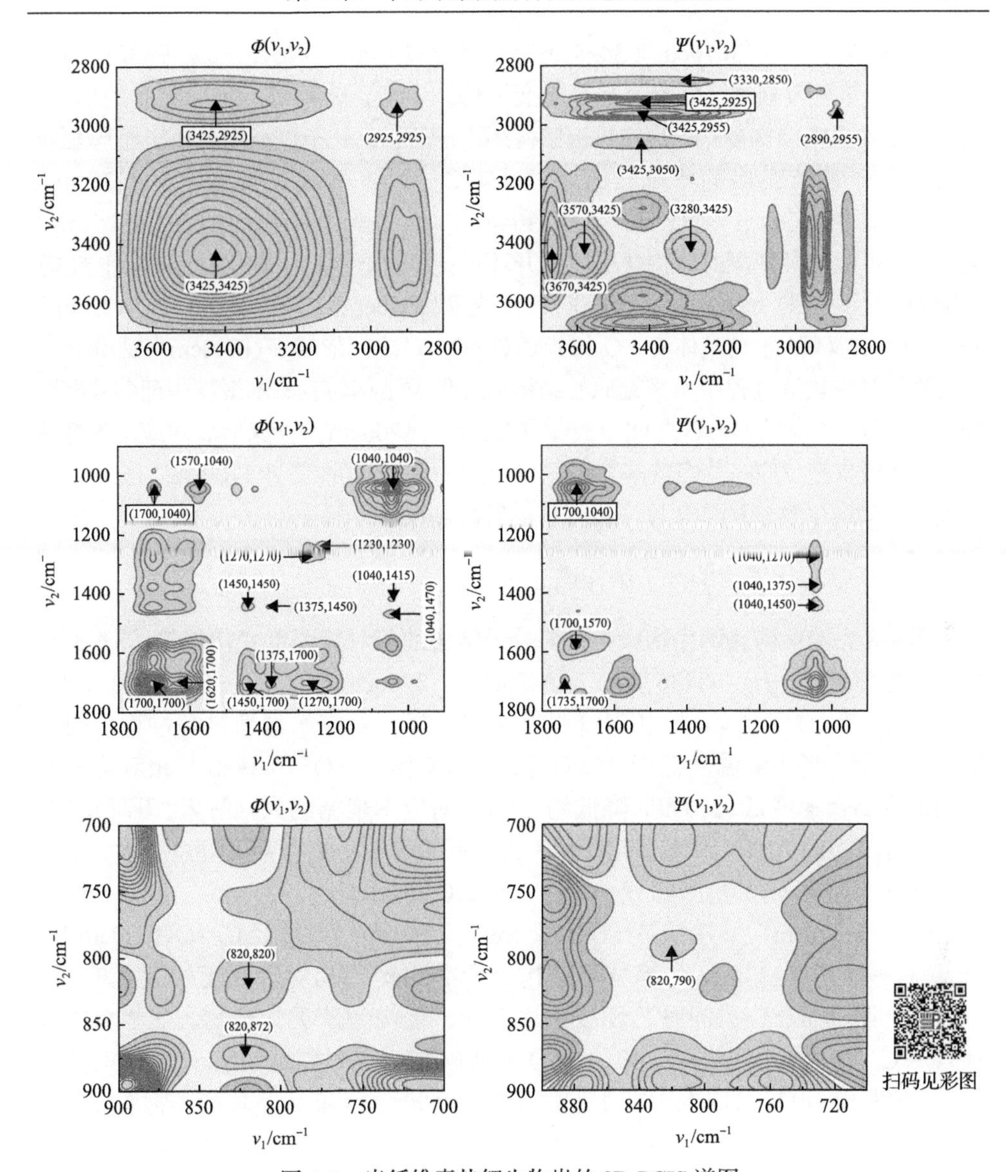

图 4-7　半纤维素热解生物炭的 2D-PCIS 谱图

粉色为+，蓝色为–，黄色为零

的变化早于脂肪链—CH_2—，羰基 C═O 变化优先于木糖基体结构 C—O。木聚糖热解过程中，羟基结构主要发生脱水、酮醇异构化反应，—CH_2—来源于阿拉伯糖支链上伯醇基以及糖单元开环后的链化反应；O—H⋯ O 的变化早于—CH_2—，表明糖环上的羟基脱水反应早于伯醇基裂解、糖单元开环反应，这与纤维素的研究结果类似。木聚糖中 C═O 基团主要来源于支链中的乙酰基与葡萄糖醛酸结构，其变化趋势早于木糖基体 C—O，表明木聚糖热解过程中的脱支链反应早于木糖开环反应。13 个独立交叉峰中，Ψ(3670cm^{-1}, 3425cm^{-1})、Ψ(3570cm^{-1}, 3425cm^{-1})、Ψ(3280cm^{-1}, 3425cm^{-1})分别为氢键、自由羟基等的交叉峰，对应氢键解构与自由羟基的形成。然而由于木聚糖结构复杂、具体氢键结构还不清楚，此处不做详细分析。羟基/氢键O—H··· O、脂肪族/吡喃环C—H、木糖基体C—O与—CH_3之间形成Ψ(3425cm^{-1}, 2955cm^{-1})、Ψ(2890cm^{-1}, 2955cm^{-1})、Ψ(1040cm^{-1}, 1450cm^{-1})、Ψ(1040cm^{-1}, 1375cm^{-1})交叉峰，可能与羟基酮醇异构化引发的开环成链、分子碎片甲基化反应相关；羟基/氢键O—H··· O与—OCH_3、芳烃C—H形成Ψ(3330cm^{-1},2850cm^{-1})、Ψ(3425cm^{-1}, 3050cm^{-1})交叉峰，木糖基体C—O与芳醚C—O—C之间形成Ψ(1040cm^{-1},1270cm^{-1})交叉峰，对应热解过程中木聚糖原始结构向芳环类结构转变；木聚糖中葡萄糖醛酸羧基C═O、乙酰基C═O之间形成Ψ(1735cm^{-1}, 1700cm^{-1})交叉峰，对应木聚糖热解初期的脱支链反应；共轭羰基C═O、稠环C—C之间形成Ψ(1700cm^{-1},1570cm^{-1})交叉峰，对应生物炭稠环化反应过程中的脱羰基反应。

4.5.2 基于相对峰强度的分子结构演变特性

图4-8为木聚糖热解生物炭中主要分子结构的相对峰强度变化趋势。图4-8(a)中，羟基/氢键O—H··· O(3670cm^{-1}、3425cm^{-1}、3280cm^{-1})、(R)—CH(2890cm^{-1})、木糖基体C—O(1040cm^{-1})相对峰强度快速下降，对应木聚糖热解过程中的原生结构降解。当热解温度低于250℃时，木糖基体C—O(1040cm^{-1})相对峰强度随温度升高快速降低(250℃时降低约70%)，对应木聚糖的大幅解聚、开环反应，这与图4-1中的生物炭产率变化特性一致。此阶段，木聚糖经开环、脱水、酮醇异构化等反应形成大量脂肪族—CH_2/—CH_3(2960cm^{-1}、2925cm^{-1}、2850cm^{-1}、1450cm^{-1}、1375cm^{-1})、羰基C═O(1735cm^{-1}、1700cm^{-1})、烯烃C═C(1620cm^{-1})、醚基C—O—C(1230cm^{-1})等分子结构，此类结构的相对峰强度快速上升(图4-8(b)、图4-8(c))；同时，环裂碎片缩合、重构为苯类化合物，生物炭中芳环C—C(1600cm^{-1})、C—H(3050cm^{-1})相对峰强度大幅增加，300～350℃时达到最大值(图4-8(d))；对应生物炭(H/C原子比为0.90)中含有大量单酚类物质。300～450℃后，脂肪族—CH_2/—CH_3、羰基C═O相对峰强度大幅下降(71.8%～89.9%)，稠环C—C(1570cm^{-1})、芳环C—C(1600cm^{-1})下降幅度较小(19.3%～33.8%)，两者对应生物炭分子重排过程中的脱脂肪链、脱羰基反应。450℃后，芳环C—C、稠环C—C、芳香醚(1270cm^{-1})相对峰强度均出现大幅下降，生物炭H/C原子比由0.71下降至0.34(图4-4)，对应生物炭分子重排过程中的脱氢缩聚反应，稠环化合物由1×2苯环结构向4×4、5×5苯环结构转变。此外，图4-8(d)给出了872cm^{-1}、820cm^{-1}取代位苯类结构相对峰强度变化趋势，400℃后，872cm^{-1}、820cm^{-1}相对峰强度大幅增长，表明生物炭中复杂取代位芳基结构增加；550℃后，生物炭主要由大分子稠环芳烃组成，芳基取代结构减少。

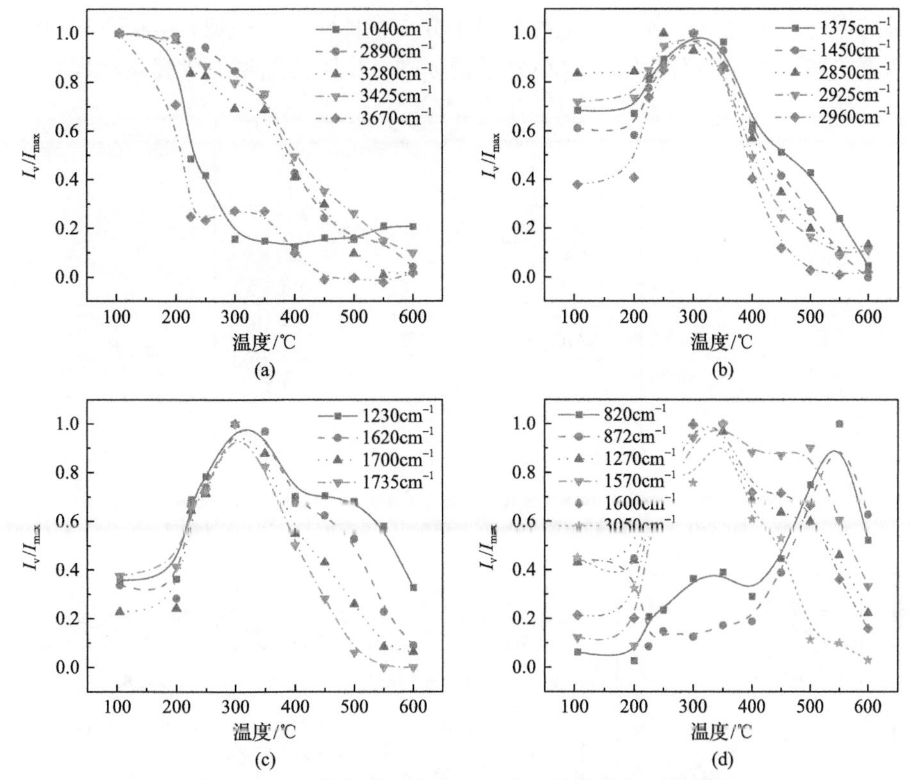

图 4-8　木聚糖热解生物炭主要分子结构的相对峰强度

图 4-9 为木聚糖热解生物炭中主要分子结构间的相对变化趋势。木聚糖热解下，生物炭 HC、DA、AA 指数变化趋势与纤维素类似。低温(≤300℃)热解时，木聚糖发生脱水、开环、酮醇异构化等反应，羟基转化为羰基 C═O，糖单元碎片化为直链醚类 C—O—C、羰基类中间产物，此类中间产物经消去、Grob 裂解等反应形成苯环前驱体(乙烯基、丙炔基等)，而后环化为苯类化合物。350℃后，热解过程中脱脂肪链、脱羰基反应加剧，生物炭芳构化程度增加；450℃后，PA 指数呈直线型快速增长，对应生物炭中的稠环化合物快速增长，这与前文中生物炭元素分析结果以及芳环/稠环 C—C 相对峰强度变化趋势相互验证。此外，木聚糖热解生物炭中 CA 指数从 200℃后开始缓慢下降，低于纤维素的转折温度点(275℃)，这与木聚糖中含有大量 C═O 结构，易于低温裂解有关。

基于上述研究结果,木聚糖热解过程生物炭结构演化路径总结如图 4-10 所示。木聚糖热解生物炭过程与纤维素相似，但是木聚糖属于无定形多糖结构，芳构化起始温度低，其形成过程也可以分为三个阶段：①200～300℃，为芳构化阶段，发生解聚、开环、脱支链反应，并形成酚类物质，生物炭主体结构由简单位取代芳基组成，同时含有脂肪环等结构；②300～450℃，为缩合阶段，木聚糖脱羰基、脱脂肪链、脱醚键反应加剧，生物炭由小分子稠环化合物组成；③450～600℃，为缩聚阶段，低温热解生物炭内小分子稠环进一步脱氢缩聚形成高度稠环。

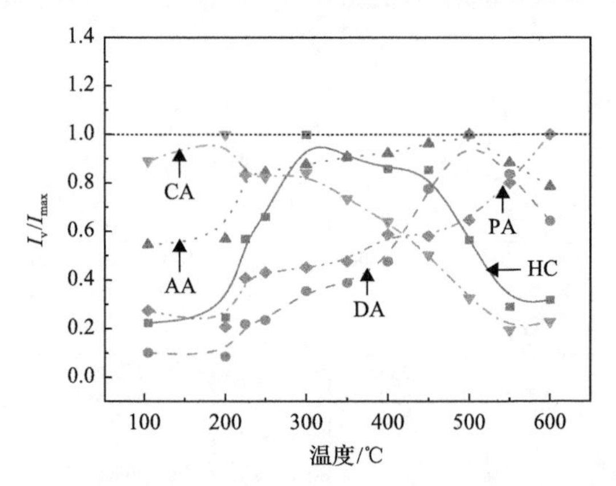

图 4-9　木聚糖热解生物炭主要分子结构的相对变化特性

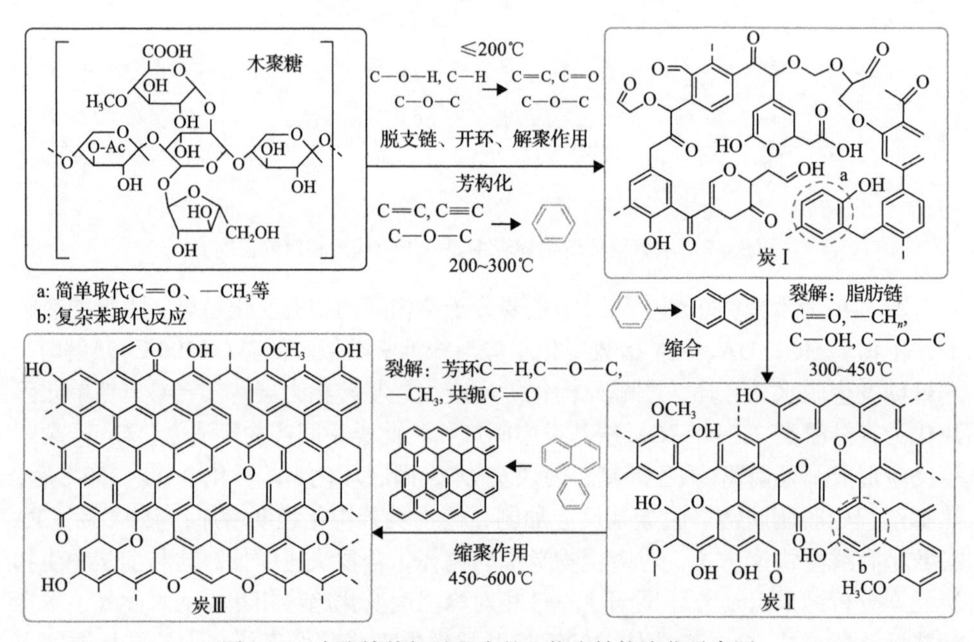

图 4-10　木聚糖热解过程中的生物炭结构演化示意图

4.6　木聚糖热解过程路径解析

综合木聚糖热解过程中的气、液相产物释出规律以及生物炭演变过程中的分子结构变化特性，解析木聚糖热解过程路径，其具体热解过程可描述为图 4-11。

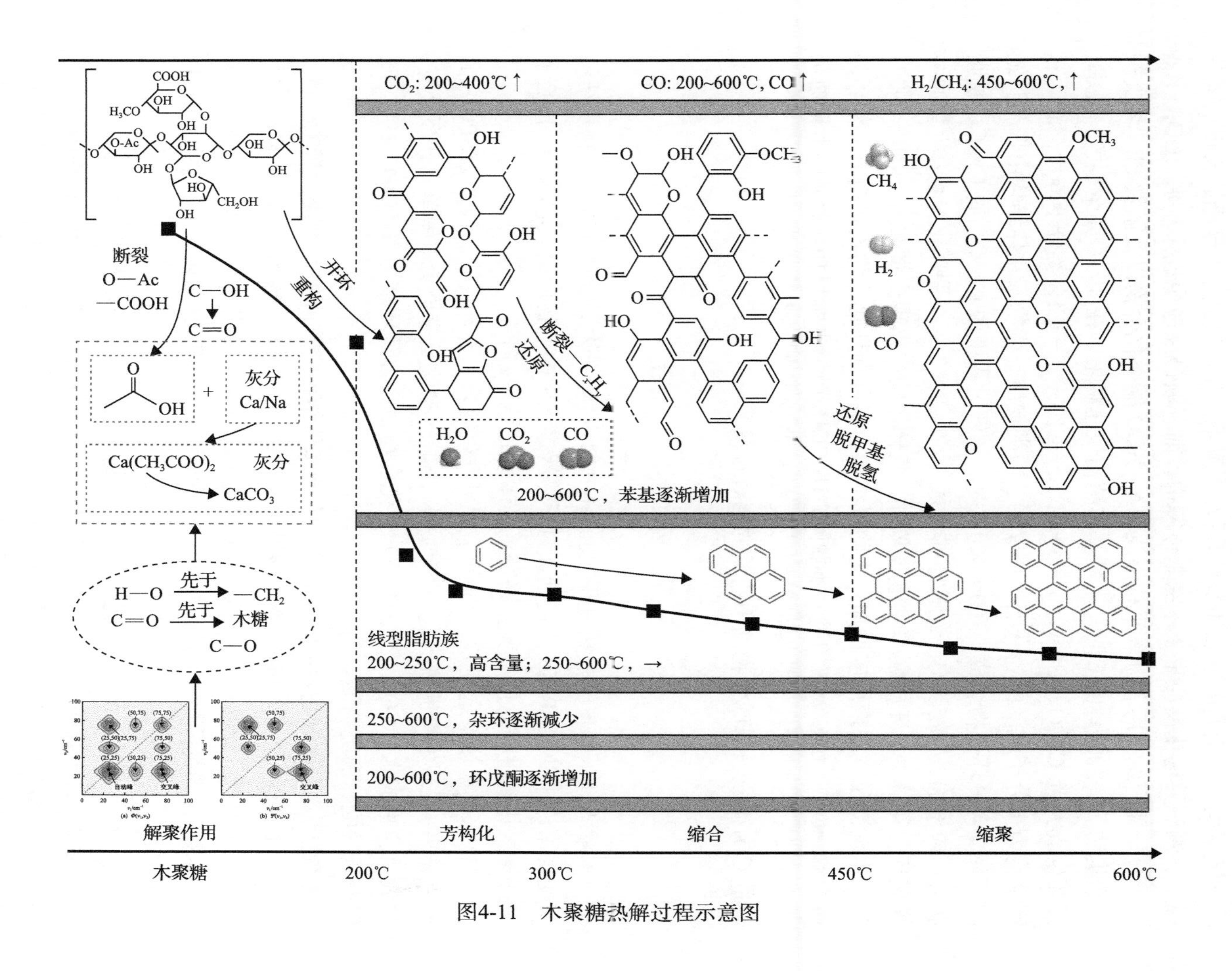

图4-11　木聚糖热解过程示意图

木聚糖属于无定形多糖组分，分子结构中含有大量葡萄糖醛酸、乙酰基、阿拉伯糖支链结构，较低温度下(200℃)即可发生解聚、开环反应，木聚糖脱支链、羟基脱水、酮醇异构化反应早于木糖基体解构，前者断键反应生成大量水、CO_2、AA等小分子化合物，后者开环重构形成HA、HBO酮类化合物以及微量FF、环戊酮和酚类物质。200～300℃时，木糖基体结构快速解聚，在300℃完全裂解，脱水、开环生成大量C═O、C═C、C—O—C、—CH_2—、—CH_3类分子碎片，而后断键重构为小分子酸醛酮、呋喃、环戊酮、酚类物质，生物炭主体结构由带脂肪链的苯环、含氧环化物组成。300～450℃时，热解过程中脱C═O、脱C═C、脱脂肪链反应增加，生物炭分子结构重排形成1×2、2×2苯类稠环化合物；生物油中含氧环化物减少、环戊酮/酚类物质增加，气体产物中出现少量CH_4。450～600℃时，木聚糖脱氢缩聚反应增加，生物炭结构由多种稠环化合物连接组成，苯环侧链中C═O、—CH_3等结构进一步脱除，H_2、CH_4产量大幅增加。此外，木聚糖灰分中的Ca/Na碱式盐对热解过程中的气/液相产物形成、释出具有明显影响，能够促进CO_2生成、降低生物油中乙酸的相对含量。

4.7 本 章 小 结

本章研究了木聚糖热解过程(200～600℃)热解产物形成特性以及生物炭结构演变规律，并以2D-PCIS为基础探讨了热解过程中的产物形成关联耦合，描绘了半纤维素热解过程的化学反应路径。具体研究结果如下。

(1)木聚糖热稳定性差，200℃下即可发生解聚、开环反应。根据2D-PCIS的研究结果，发现木聚糖脱支链、羟基脱水-酮醇异构化反应早于木糖单元开环反应，前者反应生成水、CO_2、乙酸等小分子化合物，后者开环重构为HBO、HA、FF以及环戊酮、酚类物质。

(2)随着温度升高(高于225℃)，木糖基体结构完全降解，生成大量C═O、C═C、C—O—C类中间产物，该类中间体进一步裂解、重构为小分子酸醛酮、呋喃、环戊酮、酚类物质；生物油中出现DBFO双环类化合物，该化合物可能来源于木糖-葡萄糖醛酸结构的开环、再环化反应，其相对含量随热解温度的升高持续减少。

(3)木聚糖低温热解生物炭结构主要由带脂肪链苯环以及含氧环化物组成；300～450℃，生物炭分子结构重排形成小分子(≤4环)稠环化合物；而随温度升高(450～600℃)，木聚糖脱氢缩聚反应增加，生物炭结构由多种稠环化合物连接组成，苯环侧链中C═O、—CH_3结构大幅脱除，气体产物中H_2、CH_4产量明显上升，CO显著增加。

参考文献

[1] Zhou X W, Li W J, Mabon R, et al. A critical review on hemicellulose pyrolysis[J]. Energy Technology, 2017, 5 (1): 52-79.

[2] Zhou X W, Li W J, Mabon R, et al. A mechanistic model of fast pyrolysis of hemicellulose[J]. Energy & Environmental Science, 2018, 11: 1240-1260.

[3] Yang H P, Li S J, Liu B, et al. Hemicellulose pyrolysis mechanism based on functional group evolutions by two-dimensional perturbation correlation infrared spectroscopy[J]. Fuel, 2020, 267 (5): 117302.

[4] Yeo J Y, Chin B L F, Tan J K, et al. Comparative studies on the pyrolysis of cellulose, hemicellulose, and lignin based on combined kinetics[J]. Journal of the Energy Institute, 2019, 92 (1): 27-37.

[5] Zhao C X, Jiang E C, Chen A H. Volatile production from pyrolysis of cellulose, hemicellulose and lignin[J]. Journal of the Energy Institute, 2017, 90 (6): 902-913.

[6] Chen T J, Li L Y, Zhao R D, et al. Pyrolysis kinetic analysis of the three pseudocomponents of biomass-cellulose, hemicellulose and lignin[J]. Journal of Thermal Analysis and Calorimetry, 2017, 128 (3): 1825-1832.

[7] Carrier M, Windt M, Ziegler B, et al. Quantitative insights into the fast pyrolysis of extracted cellulose, hemicelluloses, and lignin[J]. ChemSusChem, 2017, 10 (16): 3212-3224.

[8] Shen D K, Zhang L Q, Xue J T, et al. Thermal degradation of xylan-based hemicellulose under oxidative atmosphere [J]. Carbohydrate Polymers, 2015, 127: 363-371.

[9] Shen D K, Gu S, Bridgwater A V. Study on the pyrolytic behaviour of xylan-based hemicellulose using TG-FTIR and Py-GC-FTIR[J]. Journal of Analytical and Applied Pyrolysis, 2010, 87 (2): 199-206.

[10] Räisänen U, Pitkänen I, Halttunen H, et al. Formation of the main degradation compounds from arabinose, xylose, mannose and arabinitol during pyrolysis[J]. Journal of Thermal Analysis and Calorimetry, 2003, 72 (2): 481-488.

[11] Dussan K, Dooley S, Monaghan R. Integrating compositional features in model compounds for a kinetic mechanism of hemicellulose pyrolysis[J]. Chemical Engineering Journal, 2017, 328: 943-961.

[12] Wang S R, Ru B, Lin H Z, et al. Degradation mechanism of monosaccharides and xylan under pyrolytic conditions with theoretic modeling on the energy profiles[J]. Bioresource Technology, 2013, 143: 378-383.

[13] Beall F C. Thermogravimetric analysis of wood lignin and hemicelluloses[J]. Wood & Fiber Science, 1969, 3: 215-226.

[14] Shen D K, Gu S. The mechanism for thermal decomposition of cellulose and its main products[J]. Bioresource Technology, 2009, 100 (24): 6496-6504.

[15] Wang S R, Guo X J, Liang T, et al. Mechanism research on cellulose pyrolysis by Py-GC/MS and subsequent density functional theory studies[J]. Bioresource Technology, 2012, 104 (0): 722-728.

[16] Wang S R, Ru B, Dai G X, et al. Pyrolysis mechanism study of minimally damaged hemicellulose polymers isolated from agricultural waste straw samples[J]. Bioresource Technology, 2015, 190: 211-218.

[17] Werner K, Pommer L, Broström M. Thermal decomposition of hemicelluloses[J]. Journal of Analytical and Applied Pyrolysis, 2014, 110: 130-137.

[18] Ponder G R, Richards G N. Thermal synthesis and pyrolysis of a xylan[J]. Carbohydrate Research, 1991, 218: 143-155.

[19] Lee J, Tsang Y F, Oh J I, et al. Evaluating the susceptibility of pyrolysis of monosaccharide, disaccharide, and polysaccharide to CO_2[J]. Energy Conversion and Management, 2017, 138: 338-345.

[20] Peng Y Y, Wu S B. The structural and thermal characteristics of wheat straw hemicellulose[J]. Journal of Analytical and Applied Pyrolysis, 2010, 88(2): 134-139.

[21] Li Z Y, Liu C, Xu X X, et al. A theoretical study on the mechanism of xylobiose during pyrolysis process[J]. Computational and Theoretical Chemistry, 2017, 1117: 130-140.

[22] Huang J B, He C, Wu L Q, et al. Thermal degradation reaction mechanism of xylose: A DFT study[J]. Chemical Physics Letters, 2016, 658: 114-124.

[23] Huang J B, He C, Wu L Q, et al. Theoretical studies on thermal decomposition mechanism of arabinofuranose[J]. Journal of the Energy Institute, 2017, 90(3): 372-381.

[24] Huang J B, Liu C, Tong H, et al. Theoretical studies on pyrolysis mechanism of xylopyranose[J]. Computational and Theoretical Chemistry, 2012, 1001: 44-50.

[25] Wang M, Liu C, Li Q B, et al. Theoretical insight into the conversion of xylose to furfural in the gas phase and water [J]. Journal of Molecular Modeling, 2015, 21(11): 296.

[26] Kormelink F J M, Voragen A G J. Degradation of different [(glucurono) arabino]xylans by a combination of purified xylan-degrading enzymes[J]. Applied Microbiology and Biotechnology, 1993, 38(5): 688-695.

[27] Pouwels A D, Tom A, Eijkel G B, et al. Characterisation of beech wood and its holocellulose and xylan fractions by pyrolysis-gas chromatography-mass spectrometry[J]. Journal of Analytical and Applied Pyrolysis, 1987, 11: 417-436.

[28] Chen X, Chen Y Q, Yang H P, et al. Fast pyrolysis of cotton stalk biomass using calcium oxide[J]. Bioresource Technology, 2017, 233: 15-20.

[29] Bian J, Peng F, Peng X P, et al. Isolation of hemicelluloses from sugarcane bagasse at different temperatures: Structure and properties[J]. Carbohydrate Polymers, 2012, 88(2): 638-645.

[30] Ma M G, Jia N, Zhu J F, et al. Isolation and characterization of hemicelluloses extracted by hydrothermal pretreatment[J]. Bioresource Technology, 2012, 114: 677-683.

第 5 章　木质素热解特性及过程机理研究

5.1　引　　言

木质素是天然芳香族聚合物，通过热解可以制备富含酚类的热解油。一般认为木质素热解油产率在 400～600℃达到最大值，Collard 和 Blin[1]通过热重实验发现，木质素失重主要发生在 500～600℃，在这个温度区间主要发生挥发分析出、生物炭形成反应；因此木质素在中高温的热解反应机理被广泛关注。然而，木质素热解过程与纤维素和半纤维素有显著区别。纤维素与半纤维素热解比较集中，多在 200～400℃，而木质素热解温度段较宽，在 160～900℃均具有缓慢失重[2]。Shrestha 等[3]利用原位核磁发现木质素在 135℃以下会发生化学反应，形成一种黏性反应中间体。尽管木质素热解机理已经有一定研究，但多集中在高温区，对于木质素全温度段热解行为的认识仍然不深。

由于木质素分子量大(10000 以上)，结构中存在多种官能团(酚羟基、甲氧基、醚键、羰基等)，其热解过程受多重因素影响，十分复杂。而碱木质素因为含有较多的无机矿物质灰分，会对木质素的热解行为产生影响，而磨木木质素在结构和热解产物上具有较高代表性，因此本章基于磨木木质素热解过程气体析出行为、官能团演变、热重特性、热解产物分布、生物炭结构变化等热解特性，深入揭示木质素热解机理，而根据磨木木质素的热解行为将木质素的热解过程分为初始热解阶段和剧烈热解阶段来细致地研究木质素的热解过程机理，为木质素热解转化利用提供理论支撑。

5.2　实验样品与方法

5.2.1　实验样品

本章采用杨木磨木木质素为原料，磨木木质素提取方法采用传统 Björkman 方法[4]。首先经风干、碾磨后，用苯/乙醇溶液(以 2∶1 配比)萃取 12h 以去除树脂、脂肪、蜡、可溶性单宁酸和色素等杂质，然后用沸水连续脱脂 8h，获得粉末，经过真空干燥 96h，最后用超细粉碎机粉碎 30min，破坏其细胞壁，获得的粉末状样品为磨木木质素(MWL)。磨木木质素分子量为 5600，是典型的大分子木质素结构。

5.2.2　木质素快速热解实验方法

原位红外热解实验分为挥发分原位红外实验和生物炭原位红外实验。挥发分原位红外实验利用红外光透射原理揭示反应信息，具体地，红外光穿过原位池透明 CaF_2 窗片，通过透射穿过挥发分记录反应信息，然后被红外检测器捕获，并解谱官能团信息。此原位池包括：透明 CaF_2 窗片、加热管套、热电偶、样品舟、水冷不锈钢管壁和进出气口。实验开始前，首先将样品放入样品舟中，并推到加热管套加热区域，然后合上窗片，打开进气口，持续通入载气 N_2，将残留在原位池中的空气赶出；然后合上进气口，密闭原位反应池，打开加热开关以 10℃/min 加热速率加热至 500℃，红外光谱仪每 10s 采样一次。

生物炭原位红外结构采用红外光反射原理揭示生物炭官能团演变机制。具体地，红外光穿过透明窗片后，通过固体样品表面反射回光谱检测器，然后解析相关官能团信息。生物炭原位红外实验操作与挥发分原位红外实验类似，需要指出的是，当温度升高至 400℃以上时，生物质样品颜色加深变黑，其吸光度显著增强，会降低红外反射光信号强度。

木质素快速热解液化生物油分布通过微型裂解仪（美国 CDS-pyroprobe 5200-Py）和二维气相色谱-飞行时间质谱联用仪进行分析。快速热解特性研究采用微型裂解仪与气相色谱-质谱联用仪（Py-GC/MS），微型裂解仪为 CDS5200 系列，配置有自动进样器，裂解丝升温速率为 10000～20000℃/s，裂解腔工作温度范围为 30～1300℃，与气相色谱-质谱联用仪连接的传输管线温度为 230℃，载气流速为 25mL/min。实验之前，首先将热解样品精准称量 0.3mg，采用石英棉以三明治形式装载入石英管反应器以防样品散落在裂解腔中。实验开始后，载气快速吹扫出残留在裂解腔中的空气，以保证惰性气氛，吹扫完毕后裂解丝迅速升温至目标温度，裂解挥发分在载气吹扫下经过传输管线进入气相色谱-质谱联用仪进行分析。

热解产物采用全二维气相色谱耦合飞行时间质谱（GC×GC-TOF/MS）进行分析，配备有 HP-5 色谱柱（长 30m，内径 250μm，膜厚 0.25μm）和 DB-1 柱（长 1m，内径 100μm，膜厚 0.1μm）两种极性不同的色谱柱。质谱使用飞行时间质量探测器（丹尼（DANI），ZOEX-1，法国），其中采用液氮进行冷却；进样器温度保持在 280℃，烘箱温度最初以 40℃保持 5min，然后以 4℃/min 的升温速率增加到 280℃。调制周期保持在 5s，总氮气压力为 50psi（$1psi=6.89476\times10^3Pa$），冷氮气流速为 0.5L/min。质谱仪在 70eV 下以电子电离模式工作。以氦气（纯度为 99.999%）为载气，恒流量为 1mL/min，分流比为 1∶200。根据 NIST 质谱库和文献[5]确定每个色谱峰对应物质结构。木质素热解产物的相对产率利用产物在色谱的峰面积表示，热解产物的选择性通过峰面积占比来计算。

5.2.3　热解生物炭结构特性

利用固定床制备木质素热解生物炭，热解反应条件与热重实验保持一致。热解生物炭表面微观形貌利用扫描电子显微镜(SEM，JSM-5610LV，日本电子株式会社，日本)分析。实验之前，首先将样品在120℃下干燥12h，然后用Au溅射镀膜机对样品进行镀膜以增强生物炭样品表面导电性能，实验室设置操作电压为20kV。木质素样品分子量利用凝胶渗透色谱法(gel permeation chromatography, GPC，日本岛津HPLC-20AT)进行分析。测试时利用标准分子量样品溶液，绘制分子量校准曲线，具体测试条件如下：色谱柱，Styrage HR 4E DMF(7.8mm×300mm)；保护柱，Styrage DMF(4.6mm×30mm)；流动相，DMF(0.1mol/L LiCl)；流速，1.0mL/min；柱温，50℃；进样量，20μL；检测器，示差折光检测器(RID-10A)；标准样品，EasiVial聚苯乙烯标准品(4mL)，标准品分子量分别为364000、195300、91100、47190、30230、12980。

5.2.4　2D-PCIS分析方法

木质素热解气体挥发分的红外析出特性以及热解生物炭结构的演变特性采用2D-PCIS进行分析，具体方法见3.2.3节。

5.3　初始热解阶段挥发分析出行为

5.3.1　热解气体释放特性及动力学分析

木质素初始热解阶段小分子气体析出行为采用原位红外进行研究，结果如图5-1所示。H_2O在40℃时开始形成，随着温度的升高(小于100℃)迅速析出，这与木质素样品干燥脱水过程相对应。在100～160℃时，由于温度太低，几乎没有明显的气体析出。当温度超过160℃时，H_2O开始显著析出，形成速率迅速增加，并在250℃达到最大值，此后(至330℃)形成速率快速降低至0，这主要是由于木质素氢键网络中的羟基断裂。而在330～400℃又出现了一个H_2O析出峰，但其形成速率缓慢，这可能来自木质素碎片的羟基化作用，说明木质素热解进入了裂解反应阶段。而CO在170℃开始析出，随着温度的升高逐渐增多，在170～330℃有第一个析出峰，这主要因为木质素大分子之间醚键连接键断裂；而在330℃之后，木质素快速裂解，CO通过木质素分子侧链C—O键的裂解而大量析出。

与H_2O和CO不同，CO_2的析出有三个峰，它们分别在160～270℃、270～330℃和330～400℃。在较低温度下(160～270℃)，CO_2即快速析出，主要通过

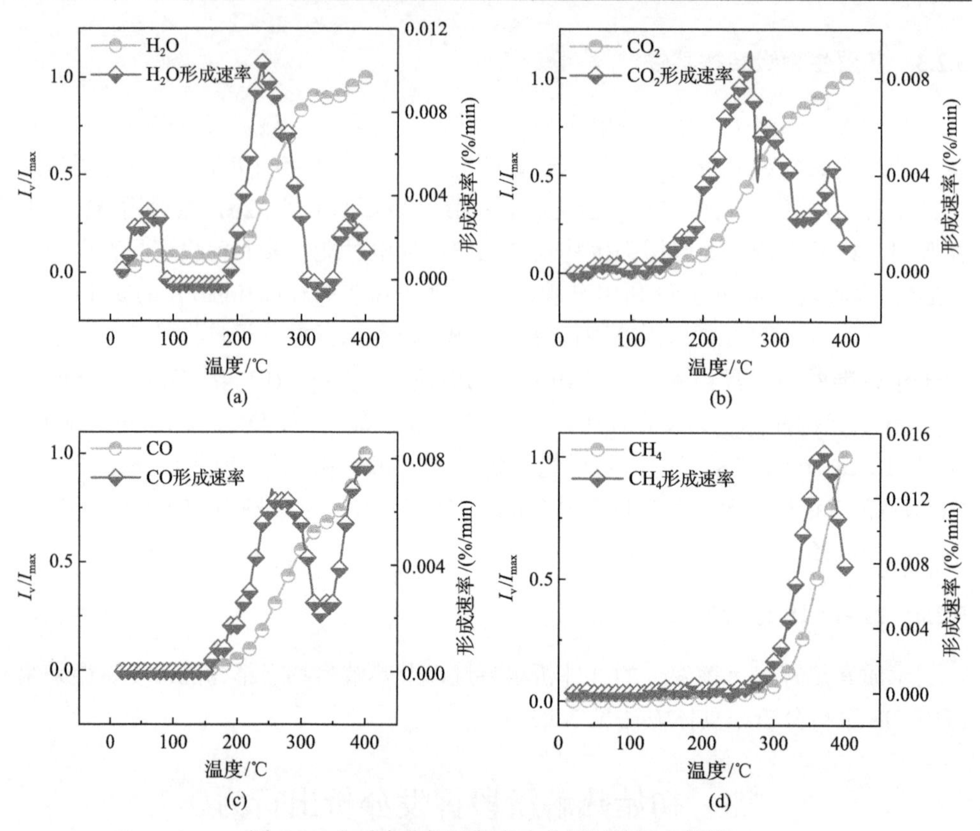

图 5-1　木质素热解过程中小分子气体析出特性

脂肪醚键氧化断裂生成；随着温度升高(270～330℃)，出现一个较小的 CO_2 峰，这可能主要来自羧酸基团的断裂；而在温度高于 330℃后，CO_2 主要来自羰基裂解和氧化[6]。在小分子气体中，CH_4 析出温度较高，在 270℃以上才有少量的甲烷气体缓慢析出，这时 CH_4 主要是木质素芳族侧链上的甲氧基裂解形成的，由于甲氧基断裂键能较高，因此仅在较高的温度下才有 CH_4 气体析出。另外，CH_4 气体形成表明木质素分子已经断裂，木质素侧链裂解是该阶段的主要反应，因此 CH_4 气体析出可视为木质素初始热解阶段的结束和剧烈热解的开始。

H_2O、CO_2、CO 和 CH_4 析出动力学参数计算方法见 2.5 节，计算结果如表 5-1 所示。对于 H_2O 气体，随着热解温度的升高，活化能降低(160～330℃和 330～400℃)，指前因子表现出相似的变化趋势，而反应级数保持在 1。这主要因为不同温度下 H_2O 的形成来源不同；在较低温度时(160～330℃)，H_2O 主要来自氢键羟基的裂解，其具有更高的键能；而在 330～400℃时 H_2O 主要来自具有较低键能的游离羟基裂解[7]。其反应级数保持不变，这是因为在 160～400℃之间 H_2O 的形成主要受温度控制。

表 5-1　木质素热解小分子气体析出动力学特性

气体	T/℃	E/(kJ/mol)	A/min^{-1}	n
H_2O	160～330	70.45	2.017×10^6	1
	330～400	45.22	4039.24	1
CO_2	160～270	54.29	2.78×10^4	1
	270～330	31.08	91.19	1
	330～400	33.48	69.63	0.5
CO	170～330	74.50	2.44×10^5	3
	330～400	118.32	3.87×10^5	3
CH_4	330～400	123.69	5.16	1

对于 CO_2，当温度从 160℃升高至 330℃时，其析出活化能和指前因子逐渐降低，但在 330～400℃活化能几乎保持不变，而反应级数由 1 变为 0.5，这主要是由于 CO_2 的形成来源随着温度升高发生变化，在较低温度下，CO_2 来自于—COO—基团的裂解，而较高温度下的 CO_2 来自于 C═O 基团断裂[8]，而反应级数的变化可能是由于羰基在 330～400℃时氧化裂解为 CO 和 CO_2。因此 CO_2 的形成不仅受温度控制，而且会受 CO 形成的竞争反应影响。这也解释了为什么 CO 与 CO_2 反应活化能随着温度升高呈现相反的趋势。CO 活化能和指前因子随温度的升高而增加，反应级数保持不变，这可能因为在 170～330℃时 CO 的形成主要来自于醚键断裂，醚键断裂需要更少的能量，而在 330～400℃时 CO 主要来自于 C═O 分解，需要更高的能量[9]。对于 CH_4，其仅在 330～400℃形成，活化能最高，表明甲氧基断裂需较高的能量。

5.3.2　挥发分有机官能团析出行为

木质素初始热解阶段挥发分有机官能团的变化行为如图 5-2 所示。3735cm^{-1} 和 3430cm^{-1} 分别表示热解挥发分中具有氢键的游离羟基和自由羟基，在 50～80℃木质素游离羟基随着温度升高有一定的增加，这主要来自木质素样品中外在水分的脱除；而随着温度升高至 80～200℃，游离羟基(3735cm^{-1})和自由羟基(3430cm^{-1})基本保持不变，这是因为在此阶段没有明显的脱水反应；但随着温度的进一步升高(200～330℃)，游离羟基和自由羟基都急剧增加，这表明木质素氢键网络破碎，部分含氢键羟基基团从木质素分子边缘和片段连接处裂解而产生大量游离羟基。然而，随着温度的进一步升高(330～400℃)，羟基生成速率略有下降，这个阶段羟基基团主要来自木质素单体侧链裂解，这表明挥发分中形成了大量的酚类化合物、木质素单体和 H_2O。

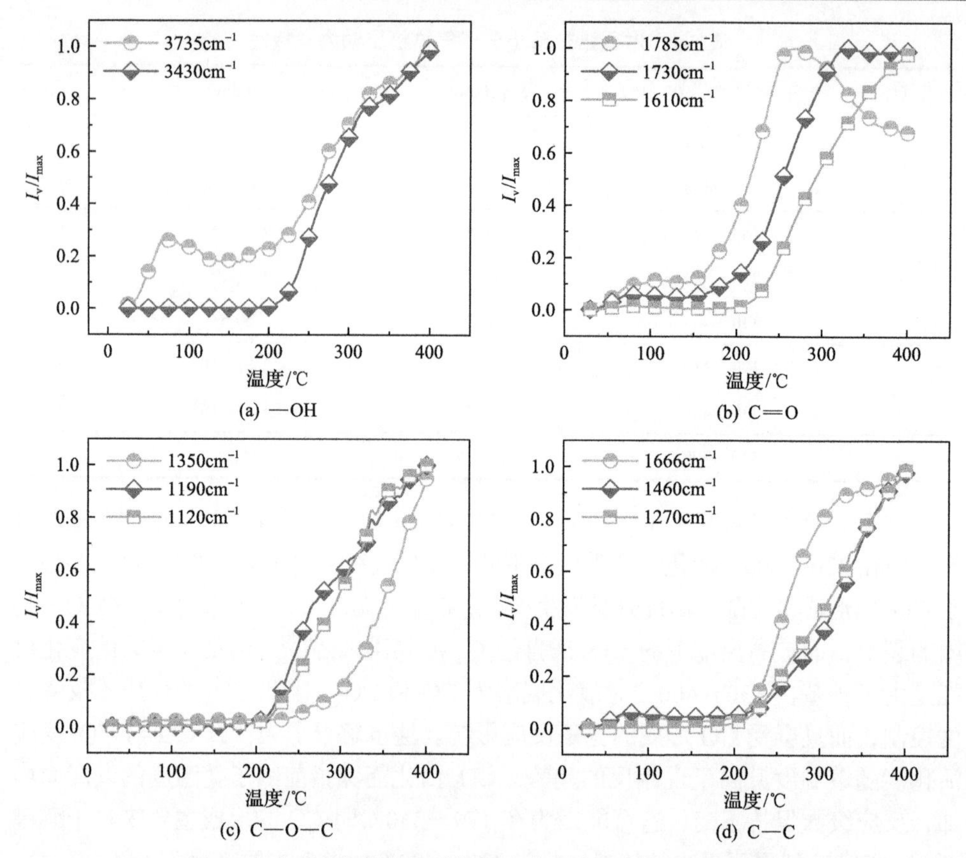

图 5-2　木质素初始热解阶段挥发分中有机官能团演变特性

$1785cm^{-1}$、$1730cm^{-1}$ 和 $1610cm^{-1}$ 分别代表四元或五元环羰基、共轭羰基和非共轭羰基[10]。当温度低于 160℃时，在挥发分中没有明显的 C═O 释放峰，这主要是因为在较低温度下没有发生脱羧基反应形成不饱和 C═O 官能团；而随着温度的进一步升高（大于 160℃），四元或五元环羰基急剧增加，这主要是由于木质素分子网络破裂以及挥发分中形成了含 C═O 的物质；但随温度继续升高（270～400℃），四元或五元环羰基降低，这主要是由于四元或五元环羰基在较高温度下不稳定，容易发生开环反应生成链状羰基，如丁醛和 1,2-乙二醇单甲酸酯等。共轭羰基和非共轭羰基随温度在 200～330℃范围内先增加，主要是因为木质素分子网络开裂形成大量含 C═O 官能团的物质；但随着温度继续升高，两者表现出不同的趋势，非共轭羰基保持增加直至温度升高至 400℃，而共轭羰基保持不变，这主要是因为共轭羰基的形成和分解达到了平衡[11]。

$1350cm^{-1}$、$1190cm^{-1}$ 和 $1120cm^{-1}$ 分别代表芳族醚键、脂肪醚键和 S 环醚键[12]。在温度较低时（小于 200℃），木质素结构致密，无法破坏骨架结构，因此在挥发分中未检测到 C—O—C 键。随着温度升高（200～400℃），脂肪醚键和 S 环醚键均快速增加，这表明木质素网络结构分解成碎片，形成了木质素单体、二聚体、三聚体甚至更大的木质素碎片，这也是木质素骨架断裂的直接证据之一。

1666cm^{-1}、1460cm^{-1} 和 1270cm^{-1} 分别代表不饱和 C═C 键、芳香环上的 C—C 键和愈创木酚环上的 C—C 键。在较低温度(小于 200℃)也未检测到 C—C 键，由于这些 C—C 键是木质素分子的骨架，在低温下未发生断裂。与 C—O—C 键相似，三种 C—C 键随温度升高(200℃后)迅速增加，且不饱和 C═C 键的增加速率较高；在温度高于 330℃时，不饱和 C═C 键缓慢增加，而芳香环上的 C—C 键和愈创木酚环上的 C—C 键迅速增加，这主要因为木质素侧链羟基脱水反应生成大量芳香环上的 C—C 键和愈创木酚环上的 C—C 键[13]。

5.3.3　热解油组分变化特性

木质素初始热解阶段热解油组分的二维色谱谱图如图 5-3 所示。二维色谱谱图按气体在色谱柱总的停留时间可分为 5～20min、20～40min 和大于 40min 三个部分，其中 5～20min 的物质主要是 C_3 以下的小分子酮类、醛类和醇类，这些物质主要来自于木质素侧链断裂及木质素大分子上含氧官能团的脱除反应；20～40min 区间的物质主要为 C_6 以上结构相似的酚类物质，仅在芳香环取代基上存在细微差别，导致 25min 处存在大量相似峰值；在 40min 之后出峰的物质主要是一些多环芳香族物质，也来自于木质素主要连接键断裂。

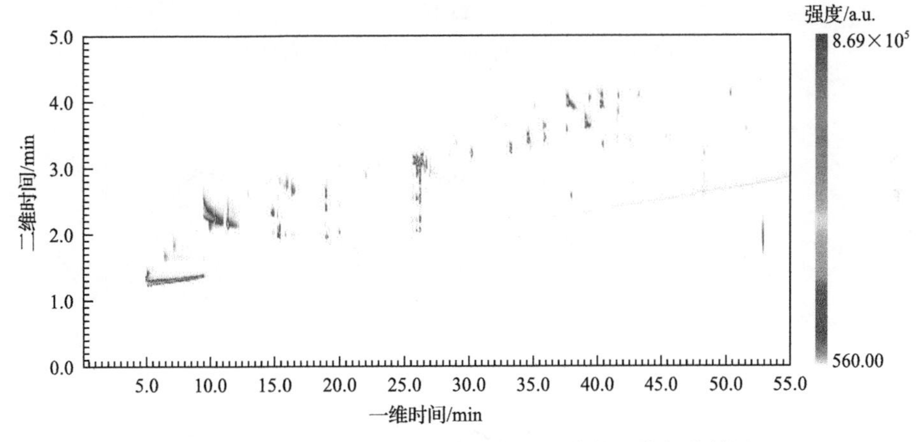

图 5-3　木质素初始热解阶段热解油组分的二维色谱谱图

木质素初始热解阶段热解油分布特性结果见图 5-4 和图 5-5。在较低温度(小于 200℃)，仅仅产生微量热解油，这与 TGA 曲线上显示几乎没有质量损失(小于 200℃)一致。而当温度升高到 200℃时，有少量热解油生成，根据其化学结构及生成来源，将它们分为木质素单体、侧链化合物和未知化合物。木质素单体主要包括 2-甲氧基苯酚、4-甲基苯甲醛、2-甲基-3-苯基丙醛等；而侧链化合物主要包含 1，2-乙二醇、2-乙氧基乙醇、3-己醇；未知化合物主要包含重木质素碎片，如二聚体和三聚体。在 200℃下，热解油主要包含 39.26%的未知化合物，以及少量本质素单体(23.94%)和侧链化合物(36.80%)。含量较高的未知化合物主要是重质木质素碎片，这可能说明木质素首先在较低的温度下裂解为重质木质素碎片。随着温度升高(大于 200℃)，未知化合物不断减少，并在 290℃达到最低含量，为 5.14%，然后保持基本不变，这主要是因为高温促进重质木质素的裂解并形成小分子，如木质素单体、侧链化合物和轻质气体分子。

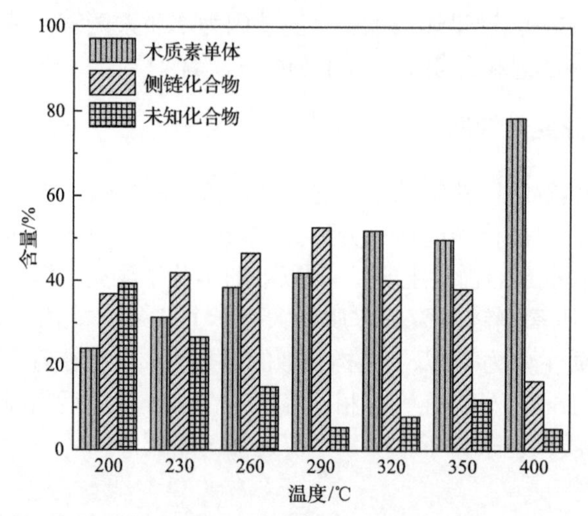

图 5-4 木质素初始热解阶段热解油分布特性

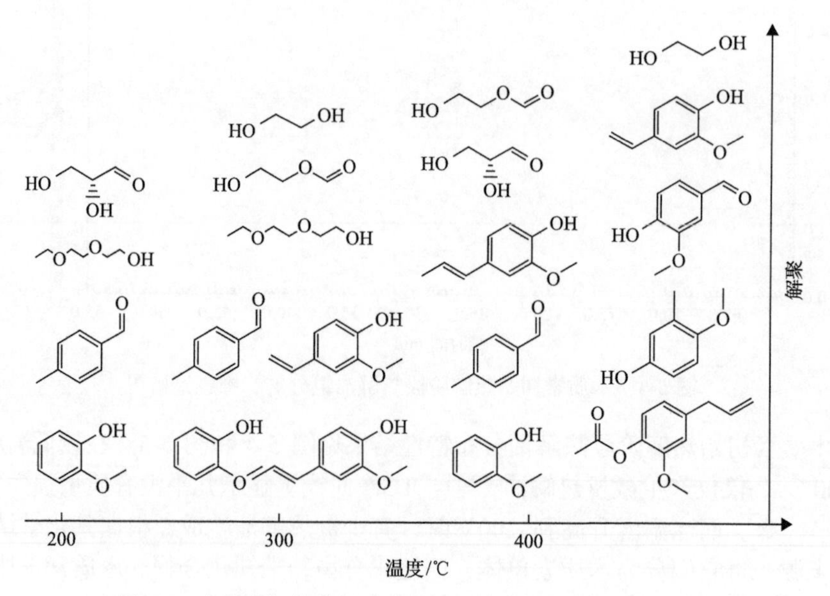

图 5-5 木质素初始热解阶段热解油分布特性的进一步说明

随着温度从 200℃升高至 400℃，木质素单体含量大体呈现增加趋势，而侧链化合物先增加，在 290℃达到最大值(52.60%)，然后随温度继续升高而大幅降低，这可能是由于在温度较低时(小于 290℃)，较高的温度促进了大的木质素单体断裂为中等碎片，形成了更多的侧链化合物[14]；而在温度高于 290℃后，温度升高使得更多的木质素侧链裂解，木质素单体连接网络开始分解形成木质素单体，侧链二次裂解生成一些不稳定的官能团并形成小分子气体析出[15]。

5.3.4　生物炭物化结构特性

木质素初始热解阶段生物炭微观形貌见图 5-6。SEM 图像显示原始木质素样品表面粗糙，没有规则形貌。在热解后，木质素样品发生了软化反应，宏观上形成了硬壳状生物炭，颗粒体积增加；而在微观上，粗糙的表面消失变成纳米级的球形表面；形貌变化来自于木质素软化反应，木质素在初始热解阶段发生玻璃态转变；而随着温度的进一步升高(300～400℃)，部分软化表面消失并且碳结构变得松散并形成孔，这主要因为小分子气体(CO_2、CO 和 H_2O)和挥发分的析出，使得木质素固体生物炭表面形成疏松多孔结构。

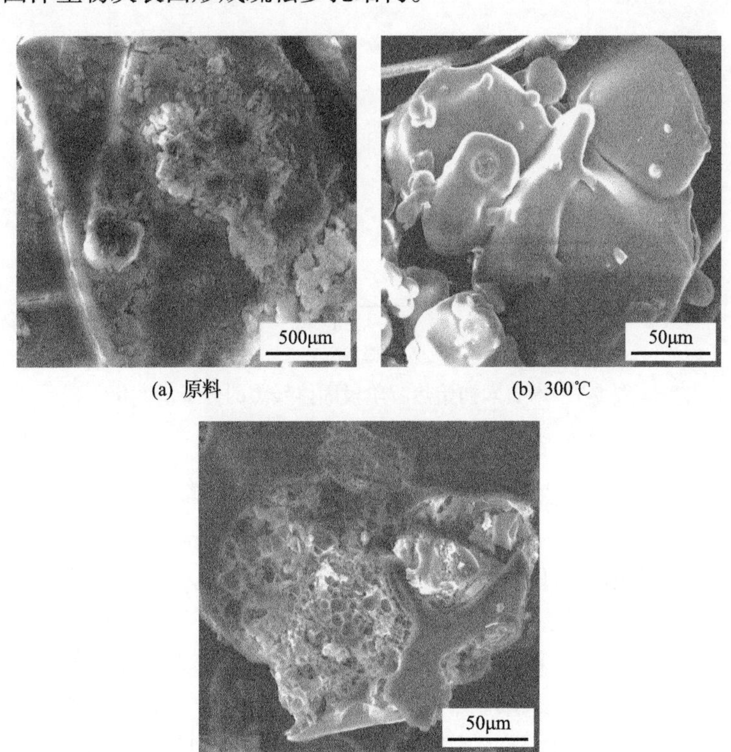

(a) 原料　(b) 300℃

(c) 400℃

图 5-6　木质素初始热解阶段生物炭微观形貌

木质素初始热解阶段固体残焦的分子量变化如图 5-7 所示。对于原始木质素样品，其数均分子量(Mn)和重均分子量(Mw)值分别为 52514 和 64815，属于典型大分子木质素结构。随着温度升高至 200℃，分子量先增加后降低，这与传统认为热解反应中木质素以裂解为主，分子量应随温度的升高持续下降不同，这可能因为此阶段木质素发生了聚合反应，而使得分子量增大；而从物理外观上也可以发现，在相同温度范围内木质素颗粒软化，木质素粉末熔融黏合为大块体，进一步证实了木质素的聚合。然而挥发分中还检测到了轻质气体和热解油化合物，这主要因为木质素在聚合过程中发生了部分支链分解；而 Mw/Mn 值(1.9)也说明木质素分子量分布不均匀，存在大分子量和小分子量木质素碎片。随着温度的进一步升高(大于 200℃)，Mn 和 Mw 均急剧下降，这表明该阶段的裂解反应比木质素分子聚合反应更加剧烈。随热解温度的继续增加，Mn 和 Mw 保持在 7500 左右不变，这可能是由于高温碳化反应，因此木质素热解生物炭在溶剂中的溶解性变差，7500 仅为部分可溶解木质素热解生物炭的分子量。

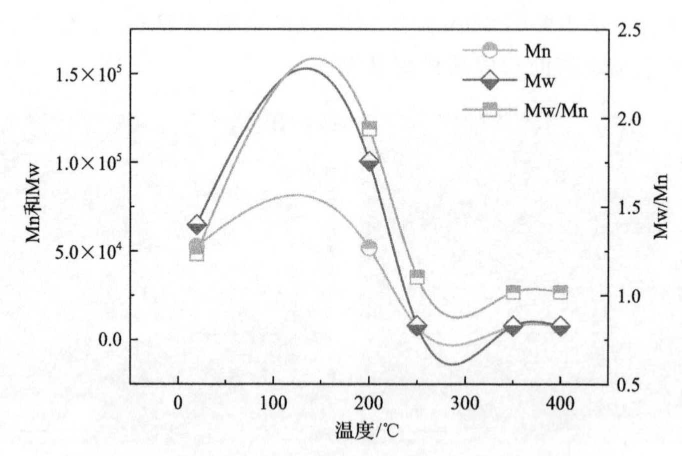

图 5-7 木质素初始热解阶段固体残焦的分子量变化

5.4 剧烈热解阶段木质素热解特性

木质素在剧烈热解阶段(450～750℃)失重约 30wt%，这部分失重主要生成热解油和少量气体小分子。木质素剧烈热解阶段热解油组分结果见表 5-2 和图 5-8。根据芳香取代基的不同，将检测到的酚类化合物分为 5 类：愈创木酚类包括 2-甲氧基苯酚、4-甲氧基-3-甲基苯酚、4-乙基-2-甲氧基苯酚、对苯二酚和杂酚油等；邻苯二酚类包括甲氧甲酚、异丁香酚和儿茶酚；苯酚类包括 2-羟基-5-甲基苯乙酮、对甲酚、苯酚和 2,4-二甲基苯酚等；酚类衍生物包括乙酰丁香酚、2,5-二甲氧基甲苯和 1-乙基-4-甲氧基苯等；芳香烃类包括苯和对二甲苯。

表 5-2 木质素剧烈热解阶段热解油产物分布特性 （单位：%）

化合物名称		温度			
		450℃	550℃	650℃	750℃
愈创木酚类	2-甲氧基苯酚	19.5	11.2	4.0	5.8
	4-甲氧基-3-甲基苯酚	17.8	11.3	7.0	5.0
	4-乙基-2-甲氧基苯酚	5.2	3.4	0.0	0.0
	对苯二酚	1.3	0.9	1.0	1.3
	杂酚油	0.7	1.7	0.0	0.0
	对羟基苯甲醚	3.5	2.6	1.6	0.0
	2-甲基-3-甲氧基苯酚	0.0	0.3	0.0	0.2
	合计	48.1	31.4	13.5	12.4
邻苯二酚类	甲氧甲酚	0.0	0.0	3.8	4.9
	异丁香酚	0.0	0.0	0.6	0.0
	儿茶酚	2.4	6.2	10.9	13.0
	合计	2.4	6.2	15.3	17.9
苯酚类	3-甲基苯邻二酚	1.2	1.4	1.5	0.9
	4-甲基苯邻二酚	0.0	5.0	5.4	0.0
	2-羟基-5-甲基苯乙酮	16.3	8.5	0.0	0.0
	3,4-二甲苯酚	0.0	5.2	0.7	5.3
	4-乙基苯酚	0.0	0.9	0.7	1.5
	4-乙基-3-甲基苯酚	0.0	0.7	0.0	0.0
	对甲酚	0.0	3.8	10.2	11.3
	2-乙基-4-甲基苯酚	0.0	0.8	1.6	0.0
	苯酚	0.0	0.0	2.5	4.6
	2,4,6-三甲基苯酚	0.0	0.0	0.6	0.7
	2,4-二甲基苯酚	0.0	0.0	5.1	0.0
	2,5-二甲基苯酚	0.0	0.0	0.0	1.0
	邻-甲苯酚	0.0	0.0	0.8	1.2
	合计	17.5	26.3	29.0	26.6

续表

化合物名称		温度			
		450℃	550℃	650℃	750℃
酚类衍生物	乙酰丁香酚	3.5	3.6	0.0	0.0
	2,5-二甲氧基甲苯	5.0	3.7	2.4	2.0
	1-乙基-4-甲氧基苯	0.0	1.5	0.0	0.0
	对乙基苯甲醚	0.0	1.6	2.5	2.5
	乙酸丁香酚酯	1.2	1.2	0.0	0.0
	合计	9.7	11.5	5.0	4.5
芳香烃类	苯	0.0	0.0	1.6	2.4
	对二甲苯	0.0	0.0	1.2	2.0
	合计	0.0	0.0	2.8	4.5

注：表中数据为四舍五入结果。

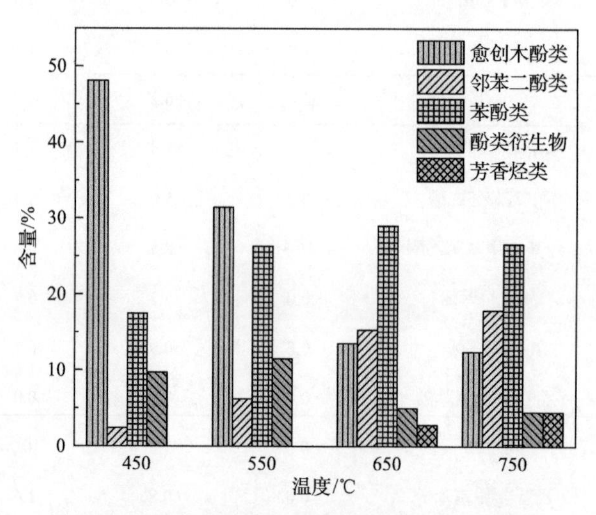

图 5-8　木质素剧烈热解阶段热解油产物分布特性

在热解温度低于 550℃时，木质素热解油组分以愈创木酚类产物为主，特别在较低温度下(450℃)，其含量可达 48.1%，其中含量最高的化合物为 2-甲氧基苯酚和 4-甲氧基-3-甲基苯酚，含量分别为 19.5%和 17.8%。随着温度的升高，愈创木酚类产物快速减少，而苯酚类物质、酚类衍生物先增加后减少。愈创木酚类产物通常来源于木质素结构中的愈创木酚单元，在 450~550℃时木质素大分子中单体之间的连接键断裂，形成大量愈创木酚类单体释放到挥发分中。除愈创木酚类之外，在 450～550℃苯酚类产物产率较高，如 2-羟基-5-甲基苯乙酮，其在 450℃时的含量约为 16.3%，这是因为苯酚类产物主要来源于原始木质素结构中的对羟基苯基单元。当温度升高(550～750℃)时，苯酚类产物成为主要化合物；高温下苯酚类产物增加主要来自于愈创木酚类产物发生二次脱氧反应脱除侧链生成更加简单的酚类；而酚类衍生物主要来自于木质素单体中酚羟基与小分子的聚合反应[16, 17]。

为了进一步揭示木质素热解主要产物间的转化机制，根据其含量与化学结构选择了八种化合物，对其演变规律进行研究，结果见图 5-9。与对甲酚相比，2-羟基-5-甲基苯乙酮在芳香族 C_2 上具有羰基。当温度为 450～650℃时，2-羟基-5-甲基苯乙酮的量快速减少甚至消失，相反出现了大量的对甲酚；表明 2-羟基-5-甲基苯乙酮除去芳香族 C_2 上的羰基会形成对甲基苯酚，这是因为羰基在高温容易脱除(550℃)。2-甲氧基苯酚在 450℃时含量为 19.2%，随着温度升高(450～650℃)，其含量迅速下降；相反，邻苯二酚的含量快速增加，这表明 2-甲氧基苯酚发生脱甲基反应会形成邻苯二酚类化合物。与前两组相比，杂酚油和苯酚含量较低，但

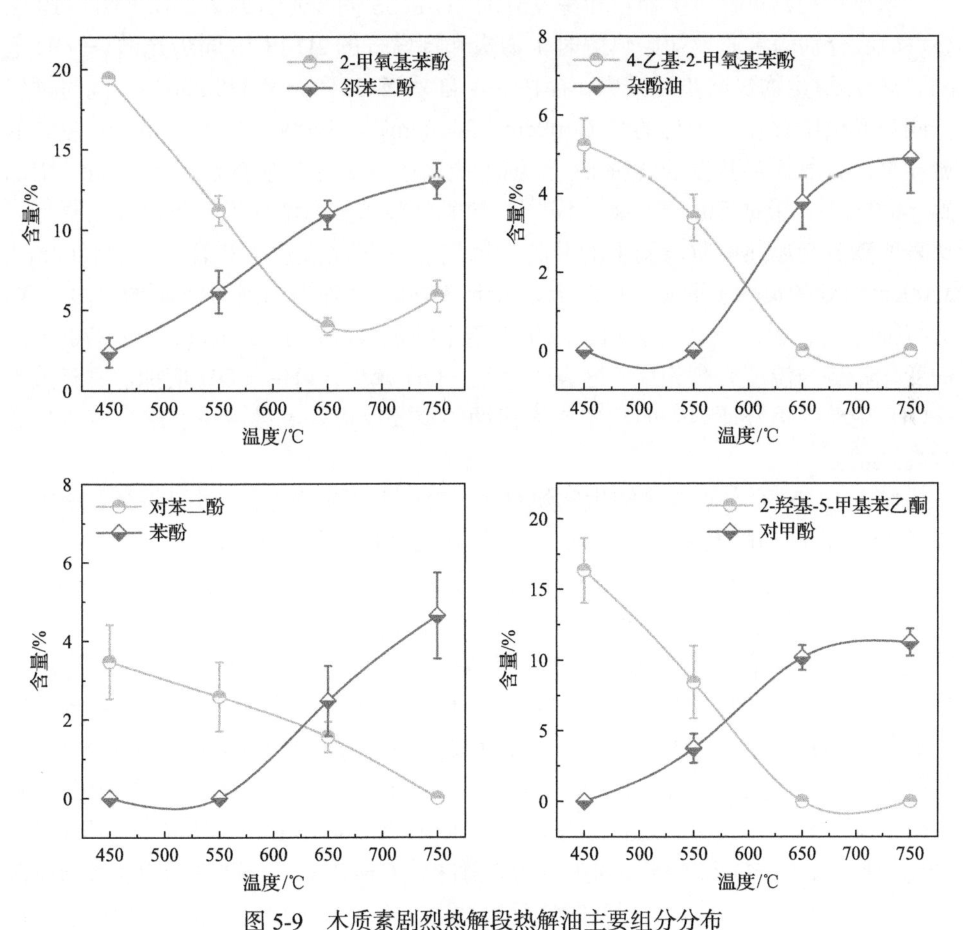

图 5-9　木质素剧烈热解段热解油主要组分分布

随着反应温度升高，4-乙基-2-甲氧基苯酚的甲基断裂和对苯二酚脱甲氧基会导致更多的杂酚油和苯酚生成。

5.5 基于 2D-PCIS 的木质素热解反应过程机理

5.5.1 初始热解阶段生物炭结构演变与挥发分形成过程

为了研究木质素初始热解阶段与剧烈热解阶段的热解机理，采用 2D-PCIS 研究了初始热解阶段与剧烈热解阶段木质素热解生物炭和挥发分官能团的演变。木质素结构官能团分布在 3800～1000cm^{-1}，3800～3100cm^{-1} 为不同类型的—OH 振动，3100～2800cm^{-1} 为—CH_n 官能团的振动，2800～1800cm^{-1} 为 CO_2 吸收峰，1800～1600cm^{-1} 为 C═C 和 C═O 的振动，1600～1300cm^{-1} 为芳香环骨架振动，1300～1000cm^{-1} 为 C—O 和 O—H 的振动信号。

木质素初始热解时生物炭和挥发分的 2D-PCIS 同步光谱见图 5-10。图 5-10 图(a)和(e)分别为木质素初始热解时生物炭和挥发分的 2D-PCIS 同步光谱(—OH 范围)。在热解生物炭同步光谱中，存在一个自动峰(3350cm^{-1},3350cm^{-1})，同时挥发分同步光谱中存在一个自动峰(3400cm^{-1},3400cm^{-1})。3400cm^{-1} 和 3450cm^{-1} 左右的振动都是含氢键羟基振动的特征[18]，但木质素中含氢键羟基波数从 3350cm^{-1} 增加到 3400cm^{-1}；根据 Struszczyk 方程[19]，含氢键羟基波数增加说明氢键强度降低，这表明随着初始热解阶段温度的升高，氢键-羟基网络发生了断裂，在(3400cm^{-1},3700cm^{-1})处的负峰也证实了该结论。由于 3700cm^{-1} 左右的振动是氢键/自由—OH 的特征峰[20]，根据 Noda 法则，同步光谱中的负峰说明了 3400cm^{-1} 和 3700cm^{-1} 的变化趋势与温度升高相反，这表明氢键—OH 减少，自由—OH 增加。所有关于—OH 振动的信号证据表明，木质素初期的主要反应是氢键网络裂解反应，生成游离羟基。

图 5-10(b)为木质素热解生物炭(R)—CH 基团同步光谱。可以看到，图中存在两个正的自动峰(2940cm^{-1}, 2940cm^{-1})和(2890cm^{-1}, 2890cm^{-1})，2940cm^{-1} 和 2890cm^{-1} 分别是—CH_3 和—CH_2—振动特征光谱[21]；根据 Noda 法则，—CH_3 和—CH_2—峰值为正表明随温度的升高而其含量增加，这是由于木质素在初始热解阶段发生木质素侧链裂解反应，因此热解生物炭中—CH_3 和—CH_2—官能团增加。在图 5-10(f)的热解挥发分同步谱图中，3020cm^{-1} 处的 CH_4 信号表明木质素初始热解阶段发生了脱甲基反应，并在挥发分中生成少量的 CH_4[15]。在图 5-10(c)的热解生物炭同步光谱的 C═C 和 C═O 范围内，在(1730cm^{-1},1730cm^{-1})和(1666cm^{-1},1666cm^{-1})处有正的自动峰。1730cm^{-1} 和 1666cm^{-1} 分别是 C═O 和 C═C 振动的特征。C═O 和 C═C 的正自动峰意味着 C═O 和 C═C 官能团随着热解温度的升高而增加，这是由于羟基脱氢反应发生在木质素初始热解阶段，形成了不饱

和双键结构和轻质气体分子，如 H_2O 和 H_2。在热解挥发分同步光谱中(图 5-10(g))，1666cm^{-1}(C═C 结构)处的正自动峰是由木质素侧链脱氢反应引起的，这可能是因为在木质素初始热解阶段也存在热解挥发分侧链二次裂解反应。

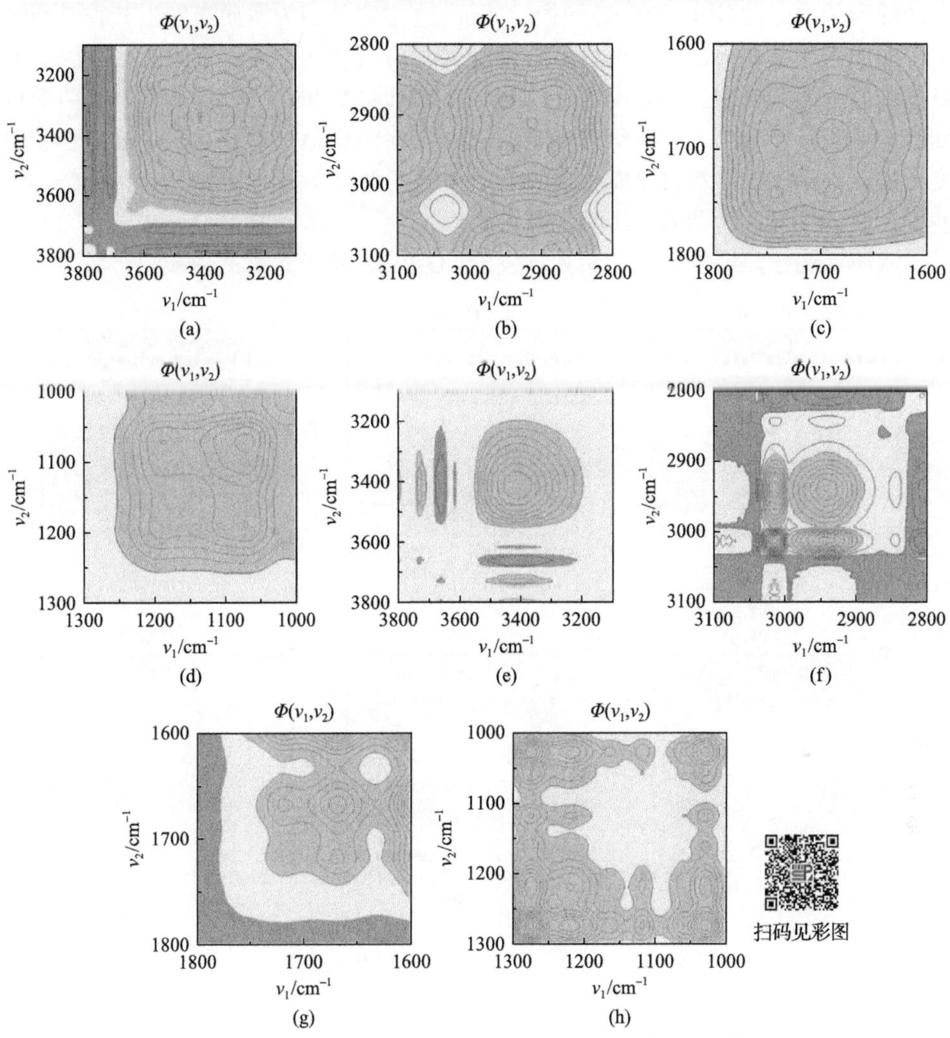

图 5-10　木质素初始热解阶段生物炭和挥发分的 2D-PCIS 同步光谱图

(a)～(d)为生物炭；(e)～(h)为挥发分。绿色为+，橙色为−，黄色为零

图 5-10(c)木质素热解生物炭同步光谱图中存在两个自动峰，分别为(1730cm^{-1}, 1730cm^{-1})和(1666cm^{-1},1666cm^{-1})，它们分别代表了 C═O 基团和 C═C 基团的振动特性。两处自动峰信号为正表明 C═O 和 C═C 基团强度随热解温度的升高而增大，这说明 C═O 和 C═C 基团的生成可能主要来源于羟基脱氢反应，生成不饱和双键(C═O 和 C═C)结构，同时释放 H_2O 和 H_2 等轻质气体分子。同时，热

解挥发分在 1666cm^{-1}(C═C 结构)处出现正自动峰，这主要是木质素初始热解阶段裂解反应在挥发分中形成少量不饱和 C═C 结构木质素单体所致。在 C—O 和 O—C 范围内，木质素热解生物炭同步光谱在(1060cm^{-1}，1060cm^{-1})处有一个正的自动峰为芳香醚键(Rh—O—C)的振动特征,这主要是因为木质素发生芳香醚裂解反应形成木质素单体碎片，芳烃醚键断裂是木质素热解初期失重的主要原因。而对于挥发分同步光谱，在(1040cm^{-1},1040cm^{-1})和(1270cm^{-1},1270cm^{-1})处有两个自动峰为正，分别为 O—H 振动和 G 环上 C═O 面内振动[22]；这主要是因为随着温度增加,C—O—C 键断裂生成更多的羟基和羟基进一步发生脱水反应生成 C═O,使得挥发分中 C═O 和 O—H 的含量增加。

木质素初始热解阶段生物炭和挥发分 2D-PCIS 异步光谱见图 5-11。与同步光

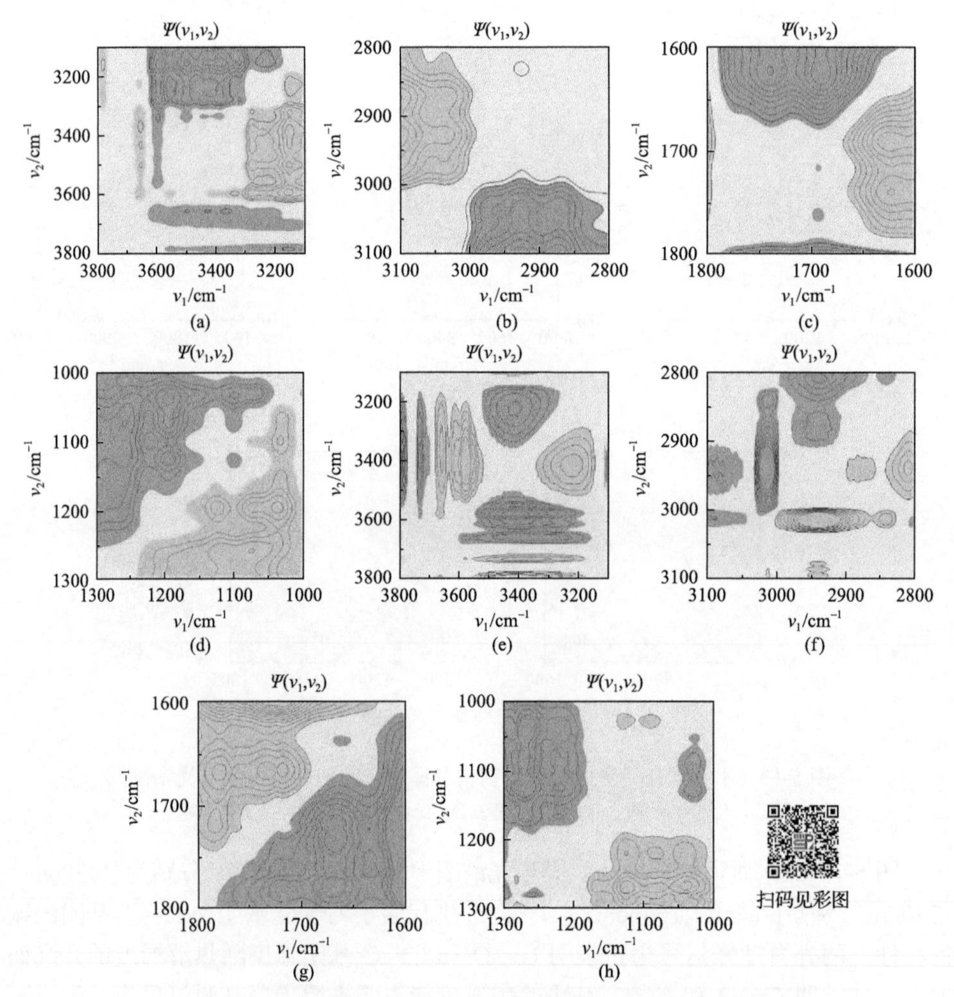

图 5-11　木质素初始热解阶段生物炭和挥发分 2D-PCIS 异步光谱

(a)～(d)为生物炭；(e)～(h)为挥发分。绿色为+，橙色为–，黄色为零

谱图类似，$3400cm^{-1}$ 和 $3700cm^{-1}$ 处的振动信号分别为氢键—OH 和自由—OH 特征信号。($3400cm^{-1}$, $3700cm^{-1}$)同时在同步光谱和异步光谱出现负峰，表明氢键—OH 反应发生在自由—OH 反应之前，这证实了木质素热解初期的主要反应是氢键网络破裂，随后是自由—OH 的脱除反应。木质素热解生物炭中($3400cm^{-1}$, $3700cm^{-1}$)信号远低于挥发分，说明有更多的—OH 从木质素热解生物炭裂解脱除进入挥发分相中。在异步光谱上有一个正峰($2830cm^{-1}$, $2960cm^{-1}$)，而在同步光谱上有一个负峰($2830cm^{-1}$, $2960cm^{-1}$)，$2830cm^{-1}$ 和 $2960cm^{-1}$ 分别表示—OCH_3 和—CH_3 振动，这表明 CH_4 气体分子在初始阶段是由—CH_3 键断裂而非—OCH_3 键断裂形成的；而且挥发分的同步光谱和异步光谱的($2960cm^{-1}$, $3020cm^{-1}$)峰值均为正值，这说明木质素热解挥发分中—CH_3 的形成早于 CH_4 气体分子的形成；而与木质素脂肪族侧链裂解相比，—OCH_3 基团断裂需要更高的能量。

对于 C═C 和 C═O 异步光谱，挥发分在($1630cm^{-1}$, $1730cm^{-1}$)处有一个正峰，而($1630cm^{-1}$, $1730cm^{-1}$)在同步光谱中保持为正，而在木质素热解生物炭异步光谱中，$1666cm^{-1}$ 和 $1730cm^{-1}$ 处没有明显的红外信号。$1630cm^{-1}$ 和 $1730cm^{-1}$ 分别代表 C═C 和 C═O 键振动，根据 Noda 法则，这表明木质素羟基裂解反应倾向于在挥发分中形成 C═O 而不是 C═C。C—O 和—OH 范围内的异步光谱如图 5-11(h)所示；木质素初始热解挥发分在($1040cm^{-1}$, $1270cm^{-1}$)为正值，但木质素热解生物炭在($1040cm^{-1}$, $1270cm^{-1}$)无明显的红外信号，$1040cm^{-1}$ 和 $1270cm^{-1}$ 分别是 O—H 和 G 环上 C═O 振动特征[23]，这可能是因为在初始热解阶段木质素热解生物炭裂解反应主要发生在木质素侧链的羟基上，而挥发分裂解反应主要发生在 G 型木质素侧链上。

5.5.2　剧烈热解阶段生物炭结构演变与挥发分形成过程

木质素剧烈热解阶段生物炭和挥发分的 2D-PCIS 同步光谱如图 5-12 所示。在—OH 范围内生物质热解生物炭同步光谱存在两个较弱的自动峰($3400cm^{-1}$, $3400cm^{-1}$)和($3600cm^{-1}$, $3600cm^{-1}$)，它们分别代表游离酚羟基和游离醇羟基振动，而挥发分同步光谱中没有明显的游离羟基信号；这是因为—OH 开裂主要集中在初始热解阶段，而在剧烈热解阶段没有明显反应；虽然 C—O—C 断裂反应产生了一些—OH，而—OH 的脱氧和脱氢反应则消耗了—OH，两者在此阶段羟基达到基本平衡，因此羟基信号无明显变化。

对于—CH_n，热解生物炭同步光谱中有两个自动峰($2830cm^{-1}$, $2830cm^{-1}$)、($2940cm^{-1}$, $2940cm^{-1}$)，其分别代表了甲氧基和—CH_3 基团的振动。但在挥发分光谱中没有观察到—CH_3 和—CH_2—信号，这说明热解生物炭中—CH_3 和—CH_2—基团含量在增加，而挥发分中—CH_3 和—CH_2—基团含量变化不明显。此外，挥发分中($3020cm^{-1}$, $3020cm^{-1}$)处 CH_4 振动有正的自动峰，表明热解挥发分中大量的 CH_4

气体是在木质素剧烈热解阶段形成。

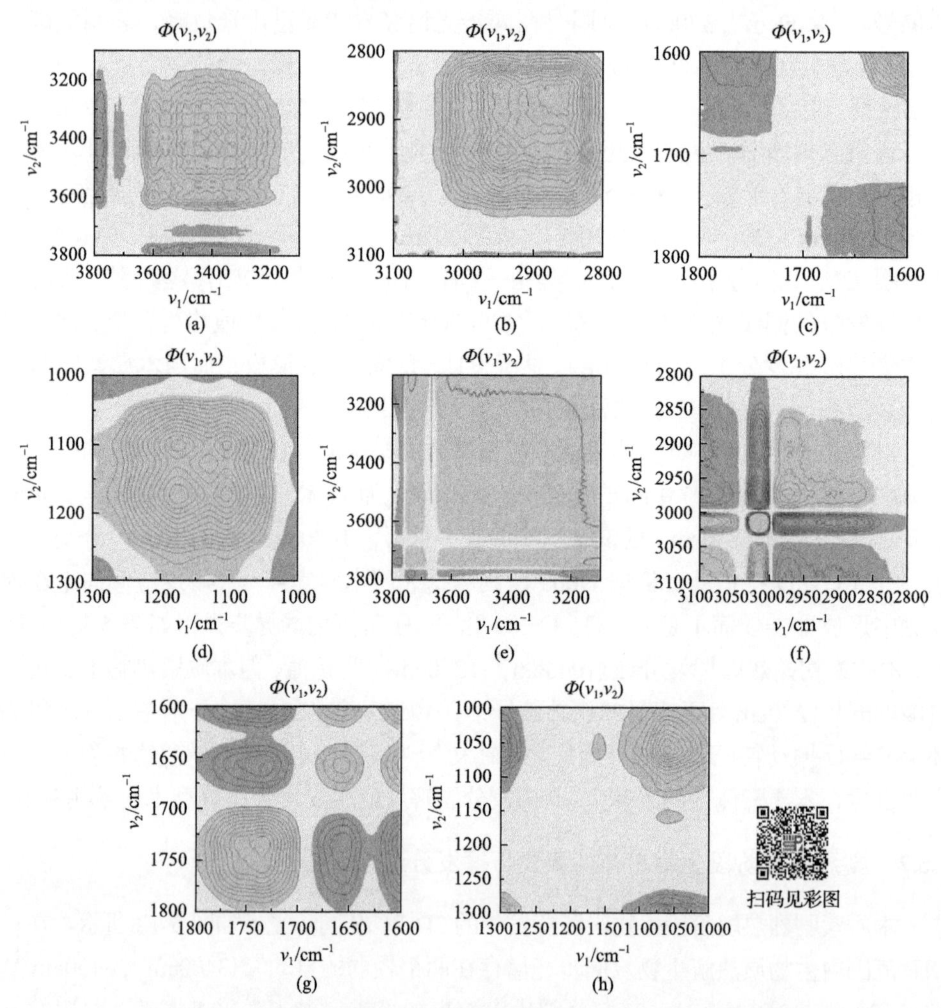

图 5-12　木质素剧烈热解阶段生物炭和挥发分 2D-PCIS 同步光谱图

(a)～(d)为生物炭；(e)～(h)为挥发分。绿色为+，橙色为–，黄色为零

对于 C═C 和 C═O，木质素热解生物炭同步光谱存在两个自动峰 C═O (1730cm^{-1}, 1730cm^{-1})和C═C(1666cm^{-1}, 1666cm^{-1})以及一个负的交叉峰(1730cm^{-1}, 1666cm^{-1})。根据 Noda 法则，同步光谱上的负相关表示 C═O 基团随着温度的升高而增加，而 C═C 基团随着热解温度的升高而减少。这表明，木质素剧烈热解阶段脱氢反应主要以 H_2 的形式析出[24]。对于 C—H 和 C—O，在图 5-12(d)中的(1180cm^{-1}, 1180cm^{-1})和(1100cm^{-1}, 1100cm^{-1})有两个正的自动峰，分别是对甲基苯酚型木质素和邻苯二酚型木质素单元振动的典型结构。结果表明，木质素热解生物炭在剧烈热解阶段生成了对甲基苯酚型木质素和邻苯二酚型木质素单体。挥

发分同步光谱在(1060cm^{-1}, 1060cm^{-1})处有一个正的自动峰，这是芳香族 C—O 的典型振动，这表明随着热解温度的升高，木质素热解生物炭裂解反应形成了更多的酚类和醇类化合物。

木质素热解生物炭和挥发分在剧烈热解阶段的异步光谱见图 5-13。在木质素热解生物炭异步光谱—OH 范围内，游离酚羟基和游离醇羟基振动的交叉峰出现在(3400cm^{-1}, 3600cm^{-1})，这表明醇羟基的裂解发生在酚羟基的裂解之前，这主要因为酚羟基具有更高的裂解能垒[25]。在木质素热解生物炭异步光谱—CH_n 范围内，存在正交叉峰(2860cm^{-1}, 2940cm^{-1})和负交叉峰(2830cm^{-1}, 2860cm^{-1})，而(2860cm^{-1}, 2940cm^{-1})和(2830cm^{-1}, 2860cm^{-1})交叉峰在同步光谱上数值为正。2830cm^{-1}、2860cm^{-1} 和 2940cm^{-1} 分别表示—OCH_3、—CH_2—和—CH_3 振动的特征。

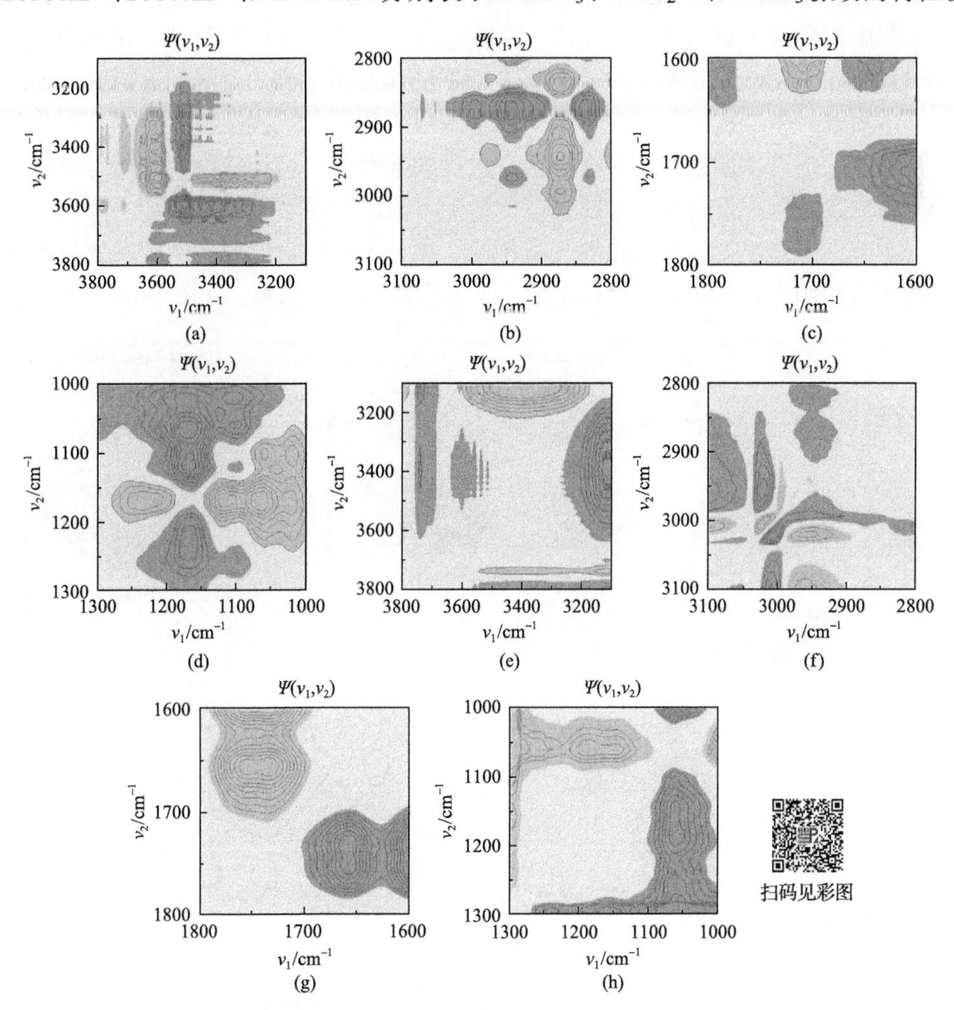

图 5-13　木质素剧烈热解阶段生物炭和挥发分 2D-PCIS 异步光谱图

(a)～(d)为生物炭；(e)～(h)为挥发分。绿色为+，橙色为–，黄色为零

根据 Noda 法则，—CH_2—断裂在—CH_3 和—OCH_3 断裂之前发生，这说明木质素侧链中部的 C—C 键断裂早于侧链末端的 C—C 键断裂(如—OHC_3 和—CH_3)。—CH_3 和 CH_4 的交叉峰在挥发性异步光谱—CH_n 范围为正，在挥发性同步光谱—CH_n 范围为负，说明在木质素剧烈热解阶段 CH_4 气体分子的释放早于—CH_3 裂解，CH_4 气体分子主要来自—OCH_3 裂解而不是—CH_3 裂解。

在挥发分异步光谱 C═O 和 C═C 范围内(图 5-13(g))，(1666cm^{-1}, 1730cm^{-1})处存在一个负交叉峰，其数值在同步光谱处也为负，这主要说明在木质素剧烈热解阶段 C═C 键的形成早于 C═O 键的形成；而且相关同步光谱表明，随着热解温度的升高，C═O 增加，而 C═C 减少，这可能归因于—OH 脱氢反应导致 H_2 和 C═C 的形成，而 C═C 基团在较高温度下不稳定。与 C═C 相比，C═O 在木质素热解挥发分中更为稳定。而对于热解生物炭中的 C—O 和 C—H，在异步光谱中(1100cm^{-1}, 1180cm^{-1})处有一个正峰，而在同步光谱中则为负峰，这说明邻苯二酚型木质素分子二次裂解反应早于对甲基苯酚型木质素二次裂解反应，这可能是由于邻苯二酚型木质素分子中含有两个对称的酚羟基，结构较稳定，而对甲基苯酚型木质素结构中仅含有一个酚羟基，结构不稳定，易于发生分解[26]。

本节进一步根据木质素热解失重特性、小分子气体析出规律、挥发分与热解生物炭官能团、热解油组分分布总结了木质素热解过程机理，如图 5-14 所示。具

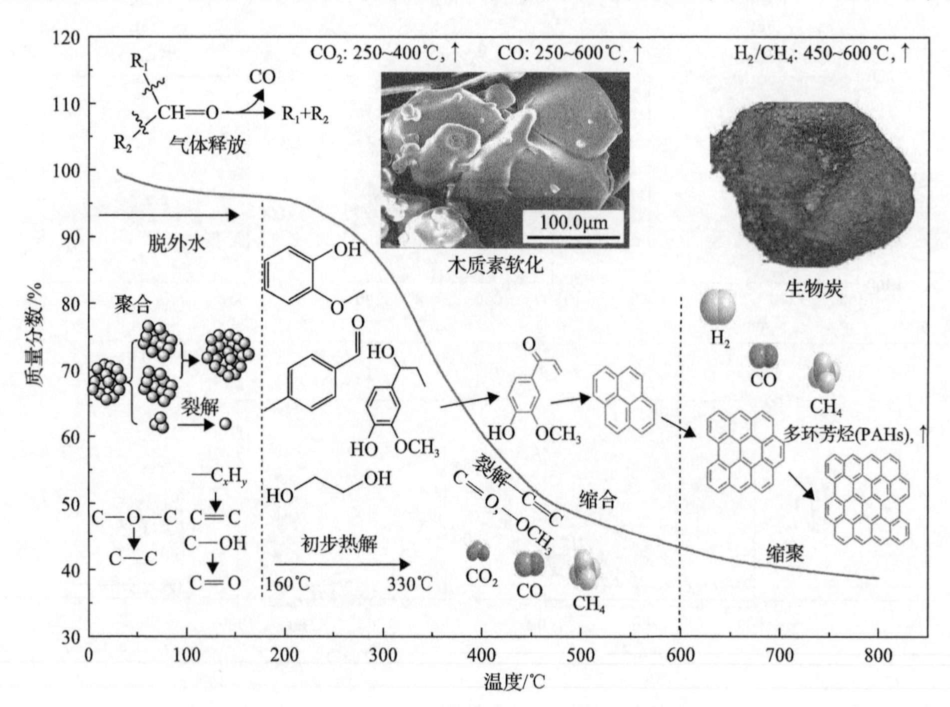

图 5-14　木质素热解过程机理

体可总结描述如下：木质素的热解温度范围较宽(160～750℃)，根据失重行为可分为初始热解阶段(30～300℃)和剧烈热解阶段(300～750℃)。初始热解阶段失重约 20wt%，剧烈热解阶段失重约 40wt%，它们表现出完全不同的官能团演变行为。在初始热解阶段，热解生物炭和挥发分在官能团演化上表现出高度的相似性，随着温度的升高，氢键网络首先断裂，然后发生的主要反应是木质素裂解反应，导致 C—O—C 基团减少，而—OH、C═C、C═O、—CH_n 基团增加，少量气体分子形成。由于热解初期温度较低，无二次裂解反应，在此阶段，木质素发生软化聚合，导致分子量先增加，木质素表面会软化结块，而后随着裂解反应的进行，分子量开始降低。在剧烈热解阶段，裂解反应是主要反应，但挥发分与热解生物炭官能团变化不一致，随着温度升高，挥发分中 C—O—C 继续裂解，生成 C—OH，而羟基发生进一步脱氧反应，进而导致挥发分中 C═O 和 C═C 升高，但生物炭中 C═O 和 C═C 会在高温下发生聚合反应生成大分子木质素结构。

5.6　本章小结

本章主要对木质素热解过程进行了研究，根据初始热解阶段和剧烈热解阶段两个主要热解阶段中热解气体产物析出特性、热解油组成、生物炭化学结构演变进行研究，并基于 2D-PCIS 和木质素热解特性研究了木质素热解过程机理。主要结论如下。

(1)木质素初始热解阶段，木质素分子网络开始破裂，单体之间连接键断裂，导致 C—O—C 基团减少，而—OH、C═C、C═O、—CH_n 基团增加，形成轻质小分子气体(H_2O、CO_2 和 CO)和少量挥发分。同时，木质素软化反应发生，木质素分子之间发生聚合反应，形成分子量较大的木质素碎片，微观形貌由粗糙表面变成光滑表面。

(2)木质素剧烈热解阶段以木质素大分子裂解反应和挥发分二次反应为主。随着温度升高，木质素 C—O—C 和 C—C 键断裂，挥发分中形成较多轻质碎片，大量含氧官能团脱除，热解生物炭中—CH_n 含量增加。进一步升高热解温度，挥发分发生二次反应导致挥发分中 C═O 和 C═C 含量增加。

参考文献

[1] Collard F X, Blin J. A review on pyrolysis of biomass constituents: Mechanisms and composition of the products obtained from the conversion of cellulose, hemicelluloses and lignin[J]. Renewable and Sustainable Energy Reviews, 2014, 38: 594-608.

[2] Yang H P, Yan R, Chen H P, et al. Characteristics of hemicellulose, cellulose and lignin pyrolysis[J]. Fuel, 2007, 86(12-13): 1781-1788.

[3] Shrestha B, Le Brech Y, Ghislain T, et al. A multitechnique characterization of lignin softening and pyrolysis[J]. ACS

Sustainable Chemistry & Engineering, 2017, 5(8): 6940-6949.

[4] Björkman A. Studies on finely divided wood. Part 1. Extraction of lignin with neutral solvents[J]. Svensk Papperstidning, 1956, 59(13): 477-485.

[5] Fang Y, Li J, Chen Y Q, et al. Experiment and modeling study of glucose pyrolysis: Formation of 3-hydroxy-γ-butyrolactone and 3-(2H)-furanone[J]. Energy & Fuels, 2018, 32(9): 9519-9529.

[6] Ansari K B, Arora J S, Chew J W, et al. Fast pyrolysis of cellulose, hemicellulose, and lignin: Effect of operating temperature on bio-oil yield and composition and insights into the intrinsic pyrolysis chemistry[J]. Industrial & Engineering Chemistry Research, 2019, 58(35): 15838-15852.

[7] Jiang G Z, Nowakowski D J, Bridgwater A V. A systematic study of the kinetics of lignin pyrolysis[J]. Thermochimica Acta, 2010, 498(1-2): 61-66.

[8] Hilpert R S, Littmann E. Lignin determination at low temperatures and the complete hydrolysis of straw[J]. Berichte der Deutschen Chemischen Gesellschaft, 1935, 68: 16-18.

[9] Faravelli T, Frassoldati A, Migliavacca G, et al. Detailed kinetic modeling of the thermal degradation of lignins[J]. Biomass and Bioenergy, 2010, 34(3): 290-301.

[10] Antal M, Ebringerová A, Šimkovic I. New aspects in cationization of lignocellulose materials. Ⅱ. Distribution of functional groups in lignin, hemicellulose, and cellulose components[J]. Journal of Applied Polymer Science, 2010, 29(2): 643-650.

[11] Mcclelland D J, Motagamwala A H, Li Y, et al. Functionality and molecular weight distribution of red oak lignin before and after pyrolysis and hydrogenation[J]. Green Chemistry, 2017, 19(5): 1378-1389.

[12] El Mansouri N E, Salvadó J. Analytical methods for determining functional groups in various technical lignins[J]. Industrial Crops & Products, 2007, 26(2): 116-124.

[13] Liu C, Hu J, Zhang H Y, et al. Thermal conversion of lignin to phenols: Relevance between chemical structure and pyrolysis behaviors[J]. Fuel, 2016, 182: 864-870.

[14] Furutani Y, Kudo S, Hayashi J I, et al. Predicting molecular composition of primary product derived from fast pyrolysis of lignin with semi-detailed kinetic model[J]. Fuel, 2018, 212: 515-522.

[15] Jin W, Shen D K, Liu Q, et al. Evaluation of the co-pyrolysis of lignin with plastic polymers by TG-FTIR and Py-GC/MS[J].Polymer Degradation and Stability, 2016, 133: 65-74.

[16] Zhou S, Xue Y, Sharma A, et al. Lignin valorization through thermochemical conversion: Comparison of hardwood, softwood and herbaceous lignin[J]. ACS Sustainable Chemistry & Engineering, 2016, 4(12): 6608-6617.

[17] Adhikari S, Srinivasan V, Fasina O. Catalytic pyrolysis of raw and thermally treated lignin using different acidic zeolitese[J]. Energy & Fuels, 2014, 28(7): 4532-4538.

[18] Harvey O R, Herbert B E, Kuo L J, et al. Generalized two-dimensional perturbation correlation infrared spectroscopy reveals mechanisms for the development of surface charge and recalcitrance in plant-derived biochars[J]. Environmental Science Q Technology, 2012, 46(19): 10641-10650.

[19] Struszczyk H J J O M S C. Modification of lignins. Ⅲ. Reaction of lignosulfonates with chlorophosphazenes[J]. 1986, 23(8): 973-992.

[20] Dussan K, Dooley S, Monaghan R F D. A model of the chemical composition and pyrolysis kinetics of lignin[J]. Proceedings of the Combustion Institute, 2019, 37(3): 2697-2704.

[21] Gooty A T, Li D, Berruti F. Kraft-lignin pyrolysis and fractional condensation of its bio-oil vapors[J]. Journal of Analytical and Applied Pyrolysis, 2014, 106: 33-40.

[22] Huang Y Q, Liu H C, Yuan H Y, et al. Relevance between chemical structure and pyrolysis behavior of palm kernel

shell lignin[J]. Science of the Total Environment, 2018, 633: 785-795.

[23] Watanabe H, Shimomura K, Okazaki K. Carbonate formation during lignin pyrolysis under CO_2 and its effect on char oxidation[J]. Proceedings of the Combustion Institute, 2015, 35: 2423-2430.

[24] Zhang B, Yin X L, Wu C Z, et al. Structure and pyrolysis characteristics of lignin derived from wood powder hydrolysis residues[J]. Applied Biochemistry And Biotechnology, 2012, 168 (1) : 37-46.

[25] Cheng F, Brewer C E. Producing jet fuel from biomass lignin: Potential pathways to alkyl-benzenes and cycloalkanes[J]. Renewable and Sustainable Energy Reviews, 2017, 72: 673-722.

[26] Haykiri-Acma H, Yaman S, Kucukbayrak S. Comparison of the thermal reactivities of isolated lignin and holocellulose during pyrolysis[J]. Fuel Processing Technology, 2010, 91 (7) : 759-764.

第 6 章　生物质热解特性及过程机理研究

6.1　引　言

生物质主要由纤维素、半纤维素、木质素组成，但在众多研究中，生物质热解过程并非三组分的简单叠加[1-4]，这与天然生物质中纤维组分间的结构连接及其中所含无机矿物质灰分的影响有关。自然界中，生物质纤维组分通过化学键(O═C—O—C、C—O—C)、范德瓦耳斯力、氢键紧密连接；微观形态上，纤维素为主体结构，木质素为重要支撑，半纤维素缠绕于两者之间[5-7]，相互之间形成稳态连接；同时，植物体所需微量元素(K、Ca、Mg 等)在细胞衰亡后，沉积于组分之间，会影响生物质的热解行为[8-10]。基于此，本章主要针对典型生物质样品，从生物质纤维结构组成，探索生物质热解过程行为以及与纤维组分和无机矿物质组成的关联。

6.2　实验样品与方法

6.2.1　实验样品

竹屑来源于湖北省赤壁市，经晒干、粉碎、过筛后，收集 0.1～0.3mm 原料作为实验样品，并将其置于 105℃烘箱内烘干 24h，而后用样品袋密封保存，以备后期利用。竹屑样品的组成结构分析见表 2-1～表 2-3。竹屑为典型木质纤维类生物质，灰分含量仅为 0.73wt%，对生物质热解过程影响小。

6.2.2　实验方法

竹屑中低温(200～600℃)热解实验、产物表征方法与前述章节相同，具体内容详见 3.2 节。

采用固定床联用红外气体分析仪研究竹屑 350℃、450℃、550℃等温热解过程中的挥发分释出特性，红外气体分析仪型号为 Dx4000，由荷兰 Gasmet 公司生产。收集不同停留时间(0.5～240min)的生物炭，用于分析等温热解过程中的生物炭结构演变规律。等温热解实验中，进料量约为 2g，载气(N_2，99.999%)流量为 100mL/min；反应器出口与 Dx4000 之间连接管道缠绕加热带，确保挥发分在传输管道内不冷凝，每 5s 检测一次气体成分。

6.3　竹屑热解产物析出特性

6.3.1　热解产物分布特性

图 6-1 为竹屑热解过程中的热解产物分布特性，竹屑主要热解失重集中于 350℃前，对应纤维素、半纤维素的快速裂解；350℃后，生物炭产率缓慢下降、热解气体产率增加，对应木质素裂解以及生物炭分子结构重排过程中的小分子释放。

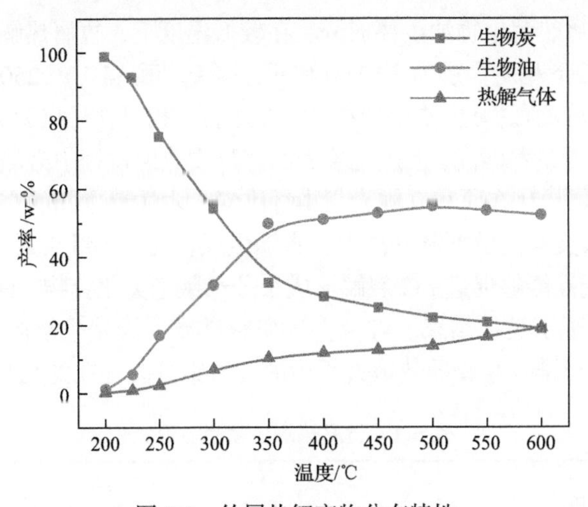

图 6-1　竹屑热解产物分布特性

图 6-2 为竹屑热解气体产物析出特性。由图可知，CO_2 主要形成于低温段(250～

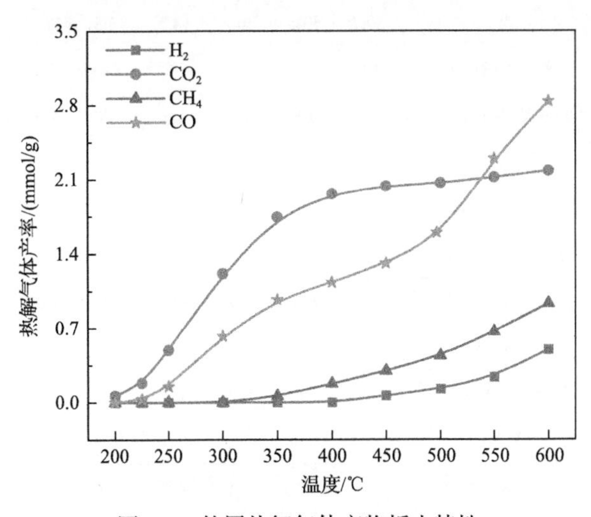

图 6-2　竹屑热解气体产物析出特性

400℃)，随温度升高其产率快速增加，而随温度继续升高(400～600℃)其产率保持稳定，基本无明显变化，这主要是由于纤维素和半纤维糖苷键的断裂。低温下 CO 产率较低，随温度升高而逐渐增加，特别是在 550℃以上，CO 析出量快速增加，成为气体产物中最主要的组分，这与竹屑的高纤维素含量有关。而较低温度下 H_2、CH_4 生成量很少，仅在 400℃、300℃以后才逐渐有析出，主要由木质素芳环脱氢缩聚反应和支链脱甲氧基、脱甲基反应形成。

6.3.2 热解生物油组成特性

表 6-1 为竹屑热解生物油主要成分。在较低温度下，竹屑热解生物油中主要是乙酸(AA)(225℃下相对含量为 59.7%)和 4-乙烯基苯酚(4-VP, 250℃下相对含量为 14.7%)；LG(左旋葡萄糖)主要出现在 350℃之后，相对含量仅为 4.7%～7.5%，与竹屑中高纤维素含量不匹配；上述现象表明生物质热解过程中必然存在强烈的组分交互反应。Wu 等[11, 12]在研究纤维素与半纤维素、木质素之间的交互反应中，发现纤维素-半纤维素交互能够抑制纤维素脱水糖生成，促进半纤维素小分子产物增加；纤维素-木质素交互能够促进 LG 裂解形成小分子羰基类化合物，Hosoya 等[13]、Shi 和 Wang[14]也发现了类似结果。综合上述研究结果，天然生物质热解生物油中多 AA、少 LG，这可能与生物质热解过程中的纤维组分间存在的交互作用有关[15-17]。

表 6-1 竹屑热解生物油主要成分 (单位：%)

物质		温度								
		225℃	250℃	300℃	350℃	400℃	450℃	500℃	550℃	600℃
短链小分子	丁二酮	3.0	2.8	0.6	0.7	0.7	0.8	1.0	1.0	1.3
	乙酸	59.7	33.5	20.4	14.2	13.8	14.3	15.1	15.7	19.8
	羟基丙酮	1.0	1.3	2.5	2.7	2.6	2.6	3.0	2.9	3.3
	1-羟基-2-丁酮	0.2	1.9	1.8	1.5	1.8	1.9	2.1	2.1	2.1
	丁二醛	—	—	0.7	1.1	1.2	1.1	1.3	1.1	1.1
	乙二醇二乙酸酯	1.1	1.0	0.9	0.8	0.8	0.9	0.9	0.9	0.9
	N-甲基-1,3-丙二胺	1.2	1.2	4.5	3.9	2.9	2.4	2.3	2.0	2.5
呋喃类物质	糠醛	3.7	6.6	4.7	4.1	4.1	4.0	4.2	4.4	5.2
	四氢糠醇	—	1.3	2.6	3.1	2.6	2.2	2.1	1.9	1.7
	2(5*H*)-呋喃酮	—	—	0.8	1.3	1.3	1.3	1.5	1.4	1.3
	5-甲基糠醛	—	—	—	0.6	0.5	0.6	1.4	0.6	1.0
环戊酮类物质	1,2-环戊二酮	—	—	2.4	2.8	2.5	2.3	2.5	2.4	2.4
	3-甲基-1,2-环戊二酮	—	—	1.3	1.9	1.9	1.9	1.1	2.1	1.7

续表

物质		温度								
		225℃	250℃	300℃	350℃	400℃	450℃	500℃	550℃	600℃
脱水糖	左旋葡萄糖	—	—	—	4.7	5.0	5.0	6.5	6.9	7.5
酚类物质	苯酚	—	—	0.8	0.8	1.0	1.2	0.9	1.8	2.8
	2-甲基苯酚	—	—	—	—	—	—	—	1.4	3.7
	对苯酚	—	—	—	0.6	0.9	1.2	1.3	1.8	3.0
	2-甲氧基苯酚	—	1.0	1.8	2.1	2.5	2.5	2.3	1.9	—
	4-乙基苯酚	—	1.0	1.6	1.1	1.6	1.5	1.7	2.9	3.8
	甲氧甲酚	—	—	0.9	1.8	2.1	2.1	2.1	1.7	0.4
	邻苯二酚	—	—	1.0	1.8	1.9	2.0	2.3	3.5	7.0
	4-乙烯基苯酚	13.8	14.7	8.8	8.5	7.9	8.4	9.2	8.8	9.6
	3-甲基苯邻二酚	—	—	—	—	—	—	—	—	4.3
	3-甲氧基苯-1,2-二醇	—	—	1.6	2.9	3.3	3.3	3.8	4.8	—
	4-乙基-2-甲氧基苯酚	—	—	1.6	1.6	1.9	1.9	1.5	1.4	—
	4-甲基儿茶酚	—	—	—	—	—	—	—	2.0	3.4
	4-乙烯基-2-甲氧基苯酚	1.3	3.7	2.9	3.2	3.3	3.3	2.9	2.2	—
	2,6-二甲氧基苯酚	0.3	4.8	6.6	6.7	6.9	7.4	5.6	4.2	—
	3,4-二甲氧基苯酚	—	—	—	—	—	0.7	1.0	1.4	—
	3,5-二甲氧基-4-羟基甲苯	1.2	2.6	3.0	4.1	4.5	4.3	3.7	3.3	—
	2-甲氧基-4-(1-丙烯基苯酚)	0.6	2.2	1.9	1.7	1.7	1.7	1.6	1.4	—
	松柏醛	3.1	2.7	2.4	1.8	1.6	1.4	1.3	—	—
	3,4,5-三甲氧基甲苯	—	—	4.2	3.4	2.8	2.4	2.8	2.7	2.4
	4-烯丙基-2,6-二甲氧基苯酚	2.8	5.4	6.0	5.5	5.3	5.3	3.6	2.3	—
	乙酰丁香酮	0.3	1.8	1.2	0.9	0.9	0.9	—	—	—
	3,5-二甲氧基-4-羟基苯酰肼	1.5	1.7	1.4	1.2	1.0	1.0	0.9	—	—

为进一步分析竹屑热解生物油中有机组分的变化特性，将生物油划分为短链小分子、呋喃类物质、环戊酮类物质、脱水糖、酚类物质，各组分相对含量如图 6-3 所示。由图可知，竹屑热解生物油中短链小分子、酚类物质相对含量高，

总占比分别达到 23.8%～41.7%、40.4%～53.4%，前者多源于多糖组分开环裂解以及木质素的脱支链反应，后者主要来源于木质素解聚反应。竹屑热解生物油中，短链小分子产物相对含量高，与生物质中半纤维素占比以及热解过程的组分交互有关；该反应促进糖环开裂、直链中间体碎片化，导致生物油中小分子醛酸酮类产物增加、脱水糖减少；酚类物质变化规律与碱木质素相同，相对含量先增后减，在 450℃达最大值。碱木质素生物油中愈创木酚、2-甲基苯酚相对含量高(总占比超过 30%)，而竹屑酚类物质种类多，相对含量集中度低，与其木质素苯丙烷基结构组成(少愈创木基，多紫丁香基、对苯羟基)有关。随着温度继续升高(450～600℃)，生物油中未检测到 PAHs，可能与生物炭中稠环化合物的稳固性连接有关；而呋喃类物质、环戊酮类物质源于多糖组分开环后的再环化反应，相对含量低，随温度升高，变化不明显。

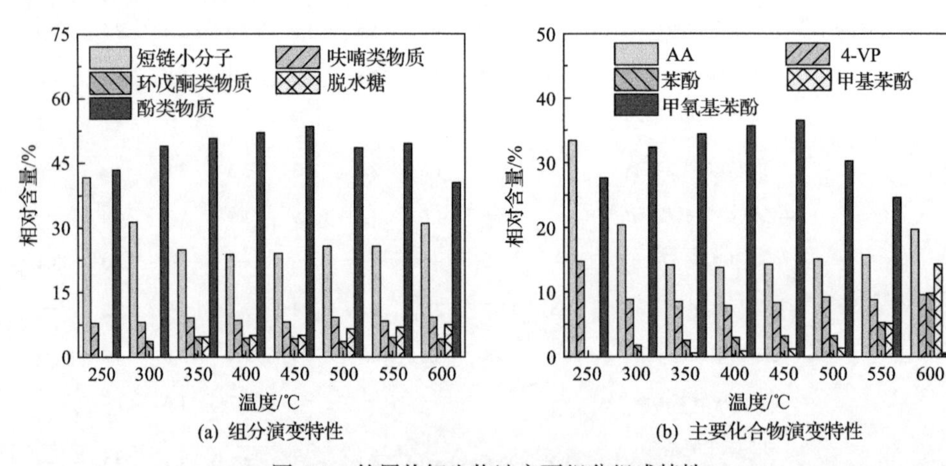

(a) 组分演变特性 (b) 主要化合物演变特性

图 6-3 竹屑热解生物油主要组分组成特性

AA、4-VP 是竹屑热解生物油中相对含量最高的有机组分，两者均在热解初期(225～250℃，见表 6-1)达到最大值；然而，较低温度下，纤维素尚未裂解，生物油中有机组分主要来源于半纤维素热解以及木质素中不稳定支链结构的裂解，其中，AA 源于半纤维素乙酰基裂解，4-VP 的形成可能与半纤维素-木质素连接键(苯酯、酚苷键等)断裂有关[18]。图 6-3(b)中，AA、4-VP 相对含量随温度的升高明显减少(250～350℃)，这可能是因为高温促进生物质裂解而产生更多的生物油；然而随温度的进一步升高(大于 400℃)，4-VP 相对含量维持稳定，AA 相对含量缓慢上升，这可能是因为生物炭分子结构重排过程中的脱羰基反应形成了更多的 AA。关于 4-VP 形成机理，van der Hage 等[19]认为其形成过程起源于 β-O-4 断裂，Lu 等[20]认为 β-5 断裂也是 4-VP、4-乙烯基-2-甲氧基苯酚形成的重要过程，并发现低温(小于或等于 300℃)有利于 4-VP 富集。此外，图 6-3(b)还给出了竹屑热解生物油中不同酚类物质的变化趋势，可看出竹屑热解生物油中甲氧基苯酚类化合物的相对含量先增后减，450℃时达到最大值；而苯酚和甲基苯酚的相对含量随热解温度升高持续增加，特别在 500℃后出现明显增加。根据前述研究内容，竹屑热解生物油中甲氧基苯酚、苯酚和甲基苯酚产物变化规律与木质素相同，表明天然生物质热解过程中的苯环类物质转化与组分间的交互关联较小。

6.3.3　生物炭结构组成特性

图 6-4 为竹屑热解生物炭元素组成 van Krevelen 图，根据生物炭中 H/C 原子比和 O/C 原子比的变化行为可将竹屑热解过程划分为 3 个阶段。阶段Ⅰ，250℃之前，H/O 损失比为 1.98，对应多糖组分脱水反应；阶段Ⅱ，250～350℃，H/O 损失比为 1.64，该阶段多糖类组分大幅裂解，乙酰基、羟基酮醇异构化类 C═O 断键生成大量 CO、CO_2，生物质原始纤维结构向无定形炭转化；阶段Ⅲ，350～600℃，H/O 损失比为 5.78，对应生物炭稠化过程中的脱氢缩聚反应，苯环、小分子稠环(2～3 个苯环)向大分子(4×4 阶苯环)稠环化合物演变，气体产物中 H_2、CH_4 大量增加。

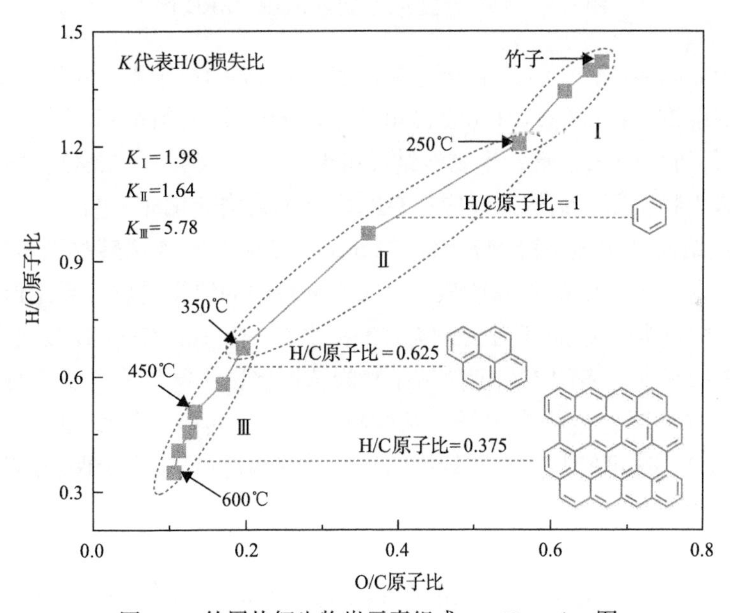

图 6-4　竹屑热解生物炭元素组成 van Krevelen 图

图 6-5 为竹屑低温热解生物炭的 FTIR、XRD 图。由图可知，竹屑热解生物炭表面化学结构以及晶体指数变化规律与纤维素大致相似，1750～1680cm^{-1} 波段出现明显 C═O 吸收峰，主要来源于半纤维素、木质素支链中的羰基结构，可能与竹屑中的半纤维素、木质素裂解贡献相关。随热解温度升高至 300℃，C═O 吸收峰由 1735cm^{-1} 偏移至 1700cm^{-1}，对应半纤维素、木质素中乙酰基/羧基/酯类 C═O

向共轭羰基转化。1605cm^{-1}、1505cm^{-1} 处吸收峰对应木质素苯环结构的 C—C 振动，1505cm^{-1} 处吸收峰于 350～400℃消失，生物质原始纤维结构彻底被破坏，生物炭由三组分共裂解形成的无定形炭构成。

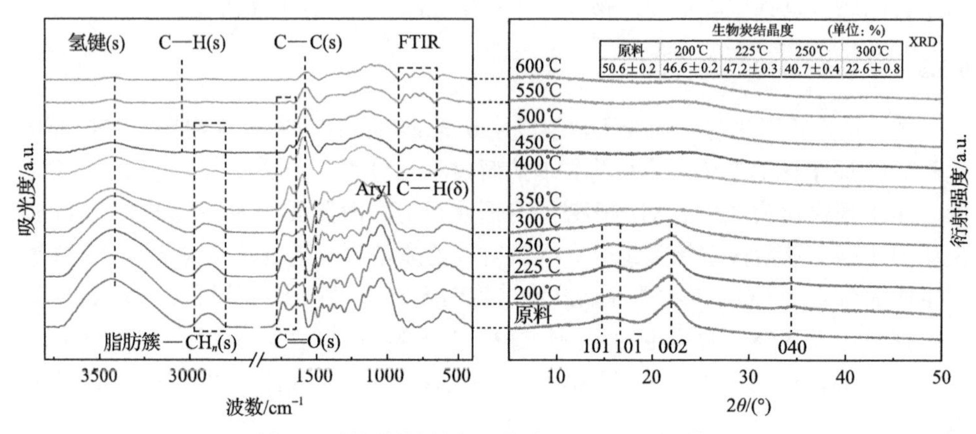

图 6-5　竹屑低温热解生物炭 FTIR、XRD 谱图

竹屑为非晶体结构，但其组分结构中含有 52.1%的纤维素，因此 XRD 谱图中出现明显的纤维素特征峰，101、002、040 衍射峰的生物炭结晶度达到 50.6%。200～225℃时，纤维素尚未裂解，生物炭结晶度变化小(50.6%→47.2%)，固体产物中保留了大量生物质原生结构，对应 FTIR 中分子结构变化亦不明显。225～300℃时，生物炭结晶度明显下降(47.2%→22.6%)；C═O 吸收峰转移至 1700cm^{-1}，1605cm^{-1} 处芳环 C—C 吸收峰增强，表明生物炭中的酚类物质、无定形炭结构增加。300℃时，生物炭结晶度为 22.6%，FTIR 中 C—O—C、C—OH 吸收峰(1100～900cm^{-1})依旧很强，表明该温度热解生物炭依旧保留了纤维素的少量分子结构特性。300～350℃时，生物炭中纤维结构特性消失，转折点温度高于微晶纤维素(275～300℃)，这可能与生物质纤维结构的微观构造(纤维素受保护)以及裂解过程中纤维素受抑制有关。

6.4　基于 2D-PCIS 的竹屑热解生物炭结构演变机制

6.4.1　基于 2D-PCIS 的分子结构演变特性

图 6-6 为竹屑热解生物炭的 2D-PCIS 图。$\Phi(\nu_1,\nu_2)$中，对温度响应敏感的分子结构为羟基/氢键 O—H···O(3425cm^{-1})、脂肪链 C—H(2890cm^{-1})、羧基/酯类 C═O(1735cm^{-1})、C—OH(1040cm^{-1})、芳基 C—H(873cm^{-1}、800cm^{-1}、754cm^{-1})。相对于纤维素、半纤维和木质素，竹屑同步相关光谱中出现羧基/酯类 C═O 自动

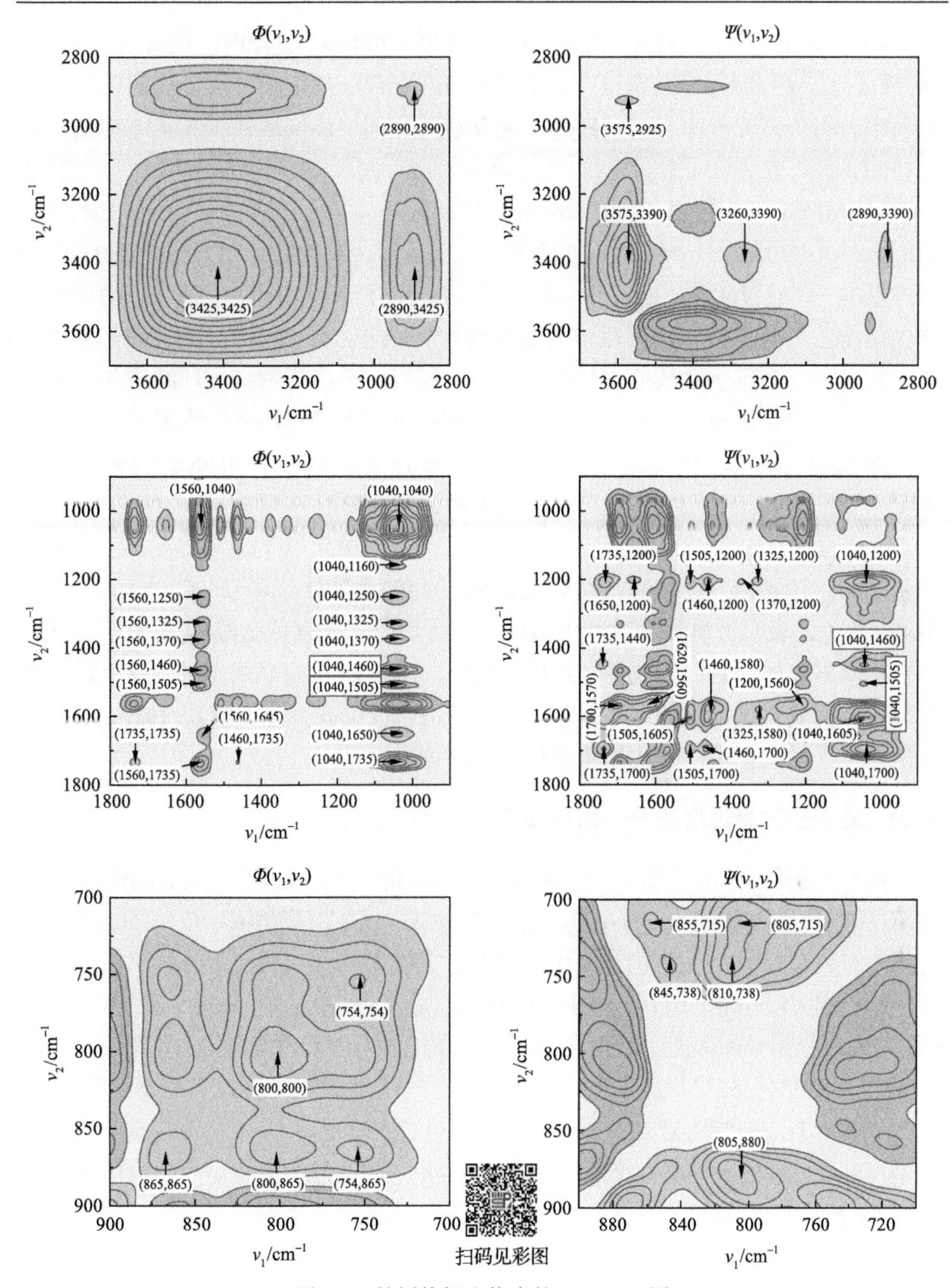

图 6-6　竹屑热解生物炭的 2D-PCIS 图

粉色为+，蓝色为−，黄色为零

峰，该结构来源于半纤维葡萄糖醛酸支链以及木质素苯环侧链中的酯类连接和羧基结构[18, 21]；竹屑在 300℃即可大幅裂解，对应吸收峰向低波数转移，形成共轭羰基

(图 6-6)。$\Phi(\nu_1,\nu_2)$中，3700～2800cm^{-1}、1800～700cm^{-1}波段内出现Φ(2890cm^{-1}, 3425cm^{-1})、Φ(800cm^{-1},865cm^{-1})、Φ(754cm^{-1},865cm^{-1})正交叉峰，表明竹屑热解过程中，脂肪链 C—H 与 O—H⋯O 变化趋势相同，不同取代位苯类结构变化趋势相同，研究结果与纤维素一致。1800～900cm^{-1}波段，C—OH(1040cm^{-1})与羧基 C═O(1735cm^{-1})、烯烃 C═C(1650cm^{-1})、芳环 C—C(1505cm^{-1})、—CH_3(δ, 1460cm^{-1}、1370cm^{-1})、羟基 C—OH(δ, 1325cm^{-1})、芳香醚 C—O—C(1250cm^{-1})、叔羟基 C—OH(1160cm^{-1})之间形成正交叉峰，上述分子基团均来源于生物质组分原生结构，热解过程中具有相似的变化规律。稠环芳烃 C—C(1560cm^{-1})与羧基 C═O、C—OH 等生物质原生结构形成负交叉峰，表明生物炭稠环结构与生物质原生结构变化趋势相反，对应生物质纤维结构向生物炭稠环结构转变。

$\Phi(\nu_1,\nu_2)$、$\Psi(\nu_1,\nu_2)$中均出现正交叉峰(1040cm^{-1},1505cm^{-1})、(1040cm^{-1},1460cm^{-1})，表明 C—O(1040cm^{-1})结构变化早于生物质中原生芳环 C—C 以及—CH_3。1040cm^{-1}处 C—O 振动主要为纤维素 C_6 位伯醇基、木糖基体单元以及碱木质素苯环侧链伯醇基结构；1040cm^{-1}处 C—O 结构变化早于 1505cm^{-1}处芳环 C—C、1460cm^{-1}处甲基—CH_3，表明竹屑热解过程中多糖组分裂解、木质素侧链醇基脱除/转化反应早于木质素本体裂解以及脱甲基反应。此外，$\Psi(\nu_1,\nu_2)$中存在大量独立交叉峰，对应分子结构变化过程中的潜在关联；由于竹屑组分结构复杂，根据 Noda 法则也不能判定先后变化顺序，此处将不做详细讨论。

6.4.2 基于相对峰强度的分子结构演变特性

图 6-7 为竹屑热解生物炭中主要分子结构的相对峰强度变化趋势图。图 6-7(a)、图 6-7(b)中羟基/氢键 O—H⋯O、脂肪链—CH_n、羧基/酯类 C═O、1505cm^{-1}芳环 C—C 结构变化趋势相同，200～450℃，其相对峰强度快速下降，对应生物质原生结构的大幅降解。图 6-7(c)中，生物炭中烯烃 C═C(1650cm^{-1})、芳醚 C—O—C(1250cm^{-1})相对峰强度呈波浪式下降，对应竹屑中的木质素解聚、重构反应，两者分别于 250℃、350℃形成小峰，与多糖组分降解形成烯烃 C═C 和酚类物质相关。此外，图 6-7(c)中脂肪醚 C—O—C(1200cm^{-1})、共轭烯烃 C═C(1620cm^{-1})、共轭羰基 C═C(1700cm^{-1})相对峰强度于 350～400℃取得最大值，对应生物炭中含有大量小分子单环、稠环(2～4 环)化合物，苯环侧链含有不饱和 C═C、C═O，彼此之间通过脂肪链连接[22, 23]。图 6-7(d)为竹屑热解生物炭中芳环 C—C、稠环 C—C 以及不同取代位苯类 C—H 结构变化。1605cm^{-1}、1560cm^{-1}碳骨架振动变化趋势相似，先增加后减少，但增减幅度不同，前者增加幅度小(0.64→1)、下降幅度大(1→0.2)，后者增加幅度大(0.1→1)、下降幅度小(1→0.3)；对应生物炭演变过程中的芳环向稠环转化。不同取代位苯类 C—H 变化趋势相同，但复杂取代位苯

类结构(865cm^{-1})增长趋势小于简单取代位苯类(800cm^{-1}、754cm^{-1})，研究结果与纤维素相同。

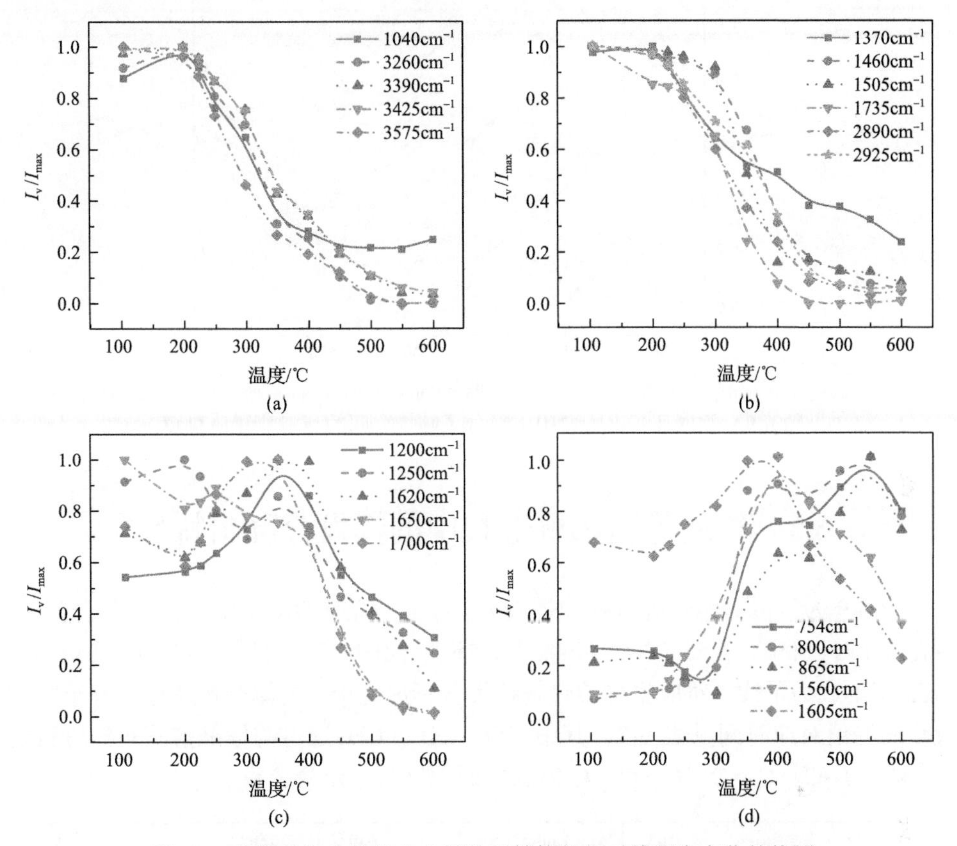

图 6-7　竹屑热解生物炭中主要分子结构的相对峰强度变化趋势图

图 6-8 给出了竹屑及其生物炭中主要分子结构之间的相对变化趋势，HC、DA、PA 变化规律与纤维素相同；HC 先增后减对应生物质低温(小于或等于 350℃)热解过程中的 OH$\longrightarrow$C═O 转化以及高温下(大于 350℃)的脱羰基反应(C═O$\longrightarrow$CO)；DA、PA 持续增加分别对应生物炭中的不饱和 C═C 结构以及稠环化合物增加。竹屑、纤维素热解生物炭中，CA、AA 指数变化趋势类似，先增后减，但转折温度不同(CA-275～300℃，AA-500～550℃)，这可能与竹屑裂解过程中芳环来源(多糖组分、木质素)广泛、纤维素裂解受抑制等因素相关，导致最大共轭羰基指数向高温段偏移、脂肪链不饱和指数向低温段偏移。

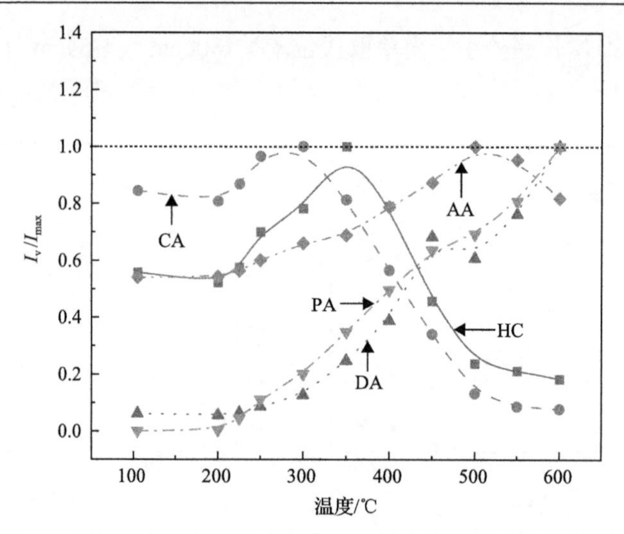

图 6-8　竹屑及其生物炭中主要分子结构之间的相对变化趋势图

6.5　竹屑等温热解过程中的挥发分释出特性

图 6-9 为竹屑等温热解过程中挥发分析出过程的 FTIR 光谱图。由图可知，竹屑在 350℃、450℃、550℃等温热解下，挥发分红外光谱分别于 30min、15min、8min 基本成为平线，对应生物质热解挥发分释放完毕。气体产物及相关分子结构吸收峰峰值对应时间见表 6-2，其中 CO、CO_2、CH_4 通过与标准谱图对比进行定量分析，H_2O、C═O、C—O—C 根据峰面积进行半定量分析。

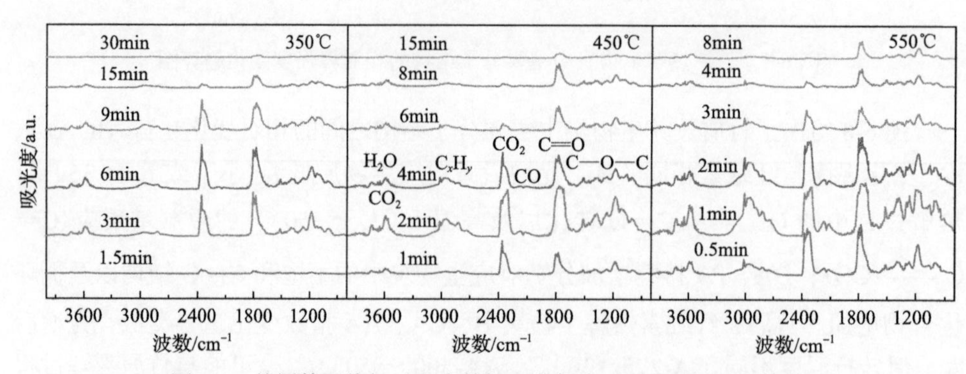

图 6-9　竹屑等温热解过程中的挥发分析出过程的 FTIR 光谱图

图 6-10 为竹屑等温热解过程中的气体产物释放特性。由图可知，随热解温度升高，CO_2、CO、CH_4 释放量和最大释放峰对应时间顺序存在明显差异。温度较低时(350℃)，CO_2 为主要热解气成分，峰值出现时间最早；当温度升高到 550℃

时，CO 成为最主要气体，峰值时间早于 CH_4 和 CO_2。这主要是因为低温(小于或等于 400℃)下，CO_2、CO 主要来源于酯类/羧基/醛酮类 C═O 结构，而 400～600℃的 CO 产量增加与生物炭稠环化过程中的脱羰基、脱醚键反应以及小分子酸、醛、酮裂解有关。

表 6-2　竹屑等温热解气体产物以及 C═O、C—O—C、H_2O 吸收峰峰值对应时间表

温度/℃	吸收峰峰值对应时间/min					
	C═O	CO_2	C—O—C	CO	H_2O	CH_4
350	4.2	3.9	4.2	5.1	4.2	6.3
450	2.1	3.1	1.8	3.1	2.5	3.2
550	1.1	1.7	0.9	1.5	1.0	1.7

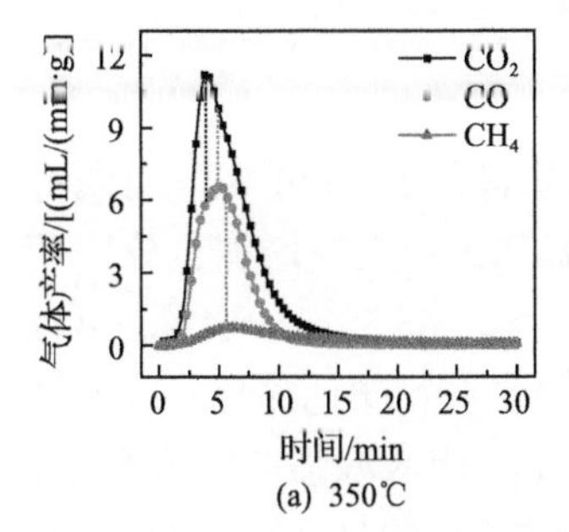

(a) 350℃

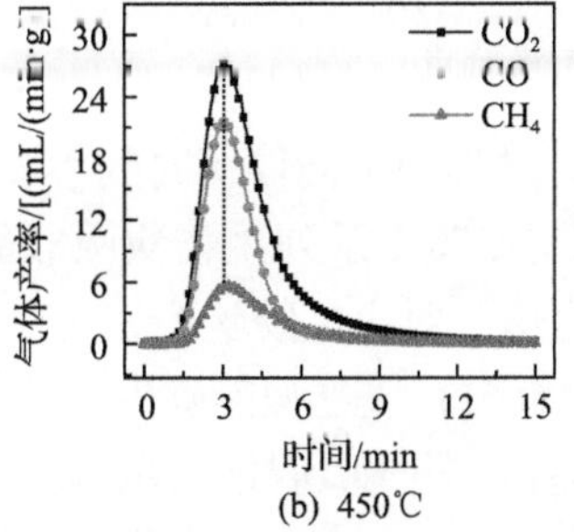

(b) 450℃

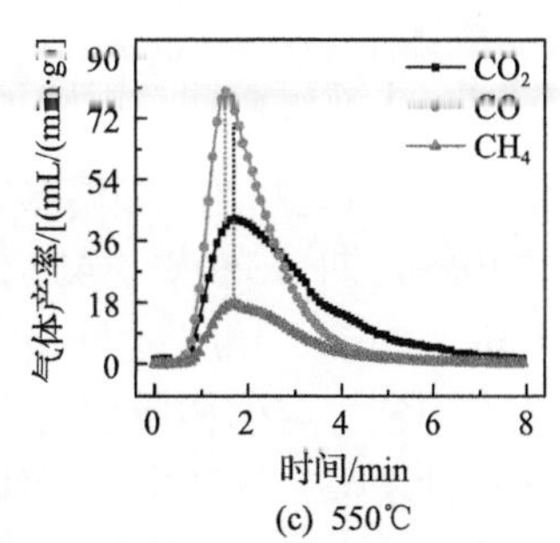

(c) 550℃

图 6-10　竹屑等温热解过程中的气体产物释放特性图

结合图 6-11 中挥发分 C═O、C—O—C 结构变化特性，将 CO_2、CO、C═O、C—O—C、CH_4、H_2O 吸收峰峰值对应时间统计于表 6-2 中。在较低温度下(350℃)，CO_2＜C═O＜CO(峰值释出时间)；而温度升高(450℃、550℃)时，C═O＜CO≤CO_2。根据纤维素、竹屑等热解产物形成过程，低温热解下的 CO_2、CO、酸/醛/酮类产物路径可分为两条：①生物质中原生 C═O 结构(主要来源于半纤维素)脱裂反应；②羟基经脱水-酮醇异构化反应转化为羰基 C═O，而后断裂，本条路径是纤维素羰基类产物的主要来源。350℃等温热解下，CO_2 释出峰值早于 C═O，对应半纤维素脱羰基反应早于纤维素脱水-酮醇异构化反应。热解温度高于 400℃时，纤维素反应速率远超半纤维素、木质素[24-26]，大量开环裂解形成 C—O—C/C═O ⟶ CO，因此高温热解下，C═O 峰值释出时间早于 CO，CO(纤维素主要气体产物)早于 CO_2(半纤维素主要气体产物)。450℃、550℃，C—O—C 峰值释出时间早于 C═O 与纤维素高温断键机制有关，糖链解构生成大量 LG(双环中均含 C—O—C)。

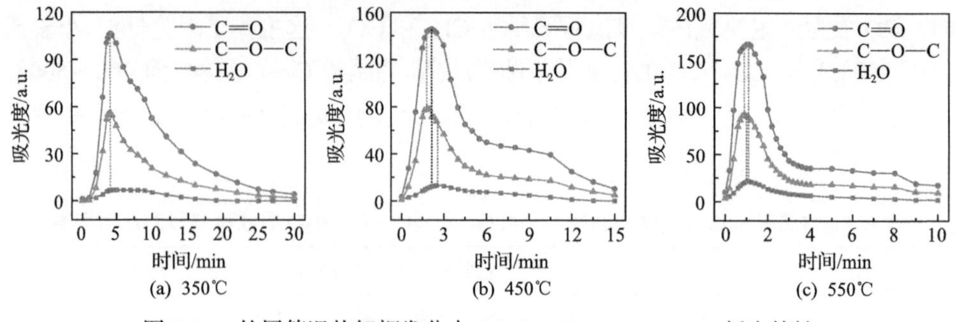

图 6-11 竹屑等温热解挥发分中 C═O、C—O—C、H_2O 析出特性

6.6 竹屑等温热解生物炭结构演变规律

6.6.1 生物炭表面官能团结构特性

图 6-12 为竹屑等温热解过程中不同停留时间生物炭样品的 FTIR 图。竹屑等温热解初期，350℃、450℃、550℃系列生物炭吸收峰均出现大幅增加，分别于 4min、2min、1min 达到最大值，对应生物炭产率为 74.3%、66.5%、59.4%。出现此类现象，与生物质预炭化有关，该过程能够促使生物炭产物颜色深化、分子结构活性增强，导致生物炭样品红外光吸收能力增强、FTIR 吸收峰强度整体增加。随热解反应程度加深，350℃、450℃、550℃系列生物炭中 C—OH（1100～900cm^{-1}）吸收峰开始大幅下降，C═O（1750～1680cm^{-1}）、1605cm^{-1} 处芳环 C—C 峰强度先增后减，对应生物质原生组分结构大幅降解；生物炭 FTIR 图分别在 15min、8min、4min 达到平衡，与挥发分释出时间段相对应；而后，FTIR 中峰形变化小、峰强下降。350℃系列生物炭中 1510cm^{-1}、1450cm^{-1} 峰分别于 60min、240min 消失，表明低温热解下的长时间反应有利于木质素组分的进一步降解。

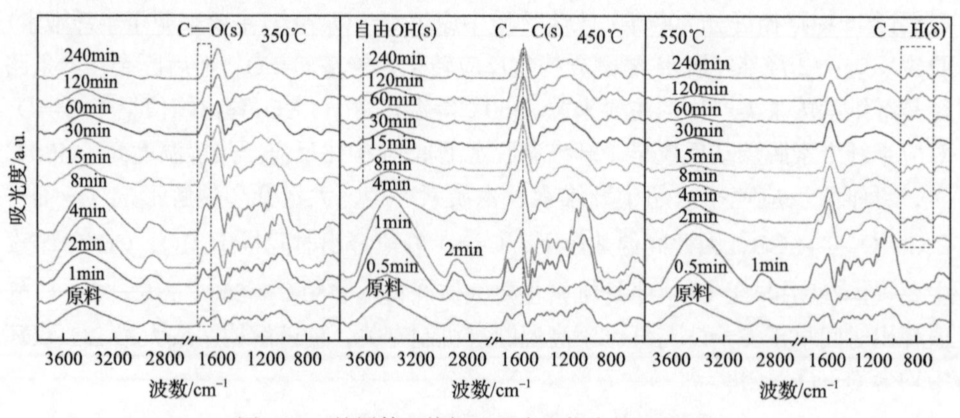

图 6-12 竹屑等温热解过程中生物炭的 FTIR 图

6.6.2　基于 2D-PCIS 的生物炭分子结构演变与关联

为进一步分析等温热解过程中的生物炭结构变化规律，对 350℃、450℃和 550℃等温热解生物炭进行 2D-PCIS 图绘制，并将 $\Phi(v_1,v_2)$ 中自动峰、交叉峰整理于表 6-3 中，其中，粗体下划线标记峰与 $\Psi(v_1,v_2)$ 中交叉峰对应，皆为正，可用 Noda 法则判定相关分子结构变化顺序；对于 $\Psi(v_1,v_2)$ 中其他交叉峰，由于缺乏判定依据，此处不做详细分析。

表 6-3　竹屑等温热解下不同停留时间生物炭 2D-PCIS 相关峰汇总表

相关峰	350℃	450℃	550℃
同步 $\Phi(v_1,v_2)$	(3380cm^{-1},3380cm^{-1}) (2890cm^{-1},2890cm^{-1}) (1700cm^{-1},1700cm^{-1}) (1600cm^{-1},1600cm^{-1}) (1460cm^{-1},1460cm^{-1}) (1205cm^{-1},1205cm^{-1}) (1035cm^{-1},1035cm^{-1}) (776cm^{-1},776cm^{-1})	(3425cm^{-1},3425cm^{-1}) (2890cm^{-1},2890cm^{-1}) (1735cm^{-1},1735cm^{-1}) (1560cm^{-1},1560cm^{-1}) (1460cm^{-1},1460cm^{-1}) (1160cm^{-1},1160cm^{-1}) (1035cm^{-1},1035cm^{-1}) (780cm^{-1},780cm^{-1})	(3415cm^{-1},3415cm^{-1}) (2890cm^{-1},2890cm^{-1}) (1700cm^{-1},1700cm^{-1}) (1600cm^{-1},1600cm^{-1}) (1550cm^{-1},1550cm^{-1}) (1450cm^{-1},1450cm^{-1}) (1035cm^{-1}, 1035cm^{-1}) (872cm^{-1},872cm^{-1}) (803cm^{-1},803cm^{-1}) (778cm^{-1},778cm^{-1}) (752cm^{-1},752cm^{-1})
异步 $\Psi(v_1,v_2)$	(2890cm^{-1},3380cm^{-1})+ (1670cm^{-1},1700cm^{-1})+ (1560cm^{-1}, 1750cm^{-1})– (1560cm^{-1},1510cm^{-1})– (1560cm^{-1},1460cm^{-1})– (1560cm^{-1},1370 cm^{-1})– (1560 cm^{-1},1325 cm^{-1})– (1560 cm^{-1},1035 cm^{-1})– (1205 cm^{-1},1700 cm^{-1})+ (1205cm^{-1},1600cm^{-1})+ (1100 cm^{-1},1600cm^{-1})+, (1100cm^{-1},1460cm^{-1})+ (1100cm^{-1},1325cm^{-1})+ (1035cm^{-1},1735cm^{-1})+ (1035cm^{-1},1510cm^{-1})+, (**1035**cm^{-1},**1460**cm^{-1})± (1035cm^{-1},1325cm^{-1})+, (1035cm^{-1},1250cm^{-1})+ (1035cm^{-1},1150cm^{-1})+, (**1035**cm^{-1},**1100**cm^{-1})±	(2890cm^{-1},3425cm^{-1})+ (**1735**cm^{-1},**1100**cm^{-1})± (1560cm^{-1},1735cm^{-1})– (1560cm^{-1},1510cm^{-1})– (1560cm^{-1},1460cm^{-1})– (1560cm^{-1},1370cm^{-1})– (1560cm^{-1},1325cm^{-1})– (1560cm^{-1},1035cm^{-1})– (1510cm^{-1},1735cm^{-1})+ (**1510**cm^{-1},**1100**cm^{-1})± (1460cm^{-1},1735cm^{-1})+ (**1460**cm^{-1},**1100**cm^{-1})± (1370cm^{-1},1100cm^{-1})+ (1035cm^{-1},1735cm^{-1})+ (1035cm^{-1},1650cm^{-1})+, (1035cm^{-1},1510cm^{-1})+ (1035cm^{-1},1460cm^{-1})+ (1035cm^{-1},1370cm^{-1})+ (1035cm^{-1},1325cm^{-1})+ (1035cm^{-1},1250cm^{-1})+ (**1035**cm^{-1},**1100**cm^{-1})±	(2890cm^{-1},3415cm^{-1})+ (**1735**cm^{-1},**1100**cm^{-1})± (1550cm^{-1},1735cm^{-1})– (1550cm^{-1},1510cm^{-1})– (1550cm^{-1},1460cm^{-1})– (1550cm^{-1},1370cm^{-1})– (1550cm^{-1},1325cm^{-1})– (1550cm^{-1},1035cm^{-1})– (1510cm^{-1},1100cm^{-1})+ (1450cm^{-1},1735cm^{-1})+ (1450cm^{-1},1650cm^{-1})+ (1450cm^{-1},1100cm^{-1})+ (1370cm^{-1},1100cm^{-1})+ (1035cm^{-1},1715cm^{-1})+ (1035cm^{-1},1650cm^{-1})+ (1035cm^{-1},1510cm^{-1})+ (1035cm^{-1},1460cm^{-1})+ (1035 cm^{-1},1370cm^{-1})+ (1035 cm^{-1},1325cm^{-1})+ (1035 cm^{-1},1250cm^{-1})+ (1035 cm^{-1},1100cm^{-1})+ (803 cm^{-1},872cm^{-1})+ (752 cm^{-1},872cm^{-1})+ (752 cm^{-1},803cm^{-1})+

表 6-3 中，350℃、450℃和 550℃热解生物炭中自动峰个数分别为 8 个、8 个和 11 个，主要差异体现在 900～700cm^{-1} 波段内的自动峰分布；350℃和 450℃中芳基 C—H(δ) 自动峰仅有 1 个，位于 780～776cm^{-1}；550℃生物炭有 4 个芳基 C—

H(δ)自动峰，广泛分布于 900～750cm^{-1}，对应竹屑高温热解反应过程中的多取代位芳基结构。此外，自动峰中稠环 C—C(1560cm^{-1}→1550cm^{-1})、甲基—CH_3(δ, 1460cm^{-1}→1450cm^{-1})等分子结构出现小波数漂移，与高温下的生物炭稠环化相关，导致芳环 C—C、甲基—CH_3 向低波数漂移。根据表 6-3 中 $\Phi(\nu_1,\nu_2)$交叉峰统计结果，350℃、450℃、550℃系列生物炭中相同、相似交叉峰正、负值一致，表明不同温度热解下的分子结构变化规律具有同一性。比如，Φ(2890cm^{-1}, 3425～3380cm^{-1})始终为正，对应羟基/氢键 O—H⋯O 与脂肪链 C—H 结构变化趋势相同；1035cm^{-1} 处 C—OH 与多种生物质原生结构(1735cm^{-1} C═O、1510cm^{-1} 芳环 C—C、1100cm^{-1} 二级羟基/酚羟基 C—OH 等)之间形成正交叉峰，对应生物质原生结构断键过程中的相似性变化规律；1560～1550cm^{-1} 稠环 C—C 与多种生物质原生结构(1750cm^{-1}/1735cm^{-1} C═O、1510cm^{-1} 芳环 C—C、1035cm^{-1} C—OH 等)之间形成负交叉峰，对应生物质断键重组过程中的纤维组分结构向无定形稠环生物炭转化。

尽管 350℃、450℃、550℃等温热解生物炭的主要分子结构之间具有相似变化规律，但用于判定分子结构变化顺序的交叉峰个数、相关分子结构还存在明显差异。350℃热解过程中多糖组分大幅降解，1035cm^{-1} 处 C—O 分子结构变化早于仲羟基 C—OH(1100cm^{-1})、甲基—CH_3(1460cm^{-1})，对应半纤维素基体单元解构/纤维素伯醇基断键反应早于糖环及其支链中的仲羟基、甲基结构，亦早于木质素解聚过程中的脱羟基、脱甲基反应，与纤维素、木聚糖吡喃环羟基脱水-酮醇异构化反应早于伯醇基裂解、木糖基体解构结果相反，这可能与天然生物质中纤维素、半纤维素间的缔合氢键有关。纤维素吡喃环 C_6 位伯醇基、半纤维素阿拉伯糖呋喃环 C_5 位伯醇基与其他羟基构成多糖组分内的分子间氢键，热解过程中优先断裂，从而降低了 1,6-脱水糖(LG、LGO 等)的形成概率，因此，生物质常规热解产物中 LG 含量低。450℃时 2D-PCIS 中出现 3 组新交叉峰 Ψ(1735cm^{-1},1100cm^{-1})、Ψ(1510cm^{-1},1100cm^{-1})、Ψ(1460cm^{-1},1100cm^{-1})，对应羧基/酯类 C═O、芳环 C—C、甲基—CH_3 变化早于仲羟基结构，表明半纤维素的脱支链反应(脱乙酰基、脱葡萄糖醛酸基)、木质素不稳定结构脱裂早于仲醇基反应，与低温(200℃)生物油中的组分构成相互对应，乙酸来源于半纤维素脱支链反应、4-VP 源于半纤维素-木质素连接键的断键反应，具体断键反应机制详见图 6-13，生物质纤维结构组成引用文献[27]，半纤维素-木质素连接键由文献[18]、[28]、[29]等给出。综合竹屑 350℃、450℃等温热解下的分子结构变化特性，可知纤维素-半纤维素之间的氢键解构、半纤维素-木质素的连接键断裂早于组分自身的分子结构变化；550℃时热解生物炭中稠环化反应加剧，芳环 C—C、甲基—CH_3 等结构出现低波数漂移，2D-PCIS 中可对应交叉峰仅存 Ψ(1735cm^{-1},1100cm^{-1})，表明半纤维素-木质素的酯类连接早于仲醇基 C—OH 变化，这与 450℃结果相同。

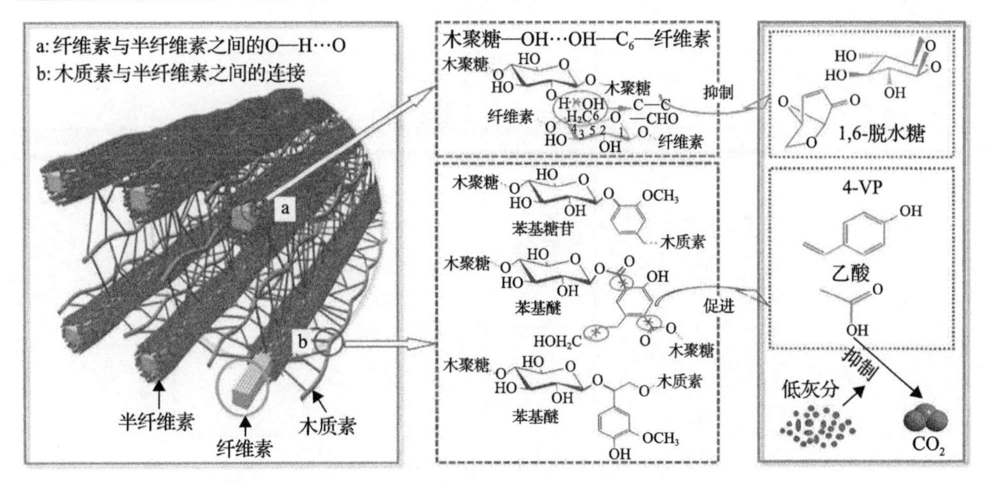

图 6-13　组分连接键断裂对生物质热解产物影响特性

6.6.3　基于相对峰强度的分子结构变化规律

图 6-14 给出了竹屑 350℃、450℃、550℃系列生物炭中主要分子结构的相对峰强度变化趋势。图 6-14(a1)～(a3)、(b1)～(b3)、(c1)～(c3)中羟基/氢键 O—H···O、脂肪链—CH_n、C═C/C═O/C—O—C 相对峰强度均呈现先增后减的趋势，分别于 4min、2min、1min 左右形成最大值，对应生物炭中的分子结构活性强、吸收峰强度大。图 6-14(a1)～(a3)中，1160cm^{-1} 酚羟基 C—OH 转折时间点(相对峰强度为 1 的时间点)明显晚于伯醇基/仲醇基，下降幅度亦小于后者，表明竹屑热解下，长时间热解生物炭中依旧保留了大量酚羟基结构，这与 aryl-OH 的高键能(463.6kJ/mol)强度有关。图 6-14(b1)～(b3)中，脂肪链—CH(2890cm^{-1})相对峰强度下降幅度大、甲基—CH_3(1460～1450cm^{-1}、1370cm^{-1})相对峰强度下降幅度小，表明竹屑热解过程中的脱水/脱支链反应早于脱甲基反应。图 6-14(c1)～(c3)中，酯类/羧基 C═O(1735cm^{-1})相对峰强度下降幅度最大，对应热解过程中的葡萄糖醛酸结构脱除以及半纤维素-木质素酯类连接键断裂；温度升高至 550℃时中共轭羰基 C═O(1700cm^{-1})、烯烃 C═C(1650cm^{-1})变化趋势向酯类/羧基 C═O 靠近，对应生物炭分子结构重排过程中的脱羰基、脱烯烃反应，这与木质素热解过程相同。

图 6-14(d1)～(d3)给出了竹屑 350℃、450℃、550℃系列生物炭中芳环、稠环分子结构的相对峰强度变化。图中，木质素 1510cm^{-1} 芳环 C—C 相对峰强度在转折点后快速下降，对应木质素中连接键少、连接键弱的苯类结构脱除。1600cm^{-1} 芳环 C—C 结构来源于木质素原生苯类结构，同时纤维素、半纤维素裂解、重构形成的芳环 C—C 吸收峰亦位于此处，两者之间相互叠加，导致其相对峰强度下降时间点(15min、4min、2min)晚于脂肪族 C—OH、—CH_n 等分子结构。1560cm^{-1}、

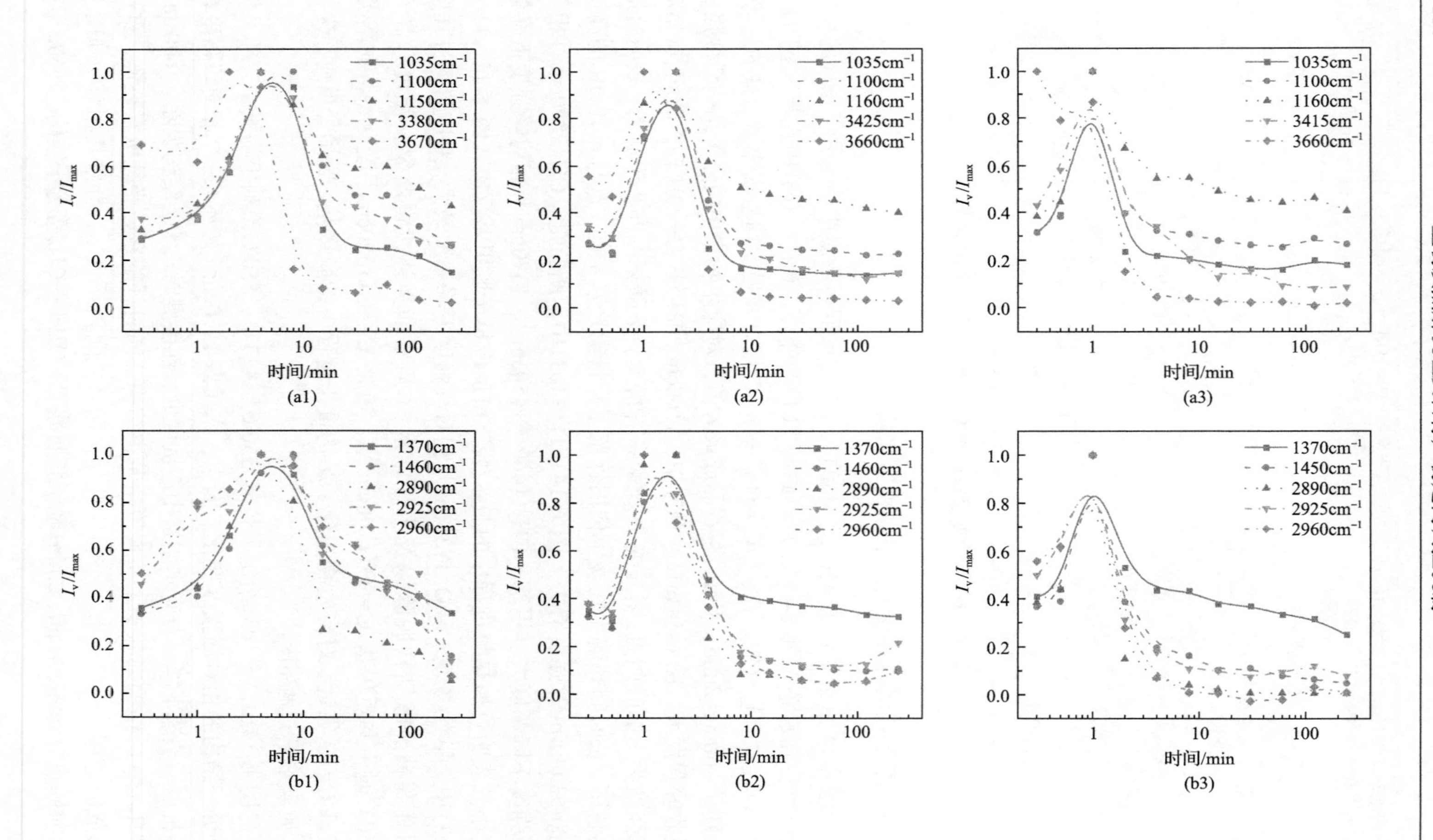
1035cm⁻¹
1100cm⁻¹
1150cm⁻¹
3380cm⁻¹
3670cm⁻¹
I_v/I_{max}
时间/min
(a1)
1035cm⁻¹
1100cm⁻¹
1160cm⁻¹
3425cm⁻¹
3660cm⁻¹
I_v/I_{max}
时间/min
(a2)
1035cm⁻¹
1100cm⁻¹
1160cm⁻¹
3415cm⁻¹
3660cm⁻¹
I_v/I_{max}
时间/min
(a3)
1370cm⁻¹
1460cm⁻¹
2890cm⁻¹
2925cm⁻¹
2960cm⁻¹
I_v/I_{max}
时间/min
(b1)
1370cm⁻¹
1460cm⁻¹
2890cm⁻¹
2925cm⁻¹
2960cm⁻¹
I_v/I_{max}
时间/min
(b2)
1370cm⁻¹
1450cm⁻¹
2890cm⁻¹
2925cm⁻¹
2960cm⁻¹
I_v/I_{max}
时间/min
(b3)

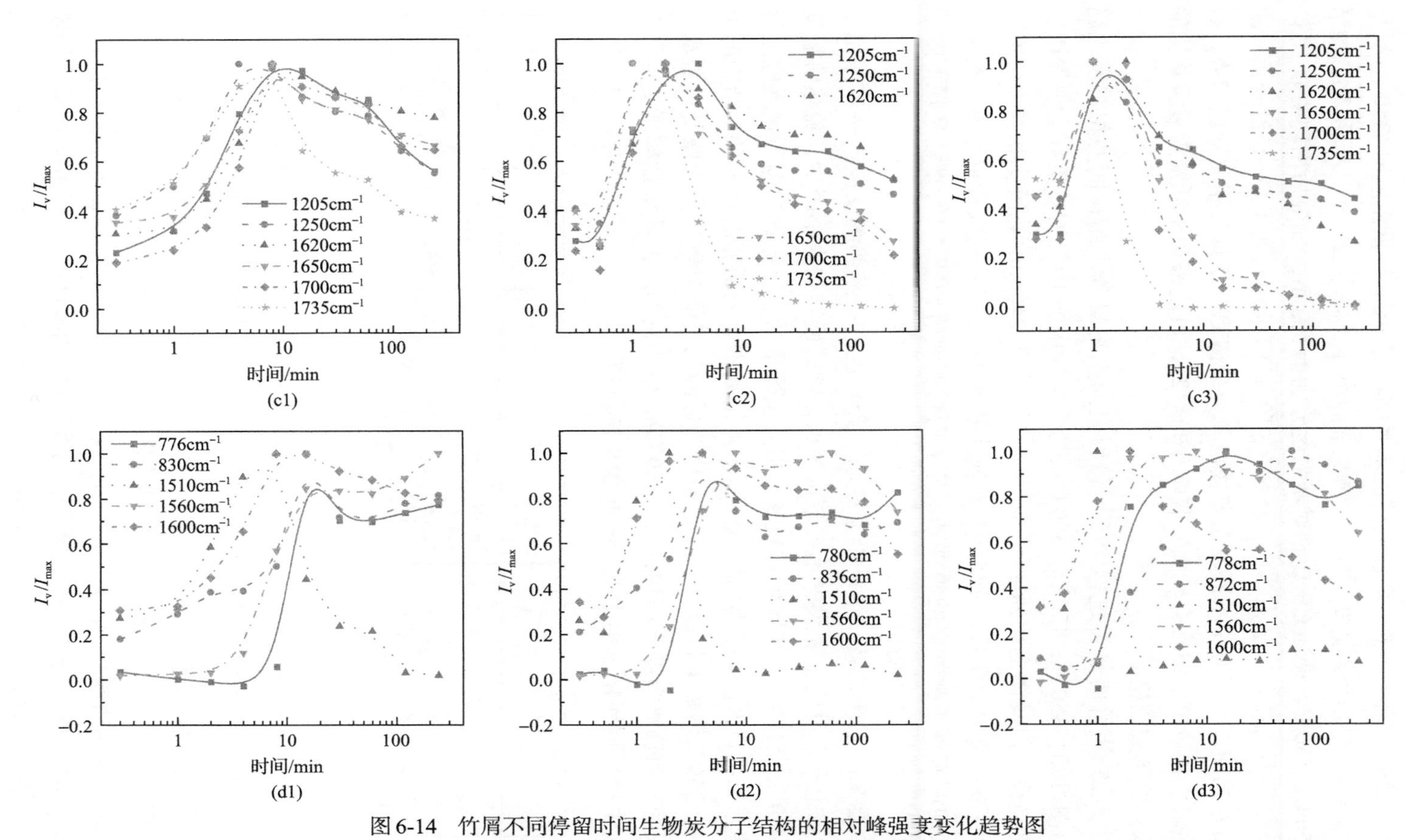

图 6-14　竹屑不同停留时间生物炭分子结构的相对峰强变化趋势图

子图题中数字1、2、3对应热解温度350℃、450℃、550℃，a、b、c、d分别代表羟基/氢键O—H…O、脂肪链—CH_n、C=C/C=O/C—O—C、芳环和稠环结构

1600cm^{-1} 表征稠环 C—C、复杂取代位苯类结构 C—C；较低温度时(350℃)稠环 C—C 相对峰强度持续增加，对应生物炭中的小分子稠环(2～3 个苯环)化合物增加；450℃、550℃，稠环 C—C 相对峰强度分别于 60min、8min 后出现明显下降，对应生物炭中的较大片层芳环(3×3～5×5 阶苯环)结构，稠环 C—C 红外信号减弱。图 6-14(d1)～(d3)中不同复杂取代位苯类结构 C—C 具有相似变化趋势，长时间热解生物炭中依旧含有较大吸收峰(图 6-12)，可能来源于纤维素裂解重构的复杂取代位苯类结构。

图 6-15 为竹屑热解过程中不同停留时间生物炭分子结构间的相对变化趋势。由图可知，350℃、450℃、550℃系列生物炭中的 HC、CA 指数呈现先增后减变化趋势，但具体变化幅度不同；350℃长时间(240min)热解生物炭中 HC、CA 指数高达 0.75、0.82，而 550℃对应生物炭 HC、CA 指数接近于 0，表明高温、长时间有利于生物炭的脱羰基反应。而竹屑热解初期，AA 指数呈现下降趋势，表明生物炭中脂肪链烯烃 C═C、C—O—C 结构增长幅度大于芳环 C—C，前者主要来源于纤维素、半纤维素脱水、开环反应；随热解反应进一步深化，AA 指数上升，对应生物炭中苯类结构增加，脂肪族结构大幅减少；随热解温度升高(450℃、550℃)，热解生物炭 AA 指数微微下滑，与生物炭稠环化反应过程中的单苯结构以及芳环骨架减少有关。DA 指数用于表征脂肪链—CH_n 结构的不饱和度，350℃热解下持续增长，这是因为低温长时间热解主要为脂肪链脱水、脱氢反应；随热解温度升高(450℃、550℃)，生物炭 DA 指数增加幅度更大，主要对应生物炭稠环化过程中的进一步脱支链反应。

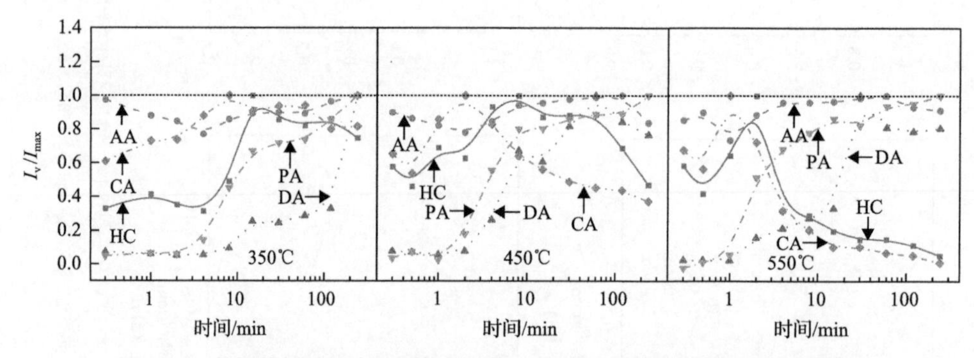

图 6-15　竹屑热解过程中不同停留时间生物炭分子结构间的相对变化趋势

根据生物质热解过程中气、液、固体产物的形成特性及演变过程，生物质的热解过程主要化学反应与路径可归纳为图 6-16。该过程可以分为三个阶段：生物质三组分解构阶段(小于 450℃)，主要发生脱水解聚、糖苷键断裂等反应，形成 H_2O、CO_2、脂肪链酸、酯、醚、呋喃等产物，生物炭中由于木质素苯环的残留和脂肪链的缩合成环而从三组分聚合物网络转变为三维苯环网状结构；生物炭芳构化加速阶段(450～750℃)，主要发生脱支链、脱羰基、脱醚键、气固交互等反应，形成 CH_4、CO、酚类、含氮化合物等产物，生物炭中的三维苯环网状结构则通过苯环支链的缩合成环和苯环间醚键脱除聚合等过程转变为二维稠环结构；生物炭石墨微晶起始生长阶段(大于 750℃)，主要发生脱氢、脱醚键和气固交互反应，形成 H_2、稠环化合物，生物炭中的二维稠环结构通过稠环间缩聚、层片间脱醚键过程转为石墨微晶结构。

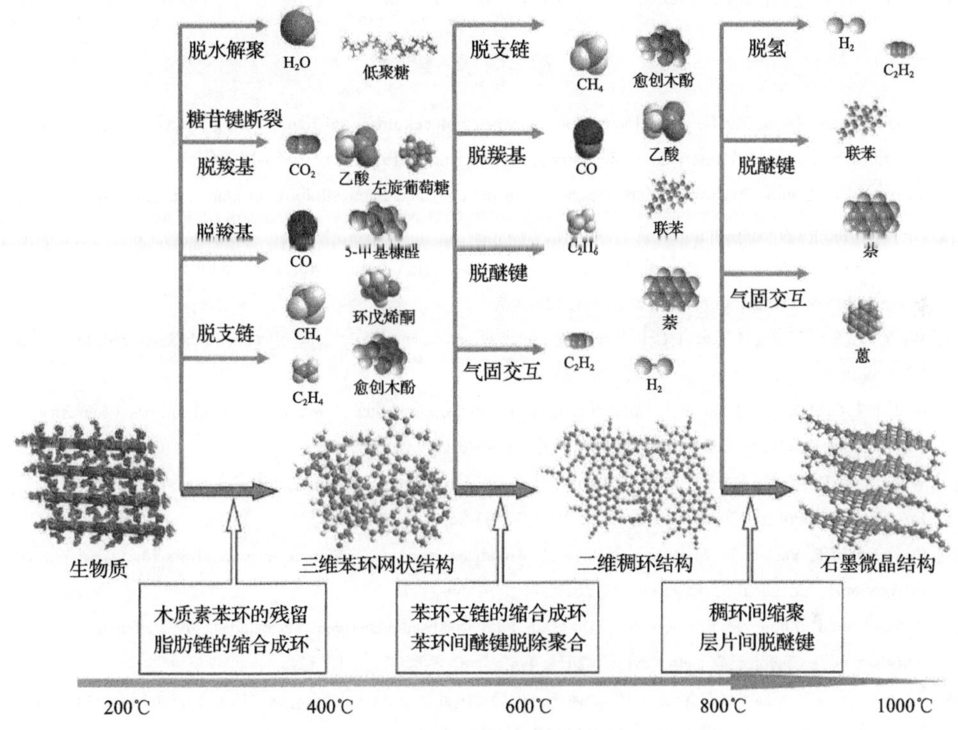

图 6-16　生物质热解过程主要化学反应与路径

6.7　本 章 小 结

本章研究了竹屑(200～600℃)热解过程中的产物变化特性，以及该过程中的挥发分释出行为和生物炭结构演变规律；并以生物质纤维结构为基础，从组分构成、组分交互等方面分析了生物质裂解过程中的产物形成机制以及生物质的裂解路径。主要研究结果如下。

(1)低温热解(小于或等于 350℃)过程中，纤维素裂解受抑制；300℃热解生物炭中依旧保留了纤维素分子结构特征，1100～900cm^{-1} 波段 C—OH 吸收峰强度大，结晶度达到 22.6%。

(2) 350℃等温热解下，半纤维素反应速率高，裂解形成 CO_2、C═O 类化合物，两者峰值释出时间早于 CO；550℃，纤维素反应速率高，CO、C—O—C 峰值释出时间早于 CO_2、C═O。

(3) 生物油中 4-VP 相对含量高、脱水糖含量低，与生物质天然纤维结构组成有关。半纤维素-木质素连接键（苯酯、苯醚、酚苷键）断裂、半纤维素-纤维素氢键解构早于组分自身反应，由此引发的不稳定苯基结构脱离以及 C_6 位缺失、氧化，导致 4-VP 产量增加、LG/LGO 产量下降。

参 考 文 献

[1] Yang W, Fang M N, Xu H, et al. Interactions between holocellulose and lignin during hydrolysis of sawdust in subcritical water[J]. ACS Sustainable Chemistry & Engineering, 2019, 7 (12): 10583-10594.

[2] Terrett O M, Dupree P. Covalent interactions between lignin and hemicelluloses in plant secondary cell walls[J]. Current Opinion in Biotechnology, 2019, 56: 97-104.

[3] Chen Y Q, Fang Y, Yang H P, et al. Effect of volatiles interaction during pyrolysis of cellulose, hemicellulose, and lignin at different temperatures[J]. Fuel, 2019, 248: 1-7.

[4] Wu Y, Wu S L, Zhang H Y, et al. Cellulose-lignin interactions during catalytic pyrolysis with different zeolite catalysts [J]. Fuel Processing Technology, 2018, 179: 436-442.

[5] Mika L T, Cséfalvay E, Németh Á. Catalytic conversion of carbohydrates to initial platform chemicals: Chemistry and sustainability[J]. Chemical Reviews, 2018, 118 (2): 505-613.

[6] Wang S R, Dai G X, Yang H P, et al. Lignocellulosic biomass pyrolysis mechanism: A state-of-the-art review[J]. Progress in Energy and Combustion Science, 2017, 62: 33-86.

[7] Sudarsanam P, Peeters E, Makshina E V, et al. Advances in porous and nanoscale catalysts for viable biomass conversion[J]. Chemical Society Reviews, 2019, 48 (8): 2366-2421.

[8] Sudarsanam P, Zhong R Y, Bosch S V D, et al. Functionalised heterogeneous catalysts for sustainable biomass valorisation[J]. Chemical Society Reviews, 2018, 47 (22): 8349-8402.

[9] Zhao X, Zhou H, Sikarwar V S, et al. Biomass-based chemical looping technologies: The good, the bad and the future [J]. Energy & Environmental Science, 2017,10: 1885-1910.

[10] Liu W J, Li W W, Jiang H, et al. Fates of chemical elements in biomass during its pyrolysis[J]. Chemical Reviews, 2017, 117 (9): 6367-6398.

[11] Wu S L, Shen D K, Hu J, et al. Cellulose-hemicellulose interactions during fast pyrolysis with different temperatures and mixing methods[J]. Biomass and Bioenergy, 2016, 95: 55-63.

[12] Wu S L, Shen D K, Hu J, et al. Cellulose-lignin interactions during fast pyrolysis with different temperatures and mixing methods[J]. Biomass and Bioenergy, 2016, 90: 209-217.

[13] Hosoya T, Kawamoto H, Saka S. Cellulose-hemicellulose and cellulose-lignin interactions in wood pyrolysis at gasification temperature[J]. Journal of Analytical and Applied Pyrolysis, 2007, 80 (1): 118-125.

[14] Shi X H, Wang J. A comparative investigation into the formation behaviors of char, liquids and gases during pyrolysis of pinewood and lignocellulosic components[J]. Bioresource Technology, 2014, 170: 262-269.

[15] Chen Y Q, Yang H P, Wang X H, et al. Biomass-based pyrolytic polygeneration system on cotton stalk pyrolysis: influence of temperature[J]. Bioresource Technology, 2012, 107: 411-418.

[16] Wang T P, Yin J, Liu Y, et al. Effects of chemical inhomogeneity on pyrolysis behaviors of corn stalk fractions[J]. Fuel, 2014, 129: 111-115.

[17] Neves D, Thunman H, Matos A, et al. Characterization and prediction of biomass pyrolysis products[J]. Progress in Energy and Combustion Science, 2011, 37 (5) : 611-630.

[18] Giummarella N, Lawoko M. Structural basis for the formation and regulation of lignin-xylan bonds in birch[J]. ACS Sustainable Chemistry & Engineering, 2016, 4 (10) : 5319-5326.

[19] van der Hage E R, Mulder M M, Boon J J. Structural characterization of lignin polymers by temperature-resolved in-source pyrolysis-mass spectrometry and Curie-point pyrolysis-gas chromatography/mass spectrometry[J]. Journal of Analytical and Applied Pyrolysis, 1993, 2: 149-183.

[20] Lu Q, Zhang Z F, Dong C Q, et al. Catalytic upgrading of biomass fast pyrolysis vapors with nano metal oxides: An analytical Py-GC/MS study[J]. Energies, 2010, 3 (11) : 1805-1820.

[21] Bian J, Peng F, Peng X P, et al. Isolation of hemicelluloses from sugarcane bagasse at different temperatures: Structure and properties[J]. Carbohydrate Polymers, 2012, 88 (2) : 638-645.

[22] Mcgrath T E, Chan W G, Hajaligol M R. Low temperature mechanism for the formation of polycyclic aromatic hydrocarbons from the pyrolysis of cellulose[J]. Journal of Analytical and Applied Pyrolysis, 2003, 66 (1-2) : 51-70.

[23] Herring A M, Mckinnon J T, Petrick D E, et al. Detection of reactive intermediates during laser pyrolysis of cellulose char by molecular beam mass spectroscopy, implications for the formation of polycyclic aromatic hydrocarbons[J]. Journal of Analytical and Applied Pyrolysis, 2003, 66 (1-2) : 165-182.

[24] Lv G J, Wu S B. Analytical pyrolysis studies of corn stalk and its three main components by TG-MS and Py-GC/MS [J]. Journal of Analytical and Applied Pyrolysis, 2012, 97: 11-18.

[25] Stefanidis S D, Kalogiannis K G, Iliopoulou E F, et al. A study of lignocellulosic biomass pyrolysis via the pyrolysis of cellulose, hemicellulose and lignin[J]. Journal of Analytical and Applied Pyrolysis, 2014, 105: 143-150.

[26] Wu Y M, Zhao Z L, Li H B, et al. Low temperature pyrolysis characteristics of major components of biomass[J]. Journal of Fuel Chemistry and Technology, 2009, 37 (4) : 427-432.

[27] Doherty W O S, Mousavioun P, Fellows C M. Value-adding to cellulosic ethanol: Lignin polymers[J]. Industrial Crops and Products, 2011, 33 (2) : 259-276.

[28] Sun R. Cereal Straw as a Resource for Sustainable Biomaterials and Biofuels[M]. Amsterdam: Elsevier, 2010.

[29] Sun R C, Rowlands P, Lawther J M. Rapid isolation and physico-chemical characterization of wheat straw lignins[J]. Recent Research Developments in Agricultural & Food Chemistry, 2000, 4 (1) : 1-26.

第 7 章 典型生物质热解特性及与组成结构的关联机制

7.1 引　　言

一直以来有关生物质热解的研究主要集中于北美和欧洲的发达国家，这可能是因为欧美地区有大量的林业废弃物，可用于能源资源。而我国是农业国家，大量可利用的生物质资源是秸秆、花生壳、谷壳等农业废弃物[1, 2]。因此针对关于生物质热解液化较为系统的研究多采用的是木本生物质的现状，根据在我国开展生物质热解液化工程应用的实际需要，本章对我国典型生物质资源，特别是有代表性的农林废弃物的热解特性进行了系统研究[3]。热重分析仪和 Py-GC/MS 是进行生物质热解特性研究的有效手段，因此本章主要采用热重分析仪和 Py-GC/MS 进行了典型生物质热解动力学和产物析出特性研究，并建立了生物质热解过程以及产物形成特性与生物质原料特性的关联机制，为生物质原料的定向利用奠定基础。

7.2 实验样品与方法

7.2.1 实验样品

本章共涉及 13 种生物质，包括秸秆类(花生秆、芝麻秆、稻秆、黄豆秆、玉米秆、油菜秆和麦秆)、木本类(樟木、沙比利、桉木、竹子)、壳类(花生壳、稻壳)。生物样品采集自中国中部的湖北、湖南和河南等地，所有样品在实验和分析测试前研磨筛分至 0.180～0.425mm。对于热重实验，样品在 65℃下干燥 5 天；对于工业分析和元素分析，所有样品在 105℃的烘箱中干燥 12h。

用 SDTGA2000 分析仪(西班牙 Ias Navas 公司)进行生物质的工业分析，生物质碳、氢、氮和硫元素的含量用元素分析仪(瓦里亚微量管，德国 Vario 公司)测定。不同原料的工业、元素分析如表 7-1 所示。从表中可以发现生物质中都有较高挥发分和氧含量，而固定碳和碳元素含量较低。但不同的生物质有不同组成特性，其中秸秆类的灰分含量较高，在 10wt%左右，而木本类的挥发分含量较高，大于 80wt%；壳类中稻壳的灰分含量也较高，大于 10wt%。

表 7-1　不同种类生物质的工业、元素组成特性　（单位：wt%, d）

样本		工业分析			元素分析				
		A	FC	V	C	H	O*	N	S
秸秆类	花生秆	10.29	13.94	75.76	49.00	7.05	30.59	2.74	0.32
	黄豆秆	8.22	15.65	76.12	48.84	6.81	35.11	0.81	0.21
	玉米秆	10.36	18.37	71.27	48.59	6.28	33.27	1.31	0.18
	芝麻秆	9.02	16.85	74.13	49.16	6.59	34.06	0.85	0.31
	稻秆	14.41	13.80	71.78	47.55	6.51	30.34	0.94	0.25
	油菜秆	3.53	16.93	79.54	48.56	6.50	40.66	0.58	0.16
	麦秆	10.76	13.35	75.90	48.22	6.62	33.05	1.06	0.31
壳类	花生壳	3.83	20.95	75.23	51.25	6.44	36.70	1.54	0.24
	稻壳	17.05	15.55	67.39	40.01	6.52	26.85	0.36	0.16
木本类	樟木	2.41	13.69	83.90	50.69	6.35	40.15	0.25	0.15
	桉木	3.32	13.93	82.75	51.19	6.40	38.53	0.39	0.16
	竹子	5.47	7.75	86.78	53.32	6.64	34.21	0.20	0.17
	沙比利	0.90	16.09	83.01	51.29	6.28	41.29	0.11	0.13

*表示氧含量是根据差减法计算得到的。

注：d 表示干燥基。

生物质的纤维素、半纤维素和木质素含量采用 ANKOM 2000 纤维分析仪分析测量，所有实验重复三次，误差范围在 5%以内。生物质的结晶度采用 X 射线衍射仪进行分析，计算生物质结晶度 X_b 和纤维素结晶度 X_c。X 射线衍射仪工作条件为：40kV、40mA，其辐射源为 CuK_α。X 射线衍射仪测量范围设定为 5°～85°，每 0.016711°记录一次数据。生物质结晶度可通过式(7-1)计算，而纤维素结晶度是指纤维素中结晶纤维素的比例，可通过式(7-2)计算。

$$X_b = \frac{I_{002} - I_{AM}}{I_{002}} \tag{7-1}$$

$$X_c = 生物质结晶度/纤维素含量 \tag{7-2}$$

其中，I_{002} 为(002)晶面衍射强度的高度($2\theta = 22.7°$)；I_{AM} 为 AM(amplitude method)峰的高度($2\theta = 18°$)。

7.2.2　热解过程热分析方法

生物质热解实验在热重分析仪(STA-449F3，德国耐驰)中进行，载气(氮气)

流量为60mL/min,反应从室温开始(约30℃),以15℃/min升温速率升温,到900℃结束。所有的测试进行至少三次以确认实验结果的准确性，所有实验数据的误差范围在5%以内。生物质热解过程的热动力学分析采用高斯分峰和Coats- Redfern法结合，具体方法见第2章。

7.2.3 快速热解实验方法

本章采用微型裂解仪(CDC5200系列)对生物质样品进行裂解。样品的质量严格控制在0.30mg，将样品放入裂解管中部，两端用石英棉封堵，防止样品的流失。裂解温度为550℃，加热速率为10000℃/s，裂解时间为10s。裂解后的气态挥发分进入气相色谱-质谱联用仪(GC/MS)进行组分分析。该系统中气相色谱(GC，Agilent、HP7890)配备HP-5毛细管柱(30m×250μm×0.25μm)，质谱(MS)检测器型号为HP5975。热解气传输管路和进样口温度均为280℃；采用分流进样，分流比为1∶80；氦气(99.999%)作载气，载气流量为1mL/min。GC程序升温条件：柱箱初始温度为40℃并维持2min，然后升至200℃，升温速率为5℃/min，接着升至280℃，升温速率为10℃/min并维持2min；离子源(EI)模式为70eV；质谱谱宽(m/z，质荷比)为20～400，扫描速率为500Da/s。根据NIST质谱库和已发表的文献数据确定热解气的化学组成[4]。

为保证实验过程的可重复性，每组样品要进行三次实验。将相对含量的平均值作为分析依据，并计算标准偏差。由于GC/MS不能对每种化合物进行定量分析，可以认为每种化合物的相对含量与其峰面积的关系是线性的，相对含量反映了该种化合物在生物油中的占比[5]。因此，相对含量的变化能够揭示生物油分布变化，峰面积的变化则揭示了组分产出变化规律。

7.3 生物质热解失重特性与生物质种类关联

7.3.1 典型生物质热解失重特性研究

生物质组成的结果如图7-1所示，挥发分是所有样品的主要成分，木本类生物质的挥发分含量较高，超过了80wt%，其次是秸秆类和壳类生物质，含量约为74wt%。与挥发分规律不同，木本类生物质的灰分含量非常有限(约3wt%)，而秸秆类和壳类生物质的灰分含量较高，特别是秸秆类生物质的灰分含量甚至高达11.26wt%。从不同样品的元素组成来看，所测生物质的氢含量相似，而碳和氧含量的顺序为木本类>壳类>秸秆类。

另外，三种生物质的半纤维素含量相近，并且同类的生物质分布都相对集中。然而，提取物、纤维素和木质素含量在每类生物质之间都有很大不同。其中，秸

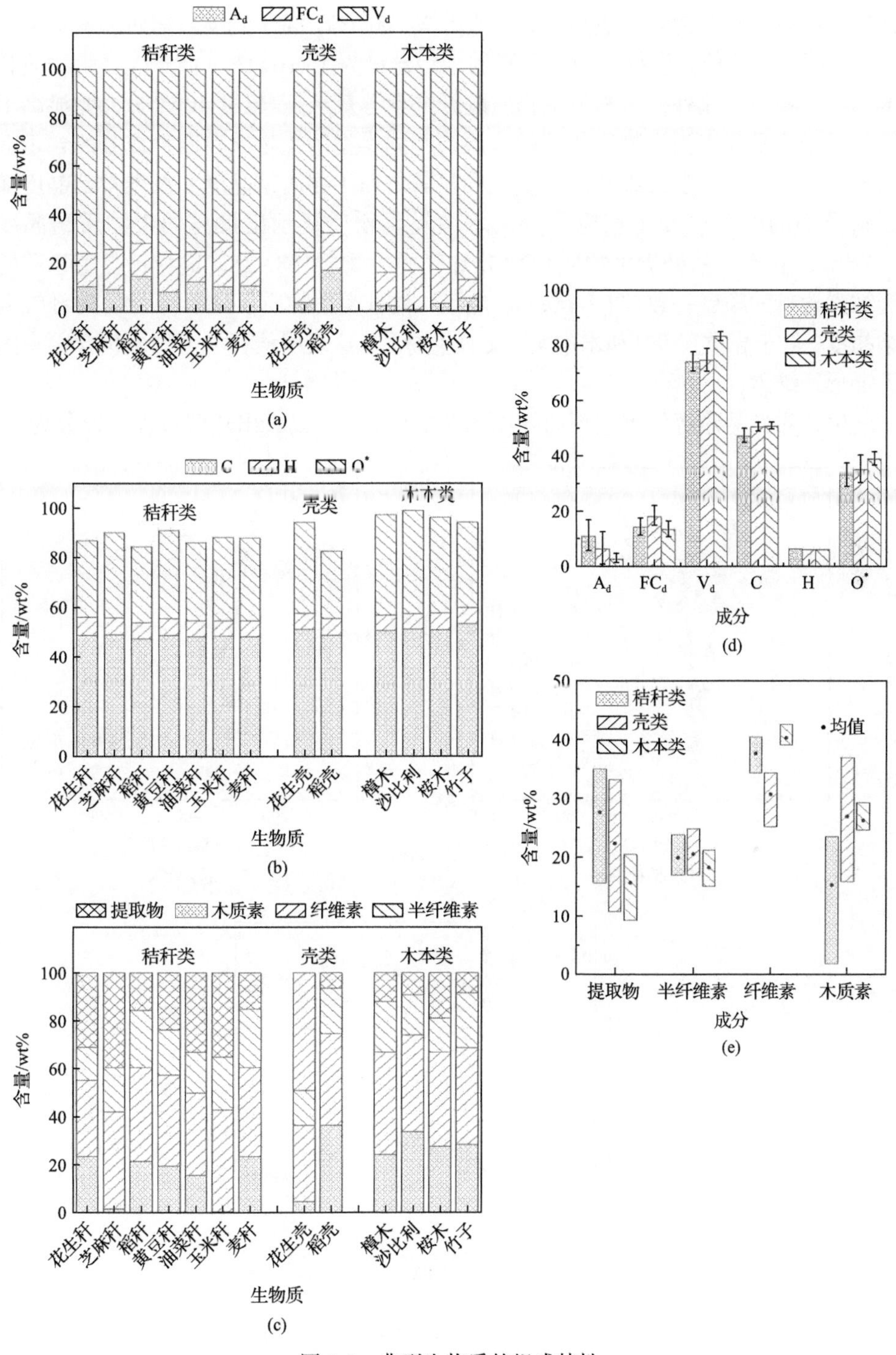

图 7-1　典型生物质的组成特性

下标 d 表示干燥基

秆类生物质的提取物含量最高，平均值为 27.48wt%，高于壳类生物质和木本类生物质。同时，秸秆类生物质中木质素的平均含量为 15.16wt%，低于壳类生物质和木本类生物质。此外，木本类生物质的纤维素含量最高(超过 40wt%)，明显高于秸秆类生物质和壳类生物质。总的来说，不同类型的生物质在四种成分的含量上表现出差异，特别是纤维素的含量差异显著。而生物质结晶度和纤维素结晶度随原料类型的变化也发生相应改变。木本类生物质显示出最高的生物质结晶度(43.58)，其次是秸秆类生物质(33.67)和壳类生物质(28.92)，这与每类生物质的纤维素含量的顺序一致[图 7-1(e)]。然而，秸秆类生物质仅显示出 0.84 的纤维素结晶度，低于壳类(0.99)和木本类(1.03)生物质，这表明秸秆类生物质包含更多的无定形纤维素。

生物质样品热解失重速率曲线如图 7-2 所示，可以看出热解过程可以分为三

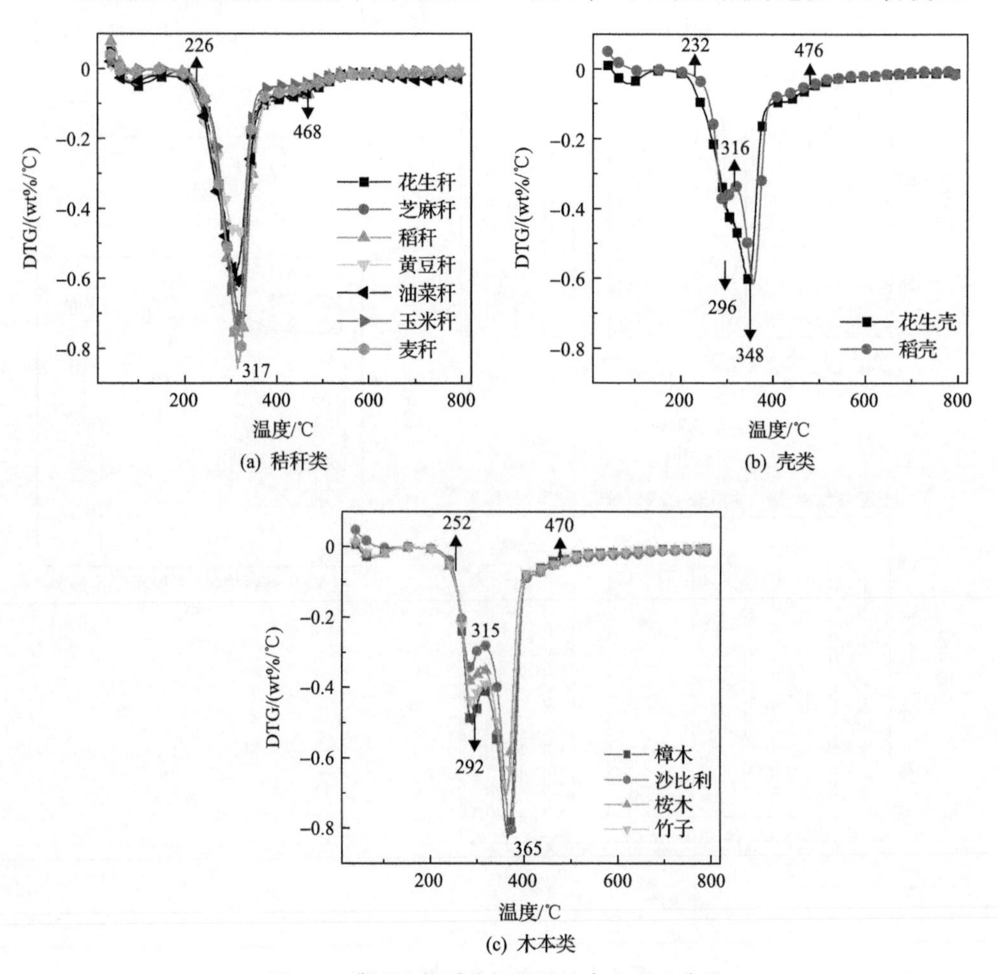

图 7-2 典型生物质热解失重速率(DTG)曲线

个阶段，这与生物质三组分的分解特性有关。在低温下(200～315℃)，由于无定形结构的存在，半纤维素容易发生分解；与半纤维素相比，纤维素是具有葡萄糖单元的长聚合物，并且具有丰富的氢键，这导致其具有更高的分解温度(315～400℃)；木质素由三种苯-丙烷结构组成，交联性强，热稳定性最高，分解温度高于 400℃。

另外，从图 7-2 可以看出相同类型生物质的失重特性类似，热解特征温度大致相同。比如，黄豆秆和稻秆等相同类型生物质的热解失重速率曲线峰值位置非常相似。然而，三类生物质之间(秸秆类、壳类和木本类生物质)的失重速率曲线明显不同；秸秆类生物质的热解起始温度较低(226℃)，壳类生物质的热解起始温度稍微升高(232℃)，而木本类生物质热解较困难，热解起始温度明显升高(约252℃)，这可能是因为秸秆类生物质的提取物含量较高，导致热解起始温度较低，而木本类生物质由于木质素含量较高，结构紧凑，热传递困难，从而导致了其具有最高的热解起始温度；而与秸秆类和木本类生物质相比，壳类生物质的平均最大失重速率较低(约 0.64wt%/℃)，这主要是因为壳类生物质纤维素含量较低，而最大失重速率和纤维素含量之间具有正相关性。

除了上述这些特征参数之外，不同类型的生物质之间的明显差异还表现于失重速率曲线的形状。秸秆类生物质，如花生秆和稻秆在低温下表现出一个重叠峰；然而，壳类生物质(如稻壳)表现出两个分离的峰，木本类生物质与壳类生物质的失重速率曲线相似，但第二个峰值的温度高于壳类生物质，这主要与生物质中纤维组成和含量有关，秸秆类生物质中纤维素和半纤维素热解重合，而壳类生物质热解过程中纤维素和半纤维素热解失重峰分开；而且木本类生物质比壳类生物质中纤维素含量高，纤维素的热解失重较快，其热解失重速率明显高于半纤维素。

7.3.2　生物质热解失重特性与原料物化特性的关联机制

为了进一步了解生物质的热解过程，对生物质热解过程进行了基于多高斯反应模型的热解峰分峰计算，结果见表 7-2。秸秆类生物质的纤维素失重峰的平均峰值温度为 321℃，而壳类和木本类生物质的峰值温度明显较高。对比分析后发现，三类生物质中纤维素失重峰的平均峰值温度随着纤维素平均结晶度的增加而增加，图 7-3 进一步证实了纤维素分解峰值温度与纤维素结晶度之间的这一正相关性。这可能是因为无定形纤维素和结晶纤维素的热稳定性：相关研究发现无定形纤维素在更低温度下分解[6]，而结晶纤维素具有较强且结构良好的氢键网络，强氢键网络在热解过程中有助于保留糖环结构。秸秆类生物质纤维素结晶度较低，含有更多的无定形纤维素，在较低温度下分解，从而使得秸秆类生物质热解过程中纤维素和半纤维素热解失重峰重叠。

表 7-2　典型生物质热解失重过程高斯分峰参数

样品		峰值温度/℃			相对含量/%		
		半纤维素	纤维素	木质素	半纤维素	纤维素	木质素
秸秆类	花生秆	290	316	395	48.45	22.11	29.44
	芝麻秆	291	324	399	55.63	26.23	18.13
	稻秆	294	322	403	40.39	39.53	20.08
	黄豆秆	292	326	402	53.51	26.83	19.66
	油菜秆	291	322	404	59.98	22.51	17.51
	玉米秆	288	315	397	37.96	46.12	15.92
	麦秆	293	319	383	45.88	29.05	25.07
	均值	291	321	398	48.83	30.34	20.83
壳类	花生壳	298	346	401	40.90	33.16	25.94
	稻壳	295	353	401	31.69	45.20	23.10
	均值	297	350	401	36.30	39.18	24.52
木本类	樟木	293	363	412	34.22	54.74	11.04
	沙比利	288	369	414	30.22	50.60	19.19
	桉木	290	359	413	31.78	51.24	16.98
	竹子	293	362	417	33.84	52.38	13.78
	均值	291	363	414	32.52	52.24	15.25

注：均值为同类生物质中所有样品的均值。

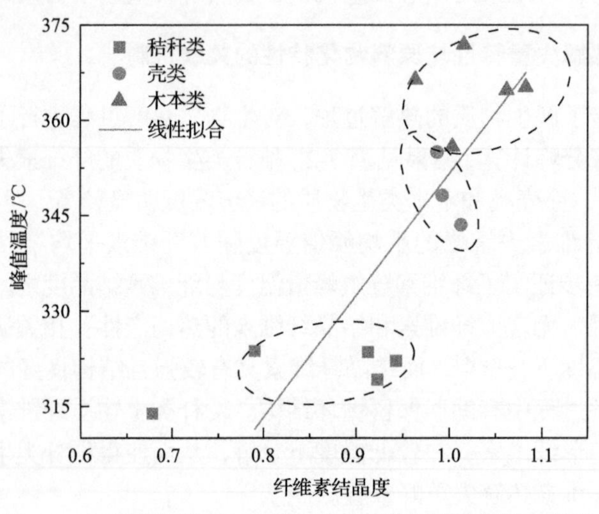

图 7-3　纤维素结晶度与纤维素分解峰值温度之间的相关性

同样地，不同类型生物质中主要成分的峰值比例也有显著差异。如表 7-2 所示，木本类生物质热解过程中纤维素阶段的平均相对含量最高(约 52.24%)，这和其较高的纤维素含量相对应；然而，秸秆类生物质中纤维素阶段的平均相对含量(约 30.34%)低于壳类生物质(约 39.18%)，这与其纤维素含量(37.57wt%)高于壳类生物质(29.79wt%)不一致，这可能是由于秸秆类生物质较低的纤维素结晶度导致更多的无定形纤维素在较低温度下即热解，而在高斯分峰过程将其归于半纤维素的分解，进而导致纤维素阶段的平均相对含量降低；与壳类生物质相比，秸秆类生物质的半纤维素阶段较高的失重比例也证实了这一点。

图 7-4 和表 7-3 为三个热解阶段的活化能，结果表明半纤维素阶段和纤维素阶段比木质素阶段具有更高的活化能，且纤维素阶段的活化能低于半纤维素阶段，这可能是因为在纤维素的热解过程中，纤维素首先在低温下解聚形成活性纤维素，然后活性纤维素在较高温度下进一步分解；而与活性纤维素的断裂相比，纤维素的解聚需要更高的活化能，因此，纤维素的活化能在初始阶段较高。而由于纤维素的活化反应在接近半纤维素阶段的低温下进行，发生在半纤维素阶段的反应不仅包括半纤维素的分解，还包括对纤维素的一些活化反应，因此，半纤维素阶段的整体活化能明显升高，并高于纤维素阶段活化能。

无定形纤维素越多，在低温区活化的纤维素越多，使得半纤维素阶段的活化能获得更明显的提高，因此秸秆类生物质在半纤维素阶段的活化能(平均值为 76.77kJ/mol)高于壳类和木本类生物质(平均值分别为 62.82kJ/mol 和 66.30kJ/mol)。同时，与其他生物质相比，秸秆类生物质中纤维素较低结晶度也导致其纤维素阶段的活化能较低(平均值为 53.43kJ/mol)。

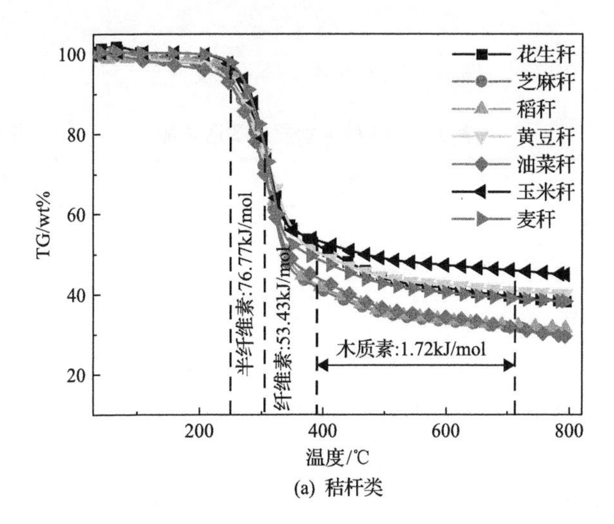

(a) 秸秆类

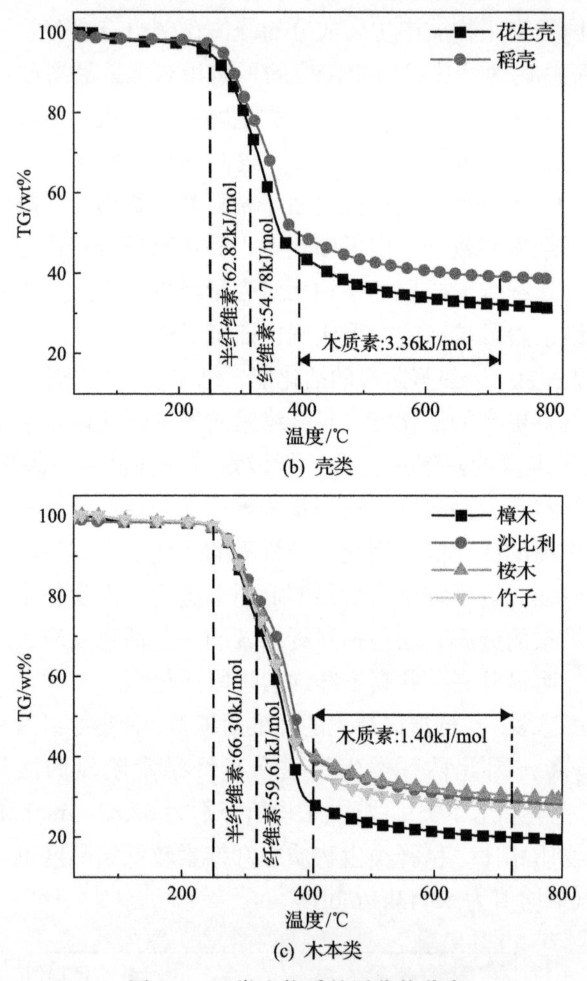

(b) 壳类

(c) 木本类

图 7-4　三类生物质的活化能分布

表 7-3　13 种生物质热解活化能　（单位：kJ/mol）

样品		半纤维素阶段	纤维素阶段	木质素阶段
秸秆类	花生秆	71.79	51.69	3.14
	芝麻秆	70.52	53.10	1.07
	稻秆	82.77	68.15	1.96
	黄豆秆	53.85	46.88	1.77
	油菜秆	59.98	47.33	0.00
	玉米秆	94.74	32.52	1.73
	麦秆	103.74	74.34	2.37
	均值	76.77	53.43	1.72

续表

样品		半纤维素阶段	纤维素阶段	木质素阶段
壳类	花生壳	58.53	51.94	3.21
	稻壳	67.11	57.61	3.51
	均值	62.82	54.78	3.36
木本类	樟木	69.67	62.87	0.67
	沙比利	61.82	55.96	2.05
	桉木	64.15	57.35	1.51
	竹子	69.57	62.26	1.37
	均值	66.30	59.61	1.40

注：均值为同类生物质中所有样品的活化能均值。

7.4　生物质热解生物油特性与原料组成关联

7.4.1　典型生物质热解生物油组成特性

生物质快速裂解挥发分气相色谱典型谱图如图 7-5 所示，从图中可以看出生物质热解挥发分组成十分复杂，有超过上百种化合物，这里主要分析了相对含量大于 0.5%的化合物。根据官能团的优先级顺序，对这些物质进行了分类，主要有

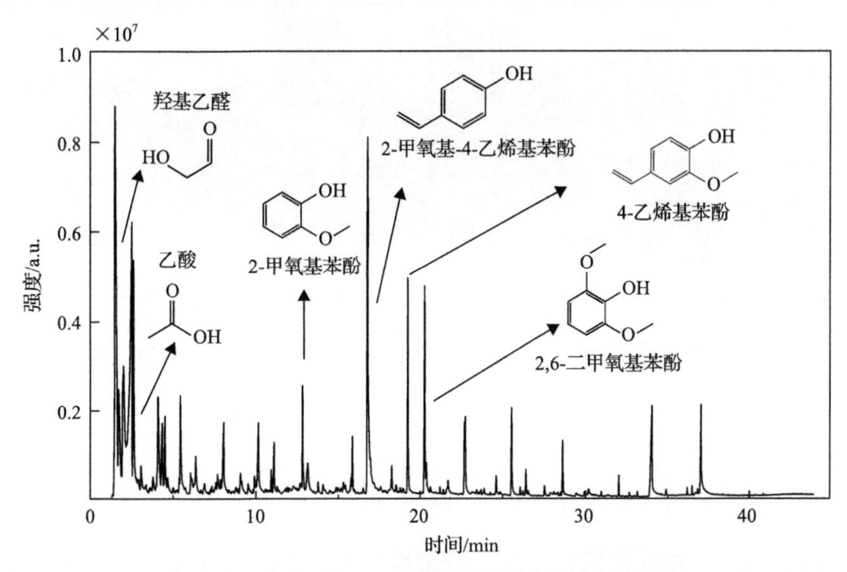

图 7-5　生物质快速裂解挥发分气相色谱典型谱图

呋喃类(糠醛和 5-羟甲基呋喃)、醛酮类(羟基乙醛、1-羟基-2-丙酮和 2-丙酮)、短链酸(乙酸/脂肪酸)、酚类(2-甲氧基苯酚、2,6-二甲氧基苯酚、4-乙烯基苯酚和 2-甲氧基-4-乙烯基苯酚)、碳氢化合物(十六烷)、酯类(乙酸甲酯)、环戊烯(2-环戊烯-1-酮)和含氮化合物。

生物质热解生物油组分分布如图 7-6 所示。从图中可以看出短链酸和醛酮类是秸秆类主要的裂解产物，而醛酮类占比更高一些，特别是稻秆裂解产生的醛酮类达到了 40%，这是因为秸秆类植物中纤维素和半纤维素含量较高[7]。壳类裂解产物与秸秆类相似，但酚类含量更高，达到了 20%，特别是花生壳热解酚类占比更是达到了 30%，这可能与其较高的木质素含量有关[8]。油菜秆裂解产生了更多醛酮类，但其纤维素含量并不高于其他秸秆类生物质，这主要因其含有较高的 K、Ca 无机组成，对酮醛类产物的形成有一定的催化作用[9,10]。相比其他两类生物质，木本类生物质裂解产生了较多的酚类产物，其中桉木裂解酚类产率最高，达到了 30%，这是由于木本类生物质中木质素含量最高[11]。值得注意的是，木本类热解生物油中还含有一定的含氮化合物，但原料中 N 含量并不高，关于其形成机制还需要进行更深入的研究。

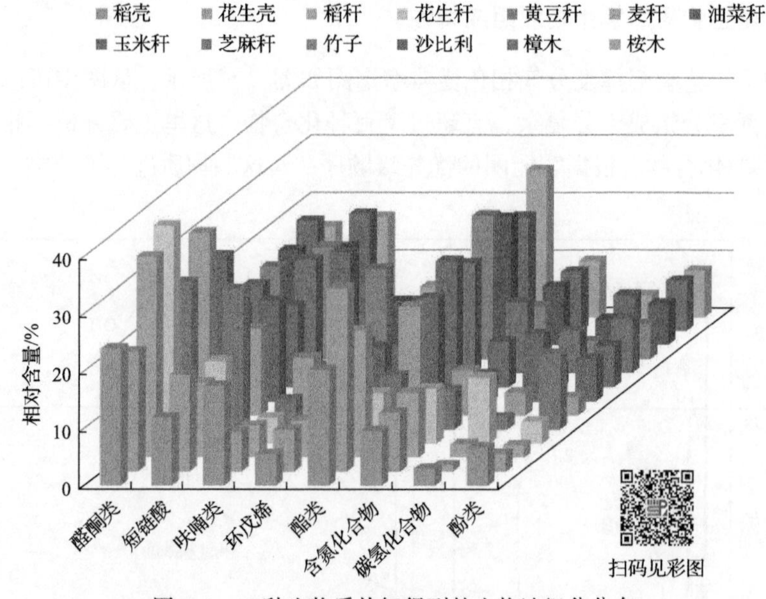

图 7-6　13 种生物质热解得到的生物油组分分布

7.4.2　生物油成分与原料物化特性的关联机制

从前面典型生物质热解生物油组成特性可知生物油的特性与原料组成结构有着较强的关联性，这里采用线性拟合的方法来对两者进行关联分析，其相关性系数见表 7-4。相关性系数绝对值大于 0.7 则被认为具有较强的相关性；而当相关性系数绝对值低于 0.5 时，认为相关性较弱；当相关性系数绝对值大于或等于 0.5 但小于或等于 0.7 时，认为具有相关性，但可能是非线性相关。从表 7-4 中可以看出，酚类和木质素、短链酸和灰分、碳氢化合物和纤维素之间具有较强的相关性；而醛酮类和纤维素具有相关性；呋喃类和半纤维素之间具有较弱的相关性。

表 7-4　原料组成特性与热解生物油组分含量的相关性系数

特性	酚类	醛酮类	短链酸	呋喃类	碳氢化合物	含氮化合物
纤维素含量	0.79	0.65	0.25	0.07	–0.74	–0.39
半纤维素含量	–0.04	–0.01	0.00	0.33	0.09	–0.17
木质素含量	0.82	0.19	0.55	–0.23	–0.54	–0.20
综纤维素含量	0.68	0.53	0.06	0.61	–0.61	–0.44
纤维素和木质素总含量	0.81	0.56	0.45	–0.05	–0.78	–0.37
半纤维素和木质素总含量	0.48	0.10	0.60	0.09	–0.43	–0.35
提取物含量	–0.80	–0.53	–0.44	–0.10	0.75	0.45
灰分含量	–0.66	–0.27	–0.76	0.22	0.21	0.25
挥发分含量	0.39	–0.01	0.41	–0.26	0.08	–0.29
固定碳含量	0.74	0.62	0.36	0.00	–0.56	–0.45
H/C 原子比	–0.83	–0.45	–0.25	0.13	0.53	0.16
O/C 原子比	0.71	0.47	0.36	0.04	–0.63	–0.09
O 含量	0.82	0.49	0.48	0.00	–0.63	–0.23
N 含量	–0.59	–0.57	0.25	–0.31	0.76	0.62
K 含量	0.16	0.13	0.27	0.28	–0.29	0.21
Ca 含量	–0.07	–0.01	0.37	–0.58	0.35	0.10

图 7-7 列出了几组具有代表性的相关性拟合直线。从图 7-7(a)中可以看出，酚类和木质素的相关性系数为 0.82，具有较强的正相关性，由此，可以推测酚类主要是由木质素的裂解产生的，木质素有三种主要的单体：愈创木基(G)、紫丁香基(S)和对羟苯基(H)，这三种单体之间主要是通过 C—O—C 和 C—C 键结合在一起[11, 13-15]；而 C_β—O 的能垒较低，在较低的裂解条件下就能发生均裂反应，产生较多的酚类衍生物[16]。然而，值得注意的是玉米秆、稻秆和麦秆裂解产物也含有较高的酚类，这可能是因为三者中含量较高的纤维素(约 40%)裂解产生的小分子化合物发生再聚合反应产生了部分酚类化合物[17]。

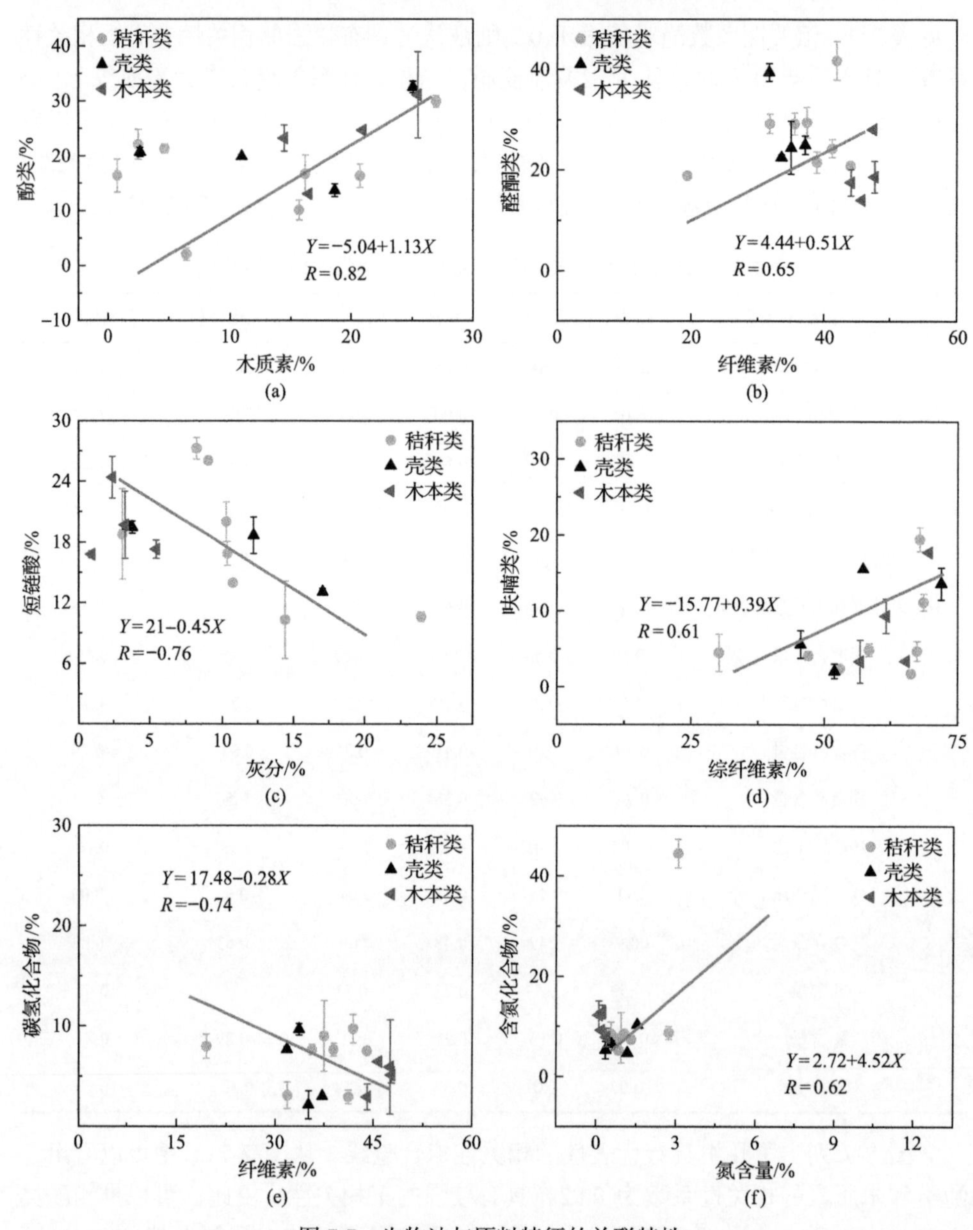

图 7-7　生物油与原料特征的关联特性

如图 7-7(b)所示，醛酮类与纤维素之间具有一定的正相关性，但与半纤维素、木质素的相关性很小，这与纤维素裂解路径相关，因为纤维素中葡萄糖单体的 C_2—C_3 键比其他键稍长一些，容易发生断裂。C—O 键也容易发生断裂，所以葡萄糖环裂主要形成两碳(C_1—C_2)和四碳(C_3—C_6)分子，两碳分子进一步反应形成羟基乙醛(HAA)，四碳分子经过多次反应最终形成羟基丙酮(HA)和其他化合物[4]。可以看出，木本类裂解产物中醛酮类占比较小，这可能是因为其灰分含量较低，灰分中的碱金属能够对葡萄糖的环裂起到催化作用[10]。

从图 7-7(c)可以看出，短链酸与灰分之间有较强的负相关性，即短链酸含量随着灰分的增加而减少，可见，灰分对短链酸的生成起到抑制作用。这是因为在裂解过程中，乙酰基能够转化为乙酸或碳氧化物，而灰分中的碱金属能够促进脱羧基反应和脱羰基反应的进行，从而生成较多的碳氧化物[11, 18]。

呋喃类产物与纤维素、半纤维素和木质素单组分间的关联作用很小，但与综纤维素(纤维素+半纤维素)之间却有较强的关联作用，如图 7-7(d)所示，呋喃类产量随着综纤维素含量的增加而增加。5-羟甲基糠醛(HMF)、糠醛(FF)是主要的呋喃类衍生物，HMF 主要来自于葡萄糖和果糖；半纤维素可以看作多种单糖的聚合体，木糖是其中主要的组成单体，研究表明半纤维素裂解产生了较多的糠醛，这是因为木糖与糠醛相近的五元环结构[4, 19, 20]。由此，可以看出纤维素和半纤维素都是重要的呋喃类产物来源。

碳氢化合物与纤维素组成有较强的负相关性(图 7-7(e))，但其与提取物之间具有较强的正相关性，如表 7-4 所示，提取物主要成分是金属无机盐和果胶、芳香族化合物、高级脂肪酸等有机物，碳氢化合物可能是由提取物中的有机组分裂解形成的[21]。从图 7-7(f)可以看出，含氮化合物随着 N 含量的增加而增加，藻类中含有较多的 N 元素，这主要是因为藻类中含有大量的蛋白质，裂解会产生大量的含氮化合物[9]。

7.5　本 章 小 结

生物质种类与其热解特性以及产物分布具有密切关联，本章通过对不同种类生物质热解过程和产物组成间的关联分析，阐明了生物质热解特性与其原料组成的关联关系，主要结论如下。

(1)生物质中的纤维素结晶度与生物质中纤维素热解阶段最大失重速率对应的热解温度和活化能有相关关系；而秸秆类生物质纤维素结晶度低，其热解过程中纤维素和半纤维素失重特性曲线重叠；而纤维素结晶度较高的木本类和壳类生物质的半纤维素与纤维素有分离的热解失重峰。

(2)生物质原料组成与热解生物油特性有着明显的关联。木本类生物质热解生物油中富含酚类物质，秸秆类生物质热解油中富含醛酮类物质，壳类生物质热解生物油中富含呋喃类物质。

(3)生物质组成结构与其热解生物油组成有着明显的关联关系，酚类物质随着木质素含量的增加而线性增加，醛酮类物质随着纤维素含量的增加而增加，呋喃类物质随着综纤维素含量的增加而增加；此外，短链酸随灰分含量的增加而减少，碳氢化合物随纤维素的增加而较少。

参 考 文 献

[1] Yang Q, Zhou H W, Bartocci P, et al. Prospective contributions of biomass pyrolysis to China's 2050 carbon reduction and renewable energy goals[J]. Nature Communications, 2021, 12(1): 1698.

[2] Kang Y T, Yang Q, Bartocci P, et al. Bioenergy in China: Evaluation of domestic biomass resources and the associated greenhouse gas mitigation potentials[J]. Renewable & Sustainable Energy Reviews, 2020, 127: 109842.

[3] Li J, Chen Y Q, Yang H P, et al. Correlation of feedstock and bio-oil compound distribution[J]. Energy & Fuels, 2017, 31(7): 7093-7100.

[4] Lu Q, Yang X C, Dong C Q, et al. Influence of pyrolysis temperature and time on the cellulose fast pyrolysis products: Analytical Py-GC/MS study[J]. Journal of Analytical and Applied Pyrolysis, 2011, 92(2): 430-438.

[5] Rencoret J, Del Rio J C, Nierop K G J, et al. Rapid Py-GC/MS assessment of the structural alterations of lignins in genetically modified plants[J]. Journal of Analytical And Applied Pyrolysis, 2016, 121: 155-164.

[6] Mukarakate C, Mittal A, Ciesielski P N, et al. Influence of crystal allomorph and crystallinity on the products and behavior of cellulose during fast pyrolysis[J]. ACS Sustainable Chemistry & Engineering, 2016, 4(9): 4662-4674.

[7] Wang S R, Guo X J, Liang T, et al. Mechanism research on cellulose pyrolysis by Py-GC/MS and subsequent density functional theory studies[J]. Bioresource Technology, 2012, 104: 722-728.

[8] Collard F X, Blin J. A review on pyrolysis of biomass constituents: Mechanisms and composition of the products obtained from the conversion of cellulose, hemicelluloses and lignin[J]. Renewable & Sustainable Energy Reviews, 2014, 38: 594-608.

[9] Chen H P, Lin G Y, Chen Y Q, et al. Biomass pyrolytic polygeneration of tobacco waste: Product characteristics and nitrogen transformation[J]. Energy & Fuels, 2016, 30(3): 1579-1588.

[10] Patwardhan P R, Satrio J A, Brown R C, et al. Influence of inorganic salts on the primary pyrolysis products of cellulose[J]. Bioresource Technology, 2010, 101(12): 4646-4655.

[11] Peng C N, Zhang G Y, Yue J R, et al. Pyrolysis of lignin for phenols with alkaline additive[J]. Fuel Processing Technology, 2014, 124: 212-221.

[12] Park B I, Bozzelli J W, Booty M R. Pyrolysis and oxidation of cellulose in a continuous-feed and -flow reactor: Effects of NaCl[J]. Industrial & Engineering Chemistry Research, 2002, 41(15): 3526-3539.

[13] Yang H P, Yan R, Chen H P, et al. Characteristics of hemicellulose, cellulose and lignin pyrolysis[J]. Fuel, 2007, 86(12-13): 1781-1788.

[14] Li T, Remón J, Shuttleworth P S, et al. Controllable production of liquid and solid biofuels by doping-free, microwave-assisted, pressurised pyrolysis of hemicellulose[J]. Energy Conversion and Management, 2017, 144: 104-113.

[15] Fahmi R, Bridgwater A V, Donnison I, et al. The effect of lignin and inorganic species in biomass on pyrolysis oil yields, quality and stability[J]. Fuel, 2008, 87(7): 1230-1240.

[16] Chen L, Ye X N, Luo F X, et al. Pyrolysis mechanism of β-O-4 type lignin model dimer[J]. Journal of Analytical and Applied Pyrolysis, 2015, 115: 103-111.

[17] Yuan X Z, Tong J Y, Zeng G M, et al. Comparative studies of products obtained at different temperatures during straw liquefaction by hot compressed water[J]. Energy & Fuels, 2009, 23: 3262-3267.

[18] Wang S R, Guo X J, Wang K G, et al. Influence of the interaction of components on the pyrolysis behavior of

biomass[J]. Journal of Analytical and Applied Pyrolysis, 2011, 91(1): 183-189.

[19] Kabel M A, van Den Borne H, Vincken J P, et al. Structural differences of xylans affect their interaction with cellulose[J]. Carbohydrate Polymers, 2007, 69(1): 94-105.

[20] Joseph B B, Ronald T R. Simple chemical transformation of lignocellulosic biomass into furans for fuels and chemicals[J]. JACS, 2009, 131(5): 1979-1985.

[21] Demirbas A. Oily products from mosses and algae via pyrolysis[J]. Energ Source Part A, 2006, 28(10): 933-940.

第 8 章　生物质催化热解制备高品位液体燃料研究

8.1　引　　言

生物质直接热解得到的液体生物油由于含氧量高、酸性强、组分复杂，无法直接利用[1-3]；在生物质热解过程中添加合适的催化剂(即催化热解技术)可以选择性强化热解过程中的特定反应路径，降低生物油含氧量或促进目标产物的生成，进而提高生物油的品质，该技术在近年来得到广泛关注[4, 5]。催化剂的设计开发是催化热解过程中生物油品质提升的关键，现有催化热解研究涉及的催化剂主要有三类：可溶性的无机盐、金属氧化物[6-8]以及分子筛催化剂[9, 10]。鉴于无机盐催化剂在热解反应后难以分离并循环使用，本章主要研究金属氧化物、分子筛等固体催化剂对生物质热解特性(特别是生物油组成)的影响，为实现高品质生物油的定向制备提供理论基础。

8.2　生物质催化热解实验方法和评价指标

8.2.1　生物质催化热解实验方法

实验选取棉秆为原料，所用催化剂包括 1 种酸性金属氧化物(Al_2O_3)、2 种碱性金属氧化物(CaO、MgO)以及 6 种过渡金属氧化物(CuO、Fe_2O_3、NiO、ZnO、ZrO_2、TiO_2)；所选分子筛催化剂包含 1 种微孔分子筛 ZSM-5(Si/Al 摩尔比=38)以及 1 种介孔分子筛 MCM-41(Si/Al 摩尔比=25)；实验所用 CaO 由 $CaCO_3$(分析纯)在 850℃煅烧 4h 所得。金属氧化物和 $CaCO_3$(分析纯)均购买于上海阿拉丁生化科技股份有限公司；实验所用分子筛(ZSM-5 以及 MCM-41)购买于天津南化催化剂有限公司。为避免催化剂本身杂质以及吸水等问题对热解实验造成影响，实验前，所述催化剂均必须进行煅烧预处理，煅烧温度为 600℃，煅烧时间为 2h。

棉秆热解/催化热解实验在固定床热解反应系统进行，具体如图 8-1 所示，该系统主要由进气系统、反应管、加热系统、冷凝系统以及气体净化系统等部分组成。反应管内径为 19mm、长度为 100mm，加热装置平均升温速率约为 13℃/s，实验过程属于快速热解[11, 12]。将 1g 棉秆(对于催化热解，采用原位催化的方式进行实验，其中棉秆为 1g、催化剂为 0.5g，两者均匀混合)置于反应管中，样品两侧放置石英棉以避免样品在载气 N_2 作用下被携带出反应管，热解产生的挥发分在载气的作用下被携带出反应管，其中可冷凝部分在冰水混合冷凝器中冷凝成生物油，不可凝挥发分经气体净化器后用气袋收集进行后续分析处理；反应结束后，继续通 N_2 直到反应管及其中固体残余物降到室温，取出固体残余物称重。载气流量为 200mL/min，反应时间为 20min。

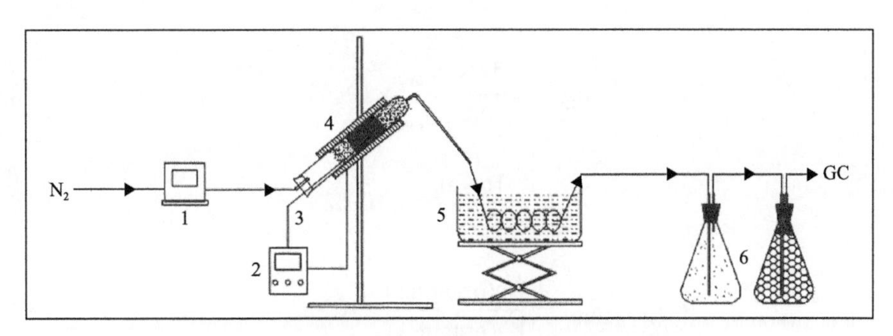

图 8-1　生物质热解/催化热解反应系统示意图

1. 质量流量计；2. 温控仪；3. 热电偶；4. 反应管；5. 冷凝器；6. 气体净化器

热解气中含有 CO_2、H_2、O_2、N_2、CH_4、CO、C_2H_6、C_2H_4、C_2H_2 等成分，采用 Panna A91 型气相色谱仪对热解气进行组分分析；生物油主要由水分、有机化合物组成，生物油中水分含量采用卡尔·费歇尔滴定法测量，所用卡尔·费歇尔水分滴定仪是德国 SCHOTT 公司生产的 TitroLine KF-10 型；有机组分采用气相色谱-质谱联用仪（GC/MS，Agilent, 7890A/5975C）进行检测分析。

8.2.2　生物油脱氧方式评价指标

生物油脱氧方式有 H_2O、CO_2 以及 CO，首先定义了催化反应导致的脱水量（$\varDelta_{H_2O}$）、脱羧量（$\varDelta_{CO_2}$）以及脱羰基量（$\varDelta_{CO}$），然后根据上述三个参数计算出基于氧含量的脱氧效率（$\varDelta_O$）以及三种脱氧方式的相对大小（R_{H_2O}、R_{CO_2}、R_{CO}）。此外，除去脱氧效率之外，生物油有机物的保持率（residual yield of organic compounds（R_{RY}））、损耗率（consumed yield of organic compounds（R_{CY}））以及单位脱氧量消耗的有机物量（脱氧指数（deoxygenation index，DI））也是催化剂催化效果的重要指标，上述参数计算方法如下：

$$\varDelta_{H_2O} = Y_2(H_2O) - Y_1(H_2O) \tag{8-1}$$

$$\varDelta_{CO_2} = Y_2(CO_2) - Y_1(CO_2) \tag{8-2}$$

$$\varDelta_{CO} = Y_2(CO) - Y_1(CO) \tag{8-3}$$

$$\Delta_{O}=\frac{16\times\Delta_{H_2O}}{18}+\frac{32\times\Delta_{CO_2}}{44}+\frac{16\times\Delta_{CO}}{28} \tag{8-4}$$

$$R_{H_2O}=\frac{16\times\Delta_{H_2O}}{18\times\Delta_{O}}\times100\% \tag{8-5}$$

$$R_{CO_2}=\frac{32\times\Delta_{CO_2}}{44\times\Delta_{O}}\times100\% \tag{8-6}$$

$$R_{CO}=\frac{16\times\Delta_{CO}}{28\times\Delta_{O}}\times100\% \tag{8-7}$$

$$R_{RY}=\frac{Y_2\ (\text{organics})}{Y_1\ (\text{organics})}\times100\% \tag{8-8}$$

$$R_{CY}=(1-R_{RY})\times100\% \tag{8-9}$$

$$\text{DI}=\frac{R_{CY}\times Y_1\ (\text{organics})}{\Delta_{O}} \tag{8-10}$$

其中，Y_1和Y_2分别为催化剂添加前、后组分（H_2O/CO_2/CO/有机物（organics））的质量。

8.3 催化剂种类对生物质催化热解特性的影响

8.3.1 催化剂种类对生物质催化热解产物分布和气体组成特性的影响

图 8-2 给出了不同催化剂作用下棉秆热解三态产物的产率分布。从图中可以看出，添加催化剂后，生物油的产率均有所降低。其中，MCM-41 对生物油产率的降低作用最为明显，生物油产率从 56.18wt%降低到 50.15wt%；另外，热解气的产率均有所增加，其中 Al_2O_3、ZSM-5 以及 NiO 对热解气生成的促进作用较为明显。对于生物炭的产率，其随催化剂种类不同而发生变化：MCM-41 催化剂加入时，生物炭产率的增加幅度较为明显，其可能的原因是 MCM-41 的加入促进了挥发分向生物炭的转化，生物油产率的大幅度降低从侧面验证了这一解释。ZnO 以及 NiO 参与的热解反应，生物炭产率减少幅度较为明显；而其他催化剂参与的热解反应，生物炭产率变化幅度较小。

图 8-3 为不同催化剂作用下棉秆热解气组成。生物质催化热解主要气体产物为 CO_2、H_2、CH_4、CO 以及少量的小分子碳氢化合物（C_{2+}）。而 CO_2 是生物油脱

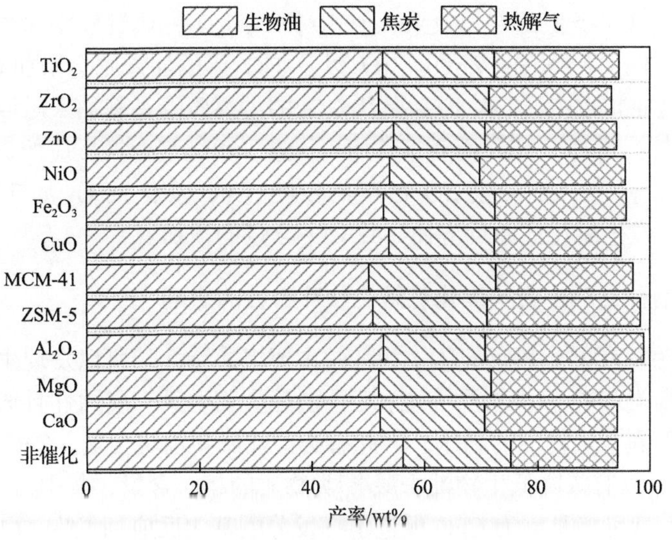

图 8-2　棉秆催化热解产物分布特性

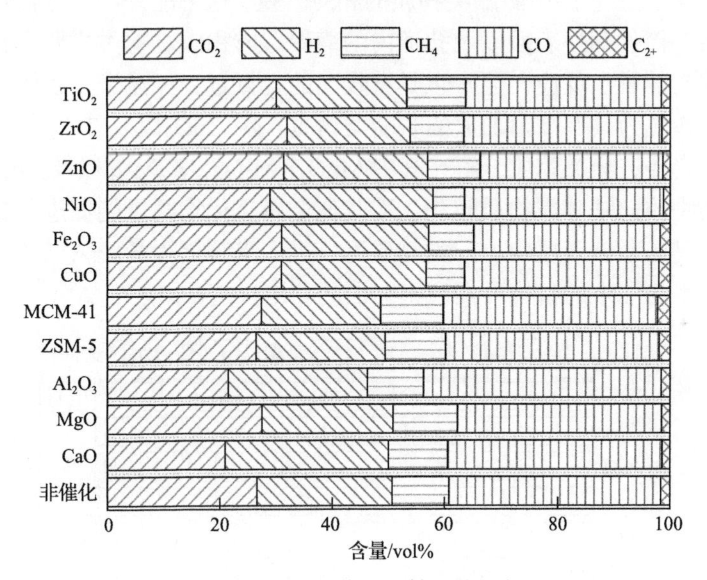

图 8-3　不同催化剂作用下棉秆热解气组成

氧的最佳方式，催化剂对气体产物中 CO_2 含量的影响对评价催化剂催化效果具有重要意义。从图 8-3 中可以看出 CaO 的加入会显著降低热解气中 CO_2 的含量，这可能是由于 CaO 对 CO_2 的吸附以及进一步反应生成 $CaCO_3$，该过程会促进水煤气变换反应发生，进而导致 H_2 含量的增加；Al_2O_3 也有类似的趋势，这是由于酸性金属氧化物 Al_2O_3 参与了热解反应，而结合 CO 变化规律可推出 CO_2 含量的降低可能是因为 Al_2O_3 较大程度地促进了脱羰基反应的发生[13]。而 ZSM-5 以及

MCM-41 也表现出类似的催化效果，但相对于 Al_2O_3，热解气变化幅度较小。而 MgO、CuO、Fe_2O_3、NiO、ZnO、ZrO_2 以及 TiO_2 等的加入则会增加 CO_2 的含量，其中 MgO、ZnO、ZrO_2 以及 TiO_2 提升 CO_2 的主要原因是其加入后促进了酮基化反应的发生[13]；而对于 NiO 而言，其加入促进了水煤气变换反应的进行，且还会促进酮基化反应[13]，从而导致 CO_2 的富集。对于 CuO 以及 Fe_2O_3 参与的热解过程，其可能与 CO 发生氧化还原反应而导致 CO_2 含量的增加。

8.3.2 催化剂种类对生物质催化热解生物油特性的影响

图 8-4 为棉秆催化热解液体生物油的主要组成特性，可以发现生物质直接热解生物油以酚类和酸/酯类物质为主，其中酸/酯类物质具有腐蚀性且通常具有较高的含氧量，不利于生物油的利用，因此有必要降低其相对含量。CaO、MgO 以及 CuO 的加入可以有效降低生物油中酸/酯类物质的相对含量；其中 CaO 的作用效果最为明显，这可能是因为 CaO 促进了挥发分酮基化反应的发生。MCM-41 的加入则明显增加了生物油中酸/酯类物质的相对含量，这可能是因为其促进了生物油中酚类物质在催化剂外表面以及孔道内的缩聚形成积碳。糖类主要来自于纤维素以及半纤维素的脱水反应，通常也具有较高的含氧量，经过进一步脱水反应，糖类物质可以转化为具有高附加值的呋喃类物质。除 CuO 以及 TiO_2 外，生物催化剂的加入均会促进糖类物质分解，其中 MgO、Al_2O_3、ZSM-5 以及 MCM-41 倾向于促进糖类物质向呋喃类物质转化，而其他金属氧化物则可能促进了糖类物质的开环、碳碳键的断裂等反应。酚类物质可以进一步转化为酚醛树脂等高附加值的产物，其在生物油中的富集可提高生物油的利用价值；MgO、Al_2O_3、Fe_2O_3 以及

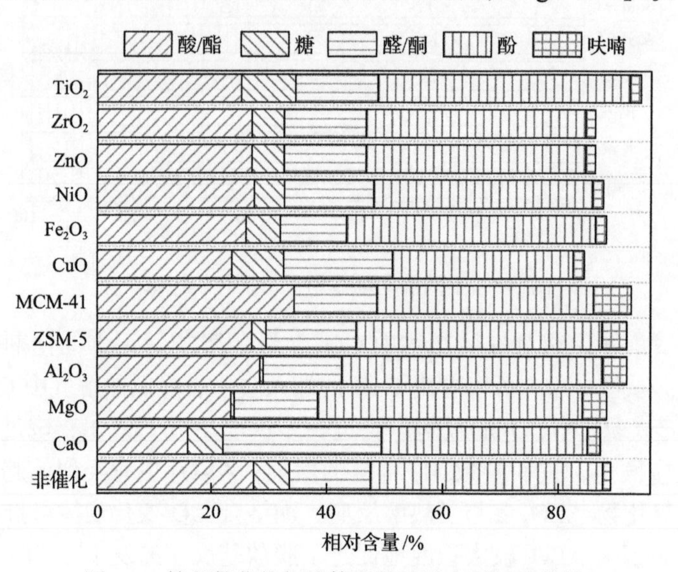

图 8-4 棉秆催化热解液体生物油的主要组成特性

TiO_2 的加入会增加酚类物质的相对含量，而 CuO、NiO、ZnO 及 ZrO_2 的加入则会降低酚类物质的含量。

8.3.3 催化剂催化脱氧方式探讨

催化剂催化效果的评价对于催化剂的选择十分重要。而催化效果的分析需要考虑以下几个方面：①催化剂对生物油脱氧方式的选择。在催化热解过程中，生物油中的氧以 CO、CO_2 及 H_2O 的形式脱除，其中以 CO_2 的方式脱除氧保留生物油中的氢，提高生物油的 H/C 原子比，是最佳的脱氧方式；而以 H_2O 的形式脱除生物油中的氧则会降低 H/C 原子比，导致积碳的生成，或需要消耗大量的额外的氢，造成能源浪费。②催化剂脱氧效率与生物油中有机物保持率、损耗率的平衡关系。催化剂如果能在兼顾有机物产率的同时实现高效脱氧，那么就能制备出较高产率的高品位生物油。③生物油的含水率、pH 等对于生物油的应用也具有较大影响，催化剂对于 pH 及含水率的影响也是评价催化剂的催化效果的重要指标之一。下面将从以上几个方面对催化剂的催化效果进行探讨分析。

图 8-5 为不同催化剂作用下三种脱氧方式的相对强度。对于 CaO 参与的实验，通过盐酸滴定的方式将被吸收的 CO_2 量也计入总的 CO_2 脱除量中并参与脱氧量计算。从图中可以看出，在 CaO 催化热解实验中催化剂对生物油的脱氧以脱羧反应为主，而其他催化剂对生物油的脱氧均以脱水反应为主，其中 NiO 及 Al_2O_3 脱水反应的相对强度较小。根据上述脱氧方式的比较，可以初步判断，CaO、NiO 及 Al_2O_3 具有较好的脱氧效果。

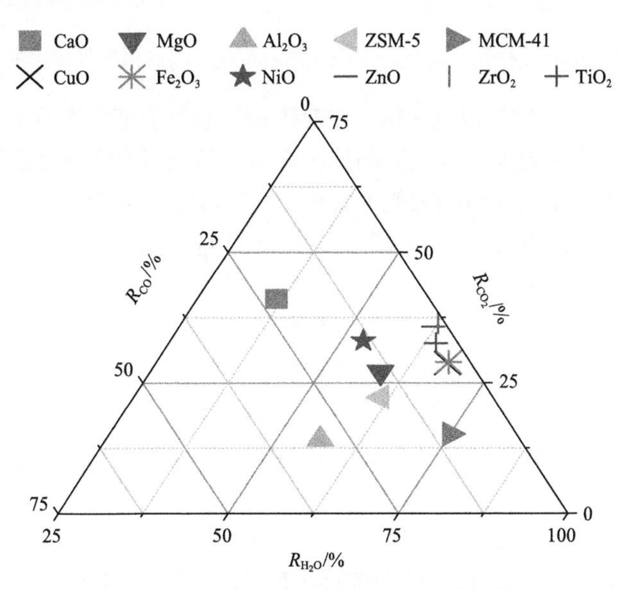

图 8-5　生物质热解过程中催化剂的脱氧方式对比

图 8-6 给出了不同催化剂脱氧效率与有机物保持率的关系。从图中可以看出，不同催化剂在脱氧效率和有机物保持率的兼顾上的差异较为明显，为了便于进一步对比，本部分将催化剂分为以下四组(脱氧效率相近的催化剂分在同一组)，其中 ZrO_2 和 TiO_2 为第Ⅰ组，CaO、ZnO、CuO 为第Ⅱ组，MgO、Fe_2O_3 和 NiO 为第Ⅲ组，Al_2O_3、MCM-41 与 ZSM-5 为第Ⅳ组。对于催化效果好坏的评判标准之一是催化剂是否能在兼顾有机物含量的同时高效脱氧，所以第Ⅰ组中 TiO_2 的催化效果较好，第Ⅱ组中 CaO 的催化效果较好，第Ⅲ组中 NiO 的催化效果较好，第Ⅳ组中 Al_2O_3 的催化效果较好。进一步对比 TiO_2 和 CaO 的催化效果可以发现，两者有机物保持率相近，但后者的脱氧效率明显高于前者，所以 CaO 的脱氧性能更好。

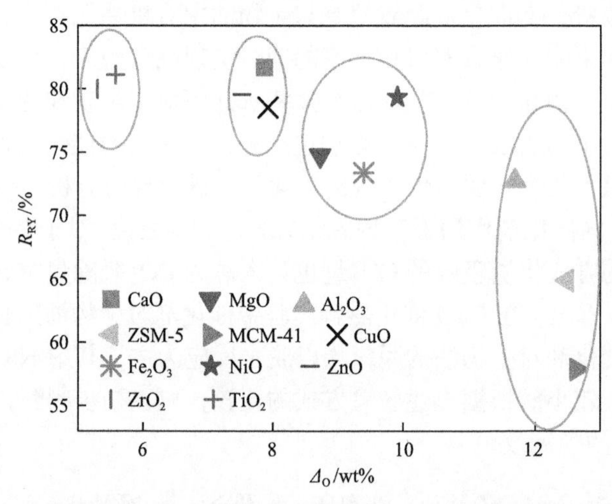

图 8-6 生物质催化热解过程中催化剂脱氧效率与有机物保持率的关联

综上所述，CaO、NiO 以及 Al_2O_3 在对平衡生物油有机组分保持率和脱氧效率上表现出良好的催化效果。该结论和从脱氧方式评价催化剂得到的结论一致，这说明通过合理地调控生物油的脱氧方式可以在一定程度上制备较高产率的高品位生物油。减少生物油以脱水的方式脱氧对于平衡催化反应前后的生物油中有机物的产率和生物油的脱氧效率具有有益的作用，这主要是因为脱水会降低生物油中有效的氢，从而使系统缺氢，促进生物油的二次结焦，MCM-41 以及 ZSM-5 两种催化剂对应的催化热解实验中生物炭产率的明显增加可进一步证明这一观点。

表 8-1 为不同催化剂作用下棉秆热解生物油的含水率和 pH。从表中可以看出，CaO、NiO 以及 Al_2O_3 具有较小的脱氧指数(DI)，说明这三种催化剂下在脱相同氧的情况下生物油中有机组成的消耗较少；该结果进一步论证了上述三种催化剂在平衡生物油有机组分保持率和脱氧效率上具有较好的催化效果。此外，催化剂加入后生物油的含水率上升，pH 增加(MCM-41 除外)，而在这些催化剂中，CaO 加入后生物油的含水率最低，pH 最高，因此，综合考虑生物油的产率和品质(脱

氧效率、含水率以及 pH)，CaO 的催化性能最佳。

表 8-1　棉秆催化热解生物油含水率以及 pH

催化剂	DI	含水率/wt%[a]	pH
—	—	29.32	2.8
CaO	0.93	37.79	4.8
MgO	1.15	45.28	3.9
Al_2O_3	0.93	42.85	4.1
ZSM-5	1.12	49.37	3.9
MCM-41	1.33	54.19	2.8
CuO	1.08	41.96	4.1
Fe_2O_3	1.13	44.80	3.5
NiO	0.83	41.58	3.9
ZnO	1.08	40.01	4.3
ZrO_2	1.51	38.92	4.0
TiO_2	1.35	38.89	4.0

a 以生物油质量为基准。

8.4　氧化钙作用下生物质催化热解特性

前述研究表明不同催化剂对应的生物油脱氧方式和脱氧效果有所差异，其中 CaO 可通过选择性脱羧实现生物油产率和品质的平衡，这对于高品质生物油的制备具有重要意义。鉴于此，本节主要系统考察不同反应工况下 CaO 催化生物质热解特性，以揭示 CaO 对热解过程中生物油提质的作用机制。

8.4.1　CaO 添加量对生物质催化热解特性的影响

图 8-7 为不同 CaO 添加量下生物质热解气组成特性。从图中可以看出，当 CaO 与生物质质量比(后文中缩写为 Ca/B)小于 0.2 时，热解气的组成未发生明显变化；而随着 Ca/B 进一步增大(0.2～1.0)，CO_2 的含量明显降低(从 41.52vol%降低到 7.83vol%)，与此同时 H_2 的含量从 16.97vol%增加到 50.28vol%，这主要因为 CaO 的加入原位吸收热解气中 CO_2，从而破坏了系统中反应的平衡，促使水煤气变换反应向正方向进行，从而生成更多的氢气。然而值得注意的是，CO 的水煤气变换反应加强(式(8-11))，更多 CO 转化为 CO_2，CO 的含量应该显著降低，但从图 8-7 可以看出实际上热解气中 CO 含量随 Ca/B 的增大并未发生明显的变化，这可能是因为 CaO 的加入还促进了挥发分中有机组分脱羰基反应(式(8-12))，从而形成更

多的 CO，CO 的形成和消耗达到了平衡，因此 CO 的量无明显变化。此外，CaO 少量添加会促进 CH_4 的形成，这主要由于 CaO 的添加促进了芳香类化合物裂解。

$$CO + H_2O \longrightarrow CO_2 + H_2 \tag{8-11}$$

$$CaO + CO_2 \longrightarrow CaCO_3 \tag{8-12}$$

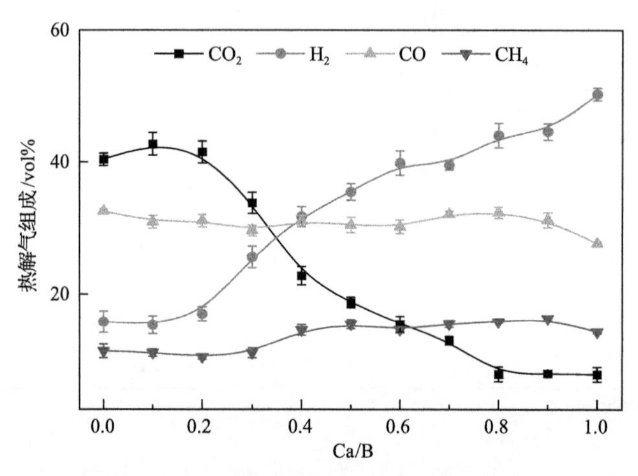

图 8-7　不同 CaO 添加量下生物质热解气组成特性

图 8-8 为 CaO 催化棉秆热解生物油组成分布特性，从图中可以看出棉秆热解生物油的主要成分是酸类、酮类以及酚类物质。当加入 CaO 后(Ca/B=0.1)，酮类物质相对含量显著增加，而酸类和酚类物质相对含量均有所降低，这主要是因为 CaO 与酸类化合物(如乙酸)反应生成羧酸钙(式(8-13))，进而降低了酸类物质的相对含量，而羧酸钙进一步分解可生成酮类物质，从而提高酮类物质的相对含量(式(8-14))。结合热解气组成的变化(CO 含量未发生明显变化(图 8-7))，酚类物质相对含量的降低可能是由于 CaO 的加入促进了其发生脱羰基反应。进一步增大 CaO 添加量直到 Ca/B=0.4 时，酸类物质相对含量依然呈快速降低的趋势，酮类物质相对含量依然呈快速升高的趋势，而酚类物质的相对含量则基本保持不变；继续增大 CaO 添加量(Ca/B=0.4～1)，三类物质的变化趋势不变，但变化的幅度明显减小；这可能是因为 CaO 的添加量比较大，过多的 CaO 添加对生物质热解过程中挥发分的析出已无明显影响。

$$CaO + 2RCOOH \longrightarrow (RCOO)_2Ca + H_2O \tag{8-13}$$

$$(RCOO)_2Ca \longrightarrow CaCO_3 + RCOR \tag{8-14}$$

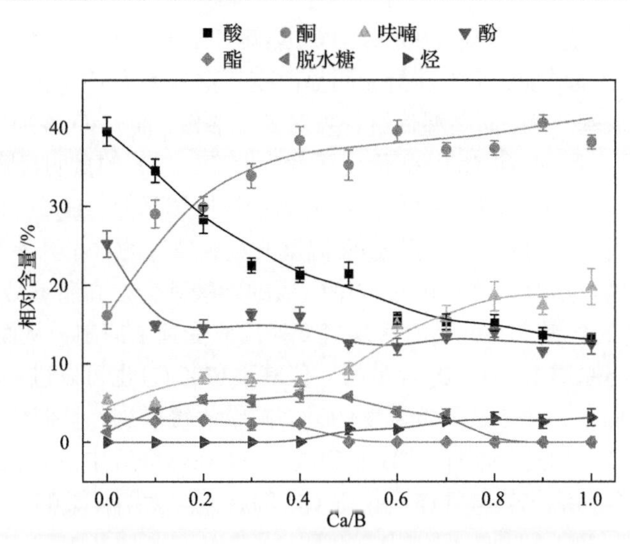

图 8-8　不同 CaO 添加量下棉秆热解生物油的组成特性

除酸类、酮类以及酚类物质外，呋喃类物质也是生物油的主要组成。值得注意的是，在 CaO 添加比例较小时(Ca/B＜0.5)，呋喃类物质的相对含量变化较小，而进一步加大 CaO 的添加量则会明显促进呋喃类物质的生成。这主要是因为较大量的 CaO 的添加可以促进糖类物质的催化脱水反应而形成呋喃类物质，因此，糖类物质含量降低、生物油含水率增加。

棉秆热解生物油中酯类和烃类物质的相对含量较低，且两者的相对含量在较少量的 CaO 添加时未发生明显变化；而当 Ca/B 大于 0.4 时，酯类物质的相对含量小幅度降低而烃类物质的相对含量则小幅度上升，这可能是由于酯类物质在 CaO 的催化作用下发生脱羧基反应生成 CO_2，而烃类物质的增加则可能是由于芳香族化合物支链的脱除，该过程会伴随着 CH_4 的析出，和前面气体结果一致。

结合不同 CaO 添加量下的产物特性，对 CaO 在生物质热解过程中的作用机制进行探讨，发现在热解过程中 CaO 根据添加量的不同扮演以下三种角色：反应物、吸收剂以及催化剂。当 Ca/B 小于 0.2 时，CaO 主要与羧基化合物反应，降低酸类物质的量，促进更多酮类物质形成；随着 Ca/B 的增加(0.2～0.4)，CaO 起到吸收剂的作用，在降低 CO_2 含量的同时促进 H_2 的生成；而当 Ca/B 大于 0.4 后，CaO 的催化作用开始变得明显，小幅度降低生物油中酯类物质的相对含量并提高烃类物质的相对含量。

8.4.2　催化热解温度对生物质 CaO 催化热解的影响

图 8-9 给出了不同温度下棉秆原样以及催化热解气组成。从图中可以看出，温度对于热解气组成影响显著，在较低温度下(400℃时)，热解气中主要为 CO_2 和

CO；而随着热解温度的升高(500～700℃)热解气中 CO_2 的含量快速降低，而 H_2 和 CH_4 的含量明显增加，但 CO 量无明显改变，这是因为 CO_2 主要来源于低温下半纤维素的脱羧基作用，而高温促进挥发分二次裂解。而 CaO 添加后(Ca/B=0.5)，热解气组成(特别是 H_2 和 CO_2)变化规律发生改变，CO_2 的量明显降低，但 H_2 和 CH_4 的量明显升高；而随温度的升高 CO_2 的含量持续降低，H_2 的含量持续升高；但当热解温度高于 600℃时，随着热解温度升高，CO_2 的含量开始增加，H_2 的含量有一定的降低。这是因为热解过程中生成的碳酸钙会在高温下分解，进而增加了气体中 CO_2 的含量，与此同时水煤气变换反应受到了抑制，从而降低了 H_2 的含量；混合样与原样 H_2 和 CO_2 含量的差值减小(700℃)也可以进一步印证这一推论。对于 CH_4 而言，其含量随着温度的升高持续缓慢增加，且催化热解时 CH_4 的含量在所有温度下均高于原样 CH_4 的含量。CO 在热解气中占有较大比重，但温度对于棉秆热解和催化热解气体产物中 CO 的含量均无明显影响。

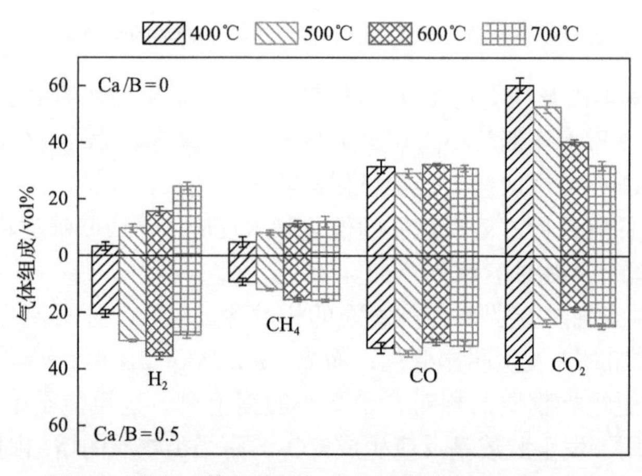

图 8-9 温度对棉秆热解气成分的影响(Ca/B=0、0.5)

图 8-10 给出了不同温度下棉秆催化热解生物油组成分布。从图中可以看出，当热解温度由 400℃升高到 600℃时，混合样中酮类物质的相对含量逐渐增加；进一步升高热解温度后，酮类物质的相对含量降低，CaO 的添加对酮类物质的促进作用减弱。此外，当热解温度高于 600℃时，CaO 对酸类物质的抑制作用减弱，这是因为低温下 CaO 与羧酸形成羧酸钙，而该反应是放热反应，高温不利于羧酸钙的生成，因此酸类物质的消耗以及酮类物质的生成在高温下均受到抑制。对于呋喃类物质，在实验温度下 CaO 的加入均增加了其相对含量，但随着热解温度的升高，这种促进作用逐渐减弱，这可能是因为呋喃类物质主要来源于半纤维素和纤维素低温段(小于或等于 600℃)热解脱水，此时 CaO 的作用明显，而高温段(700℃)主要发生的是木质素解聚，CaO 的加入更大程度上促进了木质素热解产物向芳烃转化，从而提高芳烃的相对含量(图 8-10(b))，因而此时呋喃类物质的相对

含量增加幅度较小。

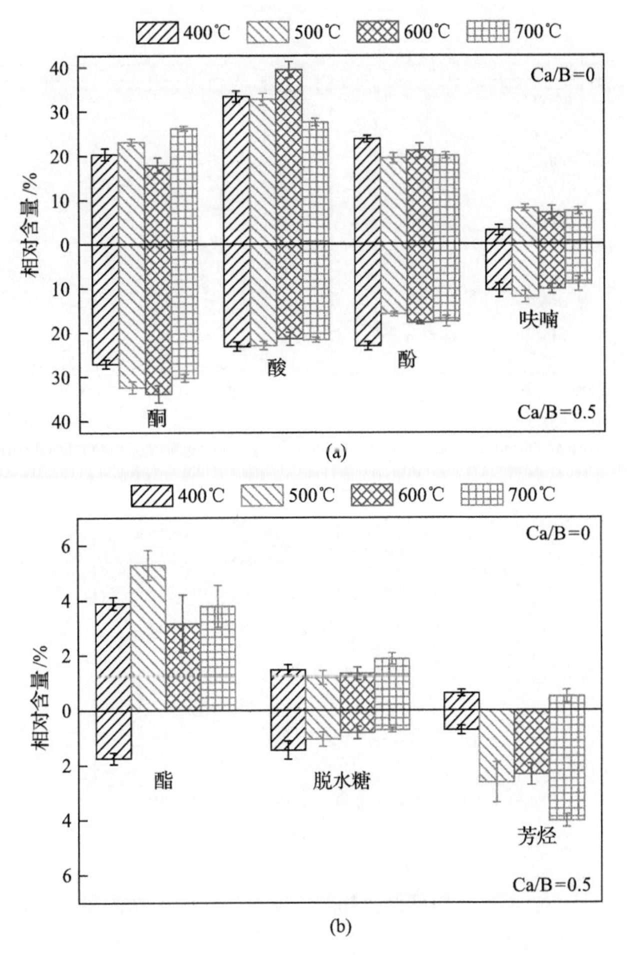

图 8-10 温度对棉秆催化热解生物油组成的影响(Ca/B=0、0.5)

8.4.3 CaO 催化热解机制探讨

因为 CaO 的相态变化与温度关联性较大，为了更好地检测 CaO 的相态变化，本节将热解温度范围扩宽，实验研究的热解温度为 300～800℃，棉秆催化热解固体产物的红外光谱图见图 8-11。热解固体产物主要的红外信号峰对应的均为钙基官能团，包括碳酸钙中 CO_3^{2-} 的弯曲振动峰(874cm^{-1})、碳酸钙中 C—O 键的不对称伸缩振动峰(1418cm^{-1})、羧酸盐中 CO_2^- 不对称伸缩振动峰(1585cm^{-1})以及 CaO 的红外特征峰(3643cm^{-1})。热解温度为 300℃、Ca/B=0.2 时，热解固体产物中出现较为明显的 CO_2^- 不对称伸缩振动峰，这主要因为热解过程形成了羧酸钙；当温度升高后，CO_2^-不对称伸缩振动峰消失，这是因为高温下羧酸钙分解生成了碳酸钙。

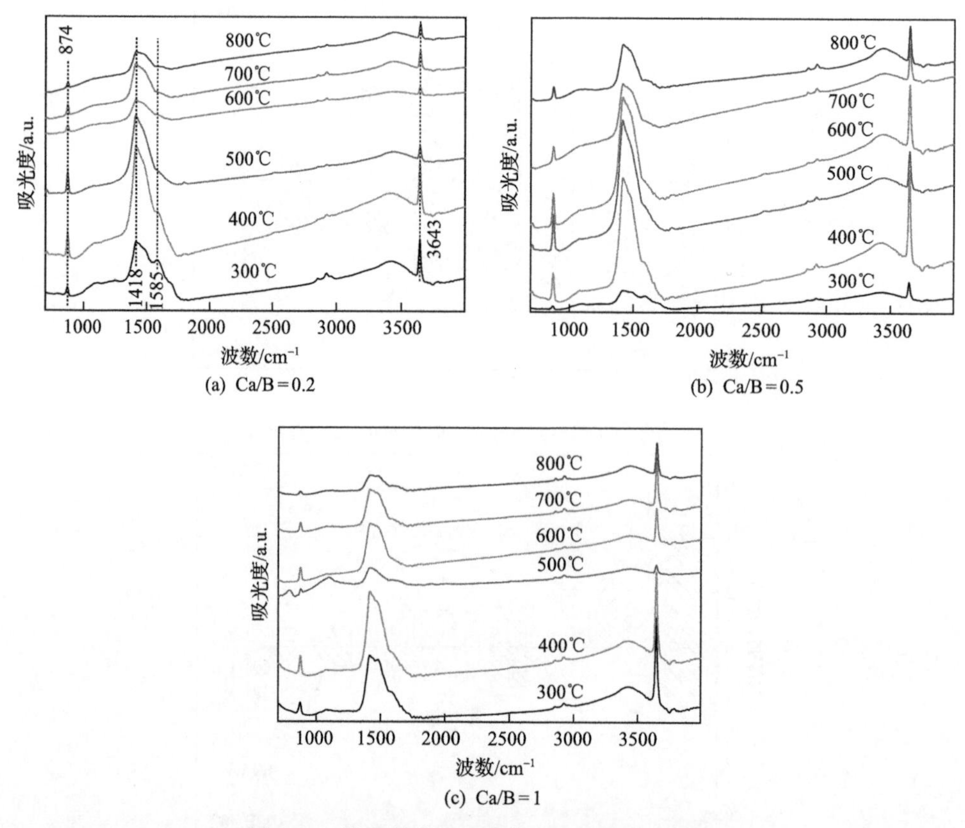

图 8-11　棉秆催化热解固体产物的红外光谱图

为了更清晰地描述生物质催化热解过程中 Ca 的作用机理，图 8-12 给出热解过程中氧化钙的相态演变示意图。温度对氧化钙的相态变化影响较大：低温（300℃）时氧化钙易转化成羧酸钙；升高温度（400～500℃）后，前期生成的羧酸钙分解成碳酸钙，部分未反应的氧化钙吸收二氧化碳生成碳酸钙；随着温度进一步升高（大于 600℃），碳酸钙分解生成氧化钙。氧化钙添加量对氧化钙的利用率以及不同相态间的权重有较大影响：较小比例时氧化钙更容易先生成羧酸钙，生成的羧酸钙会在高温下受热分解成碳酸钙；随着氧化钙添加量的增加，部分氧化钙开始吸收二氧化碳直接生成碳酸钙；总体而言，氧化钙添加量的增加会促使更多的 Ca 以氧化钙的形态存在。

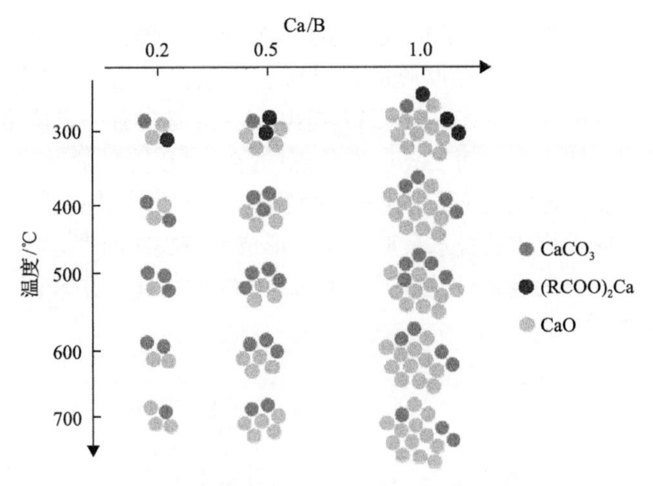

图 8-12　热解过程中氧化钙的相态演变

8.5　金属氧化物与 ZSM-5 协同催化生物质热解特性

在生物质热解过程中加入 ZSM-5 催化剂可促进芳烃类物质的富集，该技术为可再生芳烃的制备提供了一条可行的路径，近年来受到广泛关注。然而，由于生物质含氧量较高，其转化为芳烃的过程会伴随大量积碳的生成，因此芳烃的产率较低。有文献表明，CaO 等金属氧化物与 ZSM-5 催化剂的协同作用下，生物质热解转化为芳烃的效率显著提高，但不同金属氧化物与 ZSM-5 的协同作用及其对芳烃产率的影响机制尚不清楚，有待进一步研究。鉴于此，本节在 Py-GC/MS 中研究了不同金属氧化物（CaO、Al_2O_3、ZnO）与 ZSM-5 催化剂协同作用下的生物质热解特性。

图 8-13 为基于金属氧化物催化热解的有机产物峰面积，为了更详细地了解催化热解过程中产物的变化规律，根据产物中官能团的种类、产物的分子量和 H/C_{eff}（有效氢碳原子比）对其进行了分类。从图 8-13（a）可以看出，生物质直接热解的产物种类较为复杂，其中酚类和酸类物质的产率较高。CaO 的加入有效地减少了酸类（主要为乙酸）和酚类产物，分别减少了 55.7%和 34.7%；但促进了酮类（如 1-羟基-2-丙酮和 1-羟基-2-丁酮）和醛类产物的形成，特别是酮类产物的量增加了一倍。这是因为 CaO 是一种碱性催化剂，可以通过酸碱中和以及催化裂化反应将酸性化合物有效地转化为较为稳定的物质[14]。Chen 等[15]将酮的增加归因于 CaO 与酸的反应，因为酸首先与 CaO 结合形成不稳定的羧酸钙，然后再分解成酮和碳酸钙。CaO 还能够去除酚类物质的部分甲氧基和不饱和支链，从而使酚类产物减少[16]。Al_2O_3 的加入有效减少了酚、糖（如 D-阿洛糖）等含氧化合物，但促进

了呋喃(如糠醛、2-呋喃甲醇)的形成。与生物质原样热解相比，Al_2O_3添加使酚类化合物的量减少了 48%，并使呋喃的量提高了 4 倍。因此，可以看出，Al_2O_3对大尺寸酚的催化效率大于 CaO。文献[17]指出，Al_2O_3是含有一定量路易斯(Lewis)酸位点的温和酸性催化剂，而 Lewis 酸位点的存在可以降低酚类物质中 C—O 键裂解的反应活化能，从而促进了木质素衍生物转化[18, 19]。此外，催化剂所含 Lewis 酸位点也有利于糖类物质的脱水反应，从而形成呋喃类物质[20]。与 CaO 和 Al_2O_3对生物质热解挥发分的高效催化相比，添加 ZnO 的催化效果较弱，仅略微抑制了酸和酚的形成。

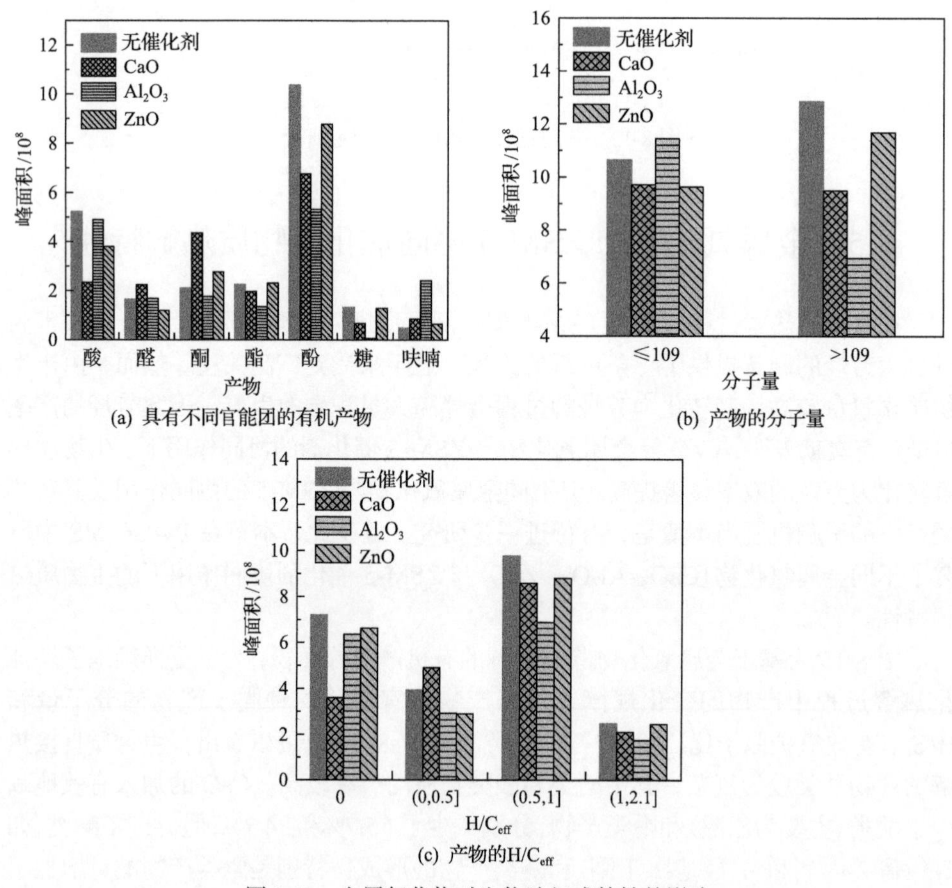

图 8-13　金属氧化物对生物油组成特性的影响

挥发分物质的分子尺寸是影响催化转化效率的重要因素，为了进一步了解金属氧化物对有机挥发分的催化作用，以及催化产物与后续双催化热解产物的关联，对产物进行了基于产物分子大小的分类。由于详细计算各产物的空间动力学尺寸有很大的困难，这里根据文献中拟合的有机分子尺寸(σ)与它们的分子量(M_w)的关系式(式(8-15)[21])来判断进入分子筛微孔孔道的最小分子量。

$$\sigma = 1.234\left(M_{\mathrm{w}}\right)^{1/3} \tag{8-15}$$

ZSM-5 的最大孔径(5.9Å)为可以进入 ZSM-5 孔的含氧化合物的最大分子尺寸，根据式(8-15)可以计算出能够进入 ZSM-5 孔的含氧化合物的最大的分子量为 109。从图 8-13(b)可以看出，在生物质热解过程中加入金属氧化物使得分子量大于 109 的挥发分产率发生了显著变化：Al_2O_3 和 CaO 对应的峰面积分别下降了 45.9%和 25.7%，这主要是由含支链酚类物质的减少引起的；同时，添加 Al_2O_3 使分子量小于 109 的物质略有增加。图 8-13(c)表明，CaO 的加入降低了 H/C_{eff} 为 0 的产物的峰面积，增加了 H/C_{eff} 为(0,0.5]的产物的峰面积，而 Al_2O_3 的加入使 H/C_{eff} 为(0,0.5]和(0.5,1]的挥发性气体产物均降低。

图 8-14 为催化热解产物峰面积和芳烃选择性，这里研究了使用金属氧化物(CaO、Al_2O_3 和 ZnO)和 ZSM-5 的双催化剂组合进行生物质催化热解，将检测到的有机物分为两类:芳烃和含氧化合物。从图 8-14(a)可以看出，与单独使用 ZSM-5 的催化热解相比，添加了 CaO 减少了含氧化合物的形成并促进了芳烃的生成，其中芳烃的峰面积与 ZSM-5 单独使用相比增加了 6.14%。Al_2O_3 的加入同样也促进了芳烃的生成并降低了含氧化合物峰面积，且脱除含氧化合物效果较 CaO 更为显著；而 ZnO 的加入使芳烃和含氧化合物均有所减少。CaO 对生物质挥发分具有显著的脱氧作用[22]，并与 ZSM-5 显示出良好的协同效应，而 γ-Al_2O_3 是一种酸性介孔催化剂，能够使含氧化合物发生高效裂解[23]。因此，两种金属氧化物都可以促进重质化合物的裂化和芳香族化合物的形成。图 8-14(b)为芳烃化合物各组分的选择性，其中甲苯和二甲苯的选择性较高，两者之和超过了 65%。与单独使用 ZSM-5 的催化热解相比，CaO 的加入使得苯、甲苯以及二甲苯的选择性明显增加。Al_2O_3 的加入主要促进了甲苯的生成；而 ZnO 对芳烃化合物的选择性几乎没有产生影响。对于萘和甲基萘两类芳烃产物而言，CaO 和 Al_2O_3 的加入均使其选择性有所降低。

从上述结果可以看出，CaO、Al_2O_3 和 ZnO 的加入使生物质催化热解产物表现出显著的差异。CaO 对芳烃产物的生成有最强的促进作用，优于 Al_2O_3，而 Al_2O_3 在对含氧化合物的去除上优于 CaO。这种区别主要是因为金属氧化物对生物质热解挥发分的一次催化效果有明显的不同，CaO 的加入有效地除去了羧酸类有机物和甲氧基酚，从而提高了挥发分的 H/C_{eff} 并减小了产物的尺寸。Al_2O_3 则极大地促进了分子量大于 109 的含氧化合物的裂解，如甲氧基酚和糖类。ZnO 是一种温和的催化剂，其对有机物的催化作用不明显。因此，基于上述结果讨论可以推断出在金属氧化物和 ZSM-5 催化剂作用下生物质催化转化为芳烃的路径，如图 8-15 所示。生物质在快速热解条件下先分解为气体、生物炭和有机挥发分；然后在金属

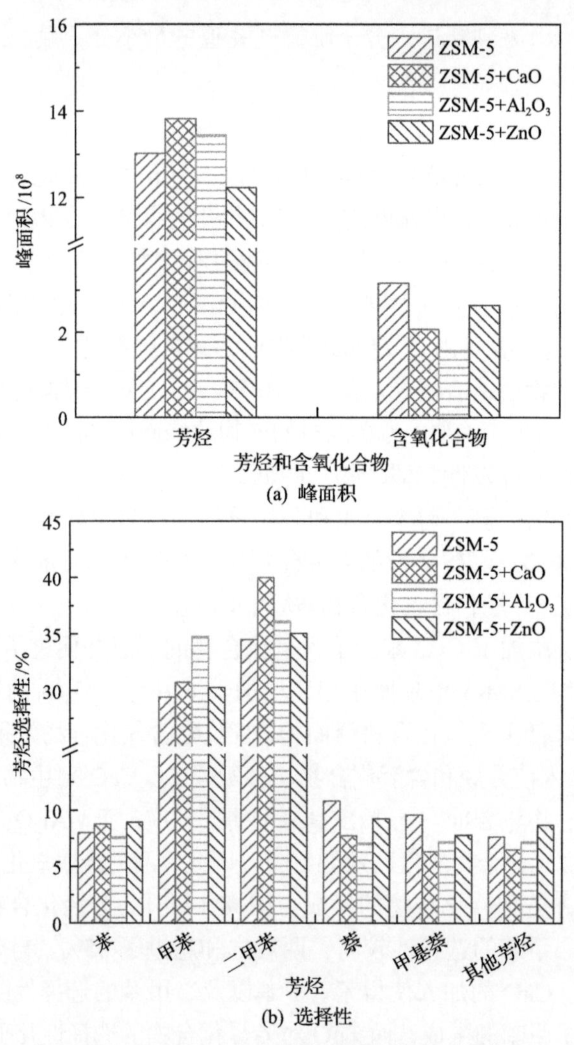

(a) 峰面积

(b) 选择性

图 8-14　催化热解产物峰面积和芳烃选择性

氧化物的催化作用下，有机含氧化合物裂解并经历脱水、脱羰基和脱羧基等反应脱除部分含氧官能团。在 CaO 和 Al_2O_3 的催化下，酚类化合物的不饱和支链和甲氧基分解成烯烃和小分子的含氧化合物[24]；糖类在 Al_2O_3 的作用下经历脱水和环化反应，形成呋喃化合物。CaO 对 CO_2 的吸收进一步促进了脱氧反应并增加了挥发分的 H/C_{eff}，而 H/C_{eff} 是影响从反应物到芳烃转化效率的重要因素[25]。在 ZSM-5 催化剂中，经过金属氧化物催化生成的小分子含氧化合物(如酮、醛、呋喃和小尺寸酚类)易于进入催化剂孔道，在 Lewis 酸位点的作用下进行二次催化反应(脱水、脱羰、脱羧、低聚和芳构化反应)；同时含不饱和支链酚类产物中脱除的小分子烯烃也会环化形成芳烃，因此，形成更多的单环芳烃(主要是苯、甲苯和二甲苯)

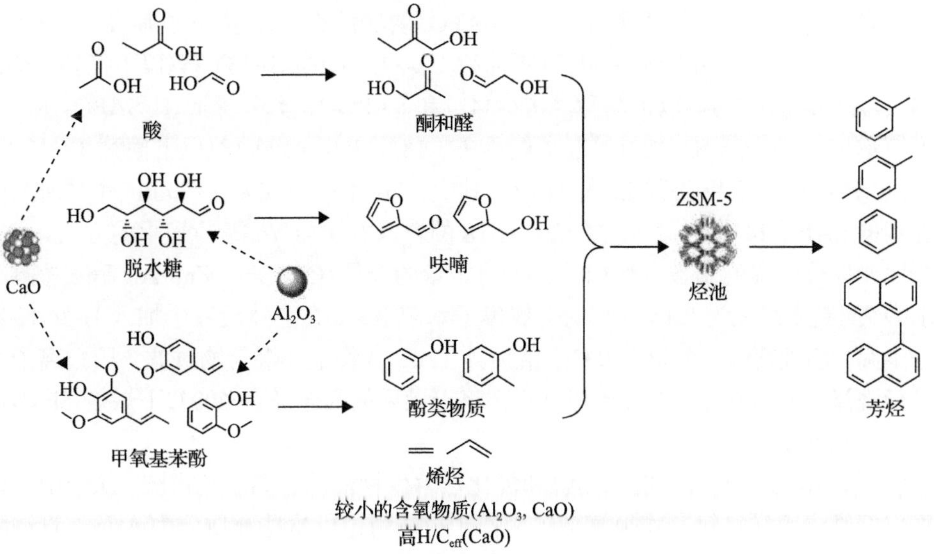

图 8-15　生物质分级催化转化为芳烃的路径

和更少的积碳[26]。而单环芳烃和含氧化合物在 ZSM-5 的酸性外表面也会发生聚合形成多环芳烃(主要是萘和甲基萘)；但金属氧化物的加入使得含氧化合物含量降低，进而多环芳烃的生成受抑制，从而使多环芳烃选择性降低。

8.6　微孔分子筛催化热解纤维素制备呋喃类含氧化学品

呋喃类物质是一类具有高附加值的含氧化合物，广泛应用于有机溶剂、食品、医药、燃料添加剂等方面[27-29]。纤维素快速热解可生成多种呋喃类物质，但这些呋喃类物质通常产率较低[30]。研究表明，酸性催化剂的加入可促进纤维素热解过程中呋喃类物质的生成，然而，目前研究所使用的酸性催化剂基本都是液体酸/酸式盐[31-37]，这些催化剂回收困难且容易对环境造成污染。因此，有必要开发适用于热解制备呋喃类物质的环境友好的固体酸性催化剂。分子筛是一类应用广泛的固体酸性催化剂[38]，研究表明，ZSM-5 分子筛催化剂催化热解纤维素制备芳烃类物质的过程中会生成呋喃类物质(呋喃类物质在分子筛孔道里将进一步经过一系列脱羰基和聚合反应最后形成芳烃)[39]。如果能够改变分子筛的理化特性使纤维素催化热解时仅发生第一步转化(呋喃类物质的生成)，抑制呋喃类物质进一步转化，那么就有可能实现纤维素选择性热解制备呋喃类物质。基于以上考虑，本节制备了几种微孔分子筛类固体酸性催化剂，在 Py-GC/MS 上开展纤维素催化热解实验，拟通过研究呋喃类物质生成特性筛选出适用于纤维素快速热解制备呋喃类物质的分子筛催化剂。

采用的催化剂包括两类分子筛：SAPO(磷酸硅铝)-34 类分子筛(H-SAPO-34(以下简称 H-34)、Cu-SAPO-34(以下简称 Cu-34)、ZrCu-SAPO-34(以下简称 ZrGu-34)、AlCu-SAPO-34(以下简称 AlCu-34))和 SAPO-18 类分子筛(H-SAPO-18，以下简称 H-18)、Cu-SAPO-18(以下简称 Cu-18)、Fe-SAPO-18(以下简称 Fe-18)、ZrCu-SAPO-18(以下简称 ZrCu-18))。其中，H-34 的合成采用 Smith 等[40]研究中提到的 SAPO-34 分子筛合成方法，H-18 的合成方法与 Yu 等[41]采用的方法一致。金属改性分子筛的制备方法如下：①将定量的金属(Cu、Fe、Zr、Al)硝酸盐溶于水中，配制成浓度为 0.1mol/L 的金属离子水溶液；②在上述溶液中加入 H-34/H-18 分子筛，固液比为 1∶50，70℃水浴搅拌 12h；③将上述混合物过滤，用去离子水进行洗涤，然后在 110℃下干燥 12h，将干燥后的固体样在 600℃下煅烧 5h 即可得到实验使用的分子筛。

图 8-16 为纤维素非催化热解和催化热解生物油的总离子色谱图，从图中可以看出纤维素原样热解产物很复杂，为便于分析讨论，这些物质分为 4 类：直链酮醛类物质(如羟基乙醛、羟基丙酮)、呋喃类物质(如糠醛、5-羟甲基糠醛)、环戊酮类物质(如 1,2-环戊二酮)以及脱水糖及其衍生物(左旋葡萄糖、左旋葡萄糖酮)，实验结果如表 8-2 所示。对纤维素原样而言，快速热解的主要产物为脱水糖及其衍生物，而加入 ZrCu-18 催化剂后，非催化热解生物油的组分明显简单化，脱水糖及其衍生物相对含量显著降低，而呋喃类物质的相对含量明显提高，其余分子筛基催化剂也表现出类似的效果，呋喃类物质的相对含量达 50%～60%。

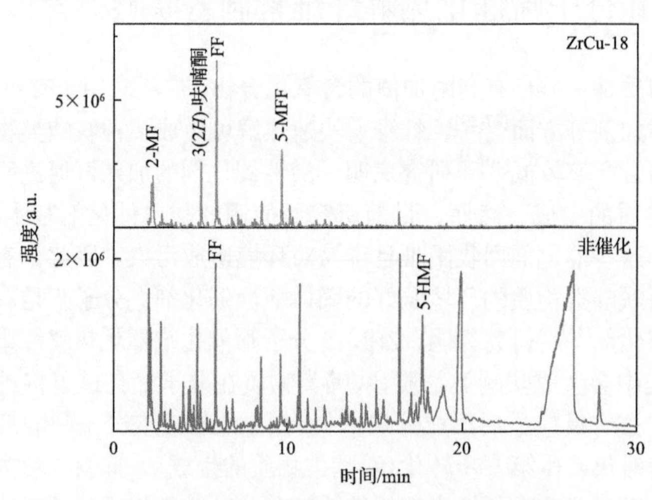

图 8-16 纤维素非催化热解及催化热解生物油总离子色谱图

纤维素原样热解得到的呋喃类物质主要有两种：糠醛(FF)和 5-羟甲基糠醛(5-HMF)(图 8-16)，而加入分子筛催化剂后，纤维素催化热解得到的呋喃类物质种类发生变化，主要包括 2-甲基呋喃(2-MF)、3(2*H*)-呋喃酮(3(2*H*)-furanone)、

表 8-2　纤维素非催化热解及催化热解生物油组分相对含量(基于峰面积)(单位：%)

催化剂	直链酮醛类	呋喃类	环戊酮类	脱水糖及其衍生物
无	4.46	8.02	1.43	62.08
H-34	9.51	17.82	6.23	41.59
Cu-34	11.32	55.23	8.92	9.32
ZrCu-34	9.59	54.41	8.91	9.56
AlCu-34	9.33	56.94	9.14	14.03
H-18	6.48	44.01	9.39	24.12
Cu-18	10.38	52.92	10.23	14.1
Fe-18	7.72	51.41	7.02	20.39
ZrCu-18	11.64	63.86	7.88	1.87

糠醛(FF)、5-甲基糠醛(5-MFF)(图 8-16)。催化热解产物中并未发现 5-羟甲基糠醛，这可能是因为 5-羟甲基糠醛不稳定的羟甲基官能团受热易发生转化，生成轻质呋喃类物质(如糠醛、5-甲基糠醛)。另外，虽然不同分子筛对这四种呋喃类物质的促进效果存在差异，但总体规律基本一致：四种呋喃类物质中糠醛的选择性最高，且糠醛的选择性随着呋喃类物质相对含量的增加而增加(图 8-17)。进一步分析不同分子筛对糠醛产率及选择性的综合影响(图 8-18)，发现对于 H-34 而言，金属改性进一步地提高了糠醛产率和选择性，AlCu-34 的催化效果最为明显；而对于 H-34 而言，金属改性提高了糠醛的选择性，但糠醛的产率有所降低，综合考虑不同催化剂作用下糠醛的选择性和产率，AlCu-34 和 ZrCu-18 的催化效果较好，这可能是因为 AlCu-34 和 ZrCu-18 具有较多的弱 Lewis 酸位点，而弱 Lewis 酸位点的存在有利于糠醛的生成，如图 8-19 所示。

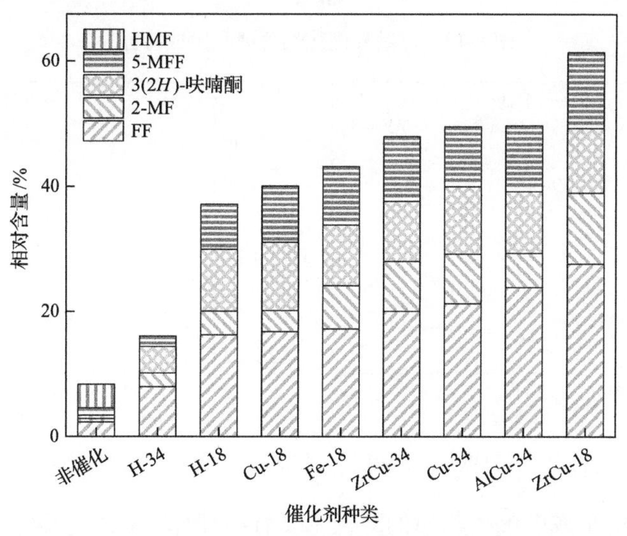

图 8-17　纤维素非催化热解及催化热解生物油中主要呋喃类物质相对含量

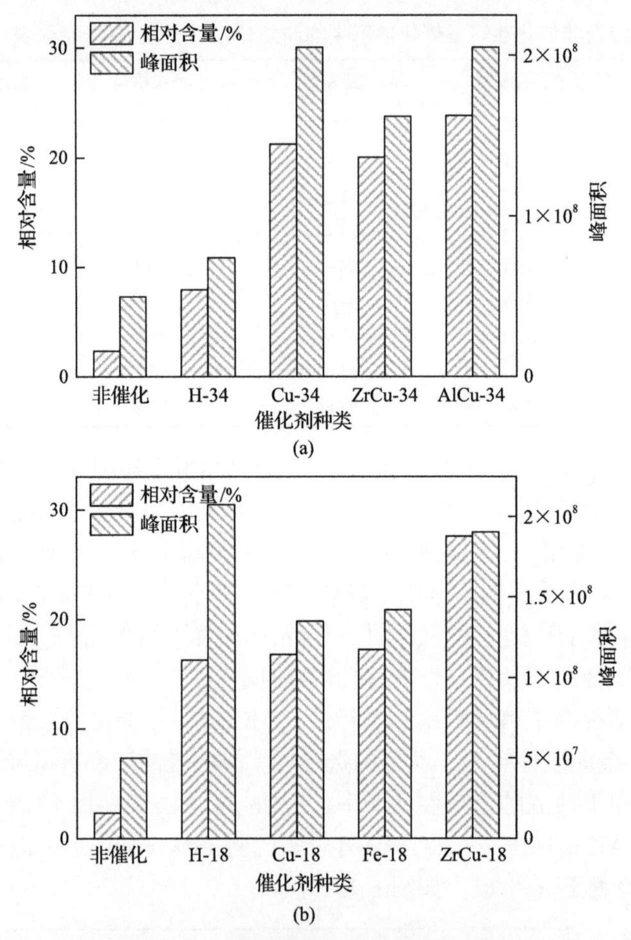

图 8-18 纤维素催化热解糠醛生成特性

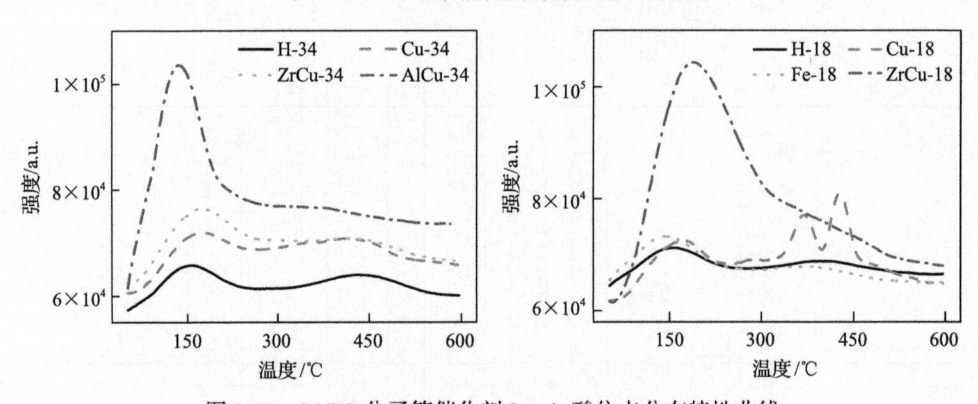

图 8-19 SAPO 分子筛催化剂 Lewis 酸位点分布特性曲线

纤维素热解生成呋喃类物质的路径主要有两种(图 8-20)。路径 1，纤维素热解中间态产物(仍与纤维素链连接)经过开环、重整、成环反应生成呋喃类物质；路径 2，纤维素热解首先生成游离的吡喃类物质(如 LG、LGO)，然后这些吡喃类物质进一步转化成呋喃类物质[42]。因此，分子筛催化剂的加入主要存在两种作用：①分子筛的加入促进路径 1 的发生；②分子筛的加入促进脱水糖及其衍生物进一步转化为呋喃类物质。

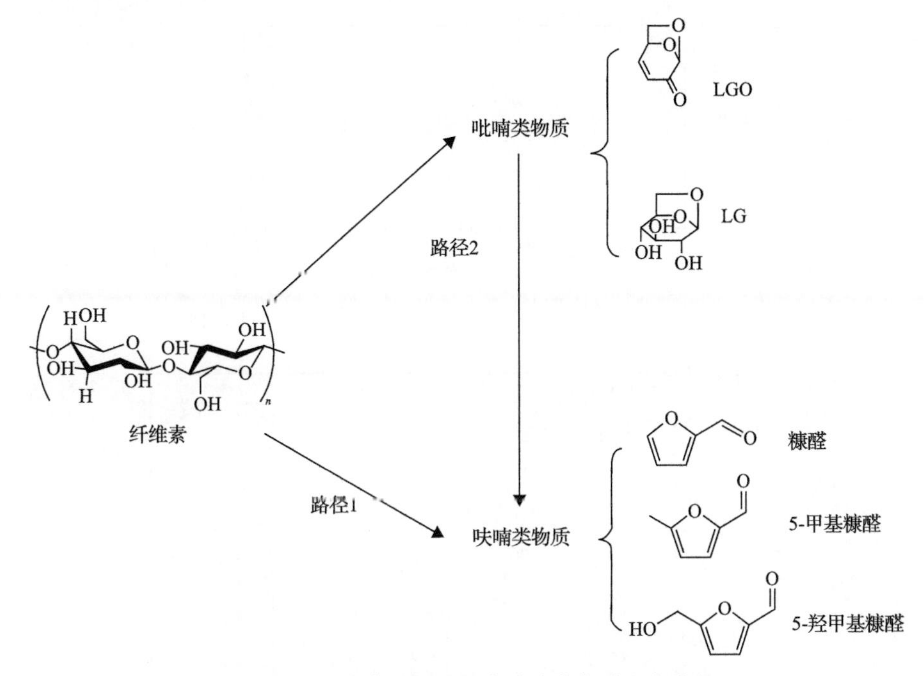

图 8-20　纤维素热解过程中呋喃类物质生成路径

为验证分子筛的作用，进一步研究了纤维素热解主要脱水糖(左旋葡萄糖)在 ZrCu-18 催化剂作用下的热解特性，结果见图 8-21。从图 8-21 中可以看出，未加入催化剂时，600℃下左旋葡萄糖热解产物中并未发现小分子物质，而 ZrCu-18 添加后左旋葡萄糖发生裂解，生成三种呋喃类物质：2-甲基呋喃、3(2*H*)-呋喃酮、糠醛，但并未发现 5-甲基糠醛。因此，对于纤维素催化热解而言，部分 2-甲基呋喃、3(2*H*)-呋喃酮和糠醛来自于路径 2，而 5-甲基糠醛仅来自于路径 1。图 8-22 对比了纤维素在 ZrCu-18 催化剂加入后热解产物中 2-甲基呋喃、3(2*H*)-呋喃酮以及糠醛的增加量以及来源于路径 2 的增量。从图 8-22 中可以看出，ZrCu-18 加入后左旋葡萄糖分解得到的三种呋喃类物质的含量(来源于路径 2 的增量)仅占总增量的小部分，这主要因为 ZrCu-18 催化剂在促进左旋葡萄糖进一步分解转化为 2-甲基呋喃、3(2*H*)-呋喃酮以及糠醛的同时促进了纤维素/中间产物直接转化为上述三种呋喃类物质，但 ZrCu-18 催化剂的加入对于后者的促进作用更为明显。

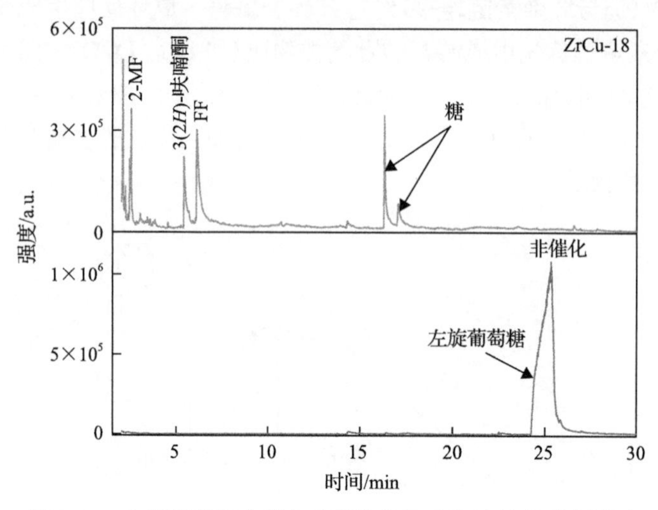

图 8-21　左旋葡萄糖非催化及催化热解生物油总离子色谱图

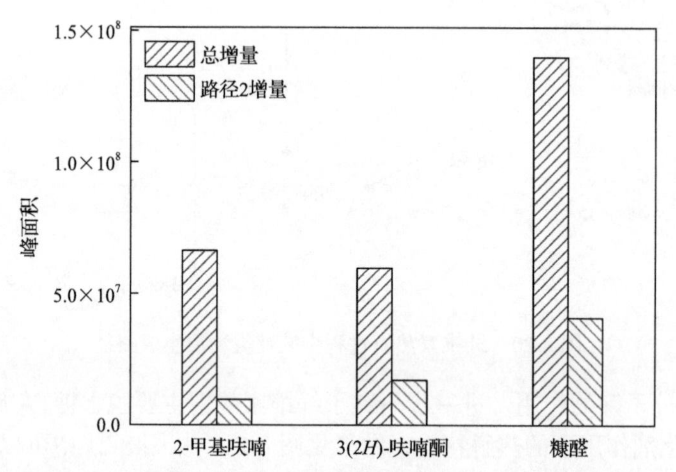

图 8-22　ZrCu-18 催化作用下纤维素热解产物中 2-甲基呋喃、3(2*H*)-呋喃酮以及糠醛的总增量及路径 2 增量

综上所述，AlCu-34 及 ZrCu-18 因具有丰富的弱 Lewis 酸位点对呋喃类物质的生成具有较好的促进作用，但对于不同呋喃类物质的形成，分子筛的促进机制有所不同。对 5-甲基糠醛而言，分子筛的加入促进了纤维素/过渡态中间产物向其直接转化；而对于 2-甲基呋喃、3(2*H*)-呋喃酮以及糠醛，SAPO 分子筛的加入同时促进了来源于纤维素热解的左旋葡萄糖的进一步分解以及纤维素/中间产物的直接转化，且 SAPO 分子筛的加入对于后者的促进效果更为明显。

8.7 本章小结

生物质催化热解过程中氧元素的选择性脱除和利用是高品质生物油制备的重要方向。本章通过对催化剂的筛选以及活性位点和孔隙结构的调控，实现了高品质液体燃料和糠醛等含氧平台化学品的定向制备。主要结论总结如下。

(1) CaO 通过与酸类物质反应、吸附 CO_2 以及催化等方式实现生物油的选择性脱羧，进而兼顾高品质生物油的产率和品质；提出了基于钙基的原位温和脱氧和分子筛非原位深度脱氧相耦合的生物质催化热解制备芳烃类液体燃料的新思路，发现 CaO 催化热解形成的含氧小分子会进一步进入 ZSM-5 孔道进行脱氧环化而转化为芳烃类液体燃料，可明显提高芳烃产率。

(2) 金属改性的 SAPO 分子筛可通过促进寡聚糖和左旋葡萄糖的选择性脱水将纤维素定向转化为糠醛等呋喃类平台化学品。然而本章研究主要集中在生物质催化热解特性方面，还需进一步深入研究催化热解过程的反应机理，并结合更加丰富的催化剂载体、改性手段以及高效热解反应装置在实现可再生液体燃料和高值化学品制备的同时兼顾目标产物的产率。

参考文献

[1] Yogalakshmi K N, Devi T P, Sivashanmugam P, et al. Lignocellulosic biomass-based pyrolysis: A comprehensive review[J]. Chemosphere, 2022, 286: 131824.

[2] Hu X, Gholizadeh M. Progress of the applications of bio-oil[J]. Renewable & Sustainable Energy Reviews, 2020, 134: 110124.

[3] Pires A P P, Arauzo J, Fonts I, et al. Challenges and opportunities for bio-oil refining: A review[J]. Energy & Fuels, 2019, 33(6): 4683-4720.

[4] Chen X, Che Q F, Li S J, et al. Recent developments in lignocellulosic biomass catalytic fast pyrolysis: Strategies for the optimization of bio-oil quality and yield[J]. Fuel Processing Technology, 2019, 196: 106180.

[5] Nishu, Liu R H, Rahman M M, et al. A review on the catalytic pyrolysis of biomass for the bio-oil production with ZSM-5: Focus on structure[J]. Fuel Processing Technology, 2020, 199: 106301.

[6] Chen X, Yang H P, Chen Y Q, et al. Catalytic fast pyrolysis of biomass to produce furfural using heterogeneous catalysts[J]. Journal of Analytical and Applied Pyrolysis, 2017, 127: 292-298.

[7] Chen X, Chen Y Q, Yang H P, et al. Catalytic fast pyrolysis of biomass: Selective deoxygenation to balance the quality and yield of bio-oil[J]. Bioresource Technology, 2019, 273: 153-158.

[8] Chen X, Li S J, Liu Z H, et al. Pyrolysis characteristics of lignocellulosic biomass components in the presence of CaO [J]. Bioresource Technology, 2019, 287: 121493.

[9] Che Q F, Yang M J, Wang X H, et al. Influence of physicochemical properties of metal modified ZSM-5 catalyst on benzene, toluene and xylene production from biomass catalytic pyrolysis[J]. Bioresource Technology, 2019, 278: 248-254.

[10] Che Q F, Yang M J, Wang X H, et al. Aromatics production with metal oxides and ZSM-5 as catalysts in catalytic

pyrolysis of wood sawdust[J]. Fuel Processing Technology, 2019, 188: 146-152.

[11] Demirbas A, Arin G. An overview of biomass pyrolysis[J]. Energy Sources, 2002, 24(5): 471-482.

[12] Bahng M K, Mukarakate C, Robichaud D J, et al. Current technologies for analysis of biomass thermochemical processing: A review[J]. Anal Chim Acta, 2009, 651(2): 117.

[13] Stefanidis S D, Kalogiannis K G, Iliopoulou E F, et al. *In-situ* upgrading of biomass pyrolysis vapors: Catalyst screening on a fixed bed reactor[J]. Bioresource Technology, 2011, 102(17): 8261-8267.

[14] Chen X, Chen Y Q, Yang H P, et al. Catalytic fast pyrolysis of biomass: Selective deoxygenation to balance the quality and yield of bio-oil[J]. Bioresource Technology, 2018, 273: 153-158.

[15] Chen X, Chen Y Q, Yang H P, et al. Fast pyrolysis of cotton stalk biomass using calcium oxide[J]. Bioresource Technology, 2017, 233: 15-20.

[16] Zhang X D, Sun L Z, Chen L, et al. Comparison of catalytic upgrading of biomass fast pyrolysis vapors over CaO and Fe(Ⅲ)/CaO catalysts[J]. Journal of Analytical & Applied Pyrolysis, 2014, 108(7): 35-40.

[17] Si Z, Lv W, Tian Z P, et al. Conversion of bio-derived phenolic compounds into aromatic hydrocarbons by co-feeding methanol over gamma-Al_2O_3[J]. Fuel, 2018, 233: 113-122.

[18] Jia S Y, Cox B J, Guo X W, et al. Hydrolytic cleavage of β-O-4 ether bonds of lignin model compounds in an ionic liquid with metal chlorides[J]. Industrial & Engineering Chemistry Research, 2011, 50(50): 78-82.

[19] Rebacz N A, Savage P E. Anisole hydrolysis in high temperature water[J]. Physical Chemistry Chemical Physics, 2013, 15(10): 3562-3569.

[20] Kim Y M, Rhee G H, Ko C H, et al. Catalytic pyrolysis of pinus densiflora over mesoporous Al_2O_3 catalysts[J]. Journal of Nanoscience & Nanotechnology, 2018, 18(9): 6300.

[21] Jae J, Tompsett G A, Foster A J, et al. Investigation into the shape selectivity of zeolite catalysts for biomass conversion[J]. Journal of Catalysis, 2011, 279(2): 257-268.

[22] Liu S Y, Xie Q L, Zhang B, et al. Fast microwave-assisted catalytic co-pyrolysis of corn stover and scum for bio-oil production with CaO and HZSM-5 as the catalyst[J]. Bioresource Technology, 2016, 204: 164-170.

[23] Mante O D, Dayton D C, Carpenter J R, et al. Pilot-scale catalytic fast pyrolysis of loblolly pine over gamma-Al_2O_3 catalyst[J]. Fuel, 2018, 214: 569-579.

[24] Lazaridis P A, Fotopoulos A P, Karakoulia S A, et al. Catalytic fast pyrolysis of kraft lignin with conventional, mesoporous and nanosized ZSM-5 zeolite for the production of alkyl-phenols and aromatics[J]. Frontiers in Chemistry, 2018, 6: 295.

[25] Zhang H Y, Cheng Y T, Vispute T P, et al. Catalytic conversion of biomass-derived feedstocks into olefins and aromatics with ZSM-5: The hydrogen to carbon effective ratio[J]. Energy & Environmental Science, 2011, 4(6): 2297-2307.

[26] Zheng Y W, Tao L, Huang Y B, et al. Improving aromatic hydrocarbon content from catalytic pyrolysis upgrading of biomass on a CaO/HZSM-5 dual-catalyst[J]. Journal of Analytical and Applied Pyrolysis, 2019, 140: 355-366.

[27] Sitthisa S, An W, Resasco D E. Selective conversion of furfural to methylfuran over silica-supported NiFe bimetallic catalysts[J]. Journal of Catalysis, 2011, 284(1): 90-101.

[28] Wojcik B H. Catalytic hydrogenation of furan compounds[J]. Industrial & Engineering Chemistry, 1948, 40(2): 210-216.

[29] Lange J P, Heide E V D, Buijtenen J V, et al. Furfural-a promising platform for lignocellulosic biofuels[J]. ChemSusChem, 2012, 5(1): 150-166.

[30] Lu Q, Xiong W M, Li W Z, et al. Catalytic pyrolysis of cellulose with sulfated metal oxides: A promising method for

obtaining high yield of light furan compounds[J]. Bioresource Technology, 2009, 100(20): 4871-4876.

[31] Chen Y Q, Yang H P, Wang X H, et al. Biomass-based pyrolytic polygeneration system on cotton stalk pyrolysis: Influence of temperature[J]. Bioresource Technology, 2012, 107: 411-418.

[32] Blasi C D, Branca C, Galgano A. Thermal and catalytic decomposition of wood impregnated with sulfur- and phosphorus-containing ammonium salts[J]. Polymer Degradation and Stability, 2008, 93(2): 335-346.

[33] Blasi C D, Branca C, Galgano A. Products and global weight loss rates of wood decomposition catalyzed by zinc chloride[J]. Energy Fuels, 2008, 22(1): 663-670.

[34] Branca C, Galgano A, Blasi C, et al. H_2SO_4-catalyzed pyrolysis of corncobs[J]. Energy & Fuels, 2010, 25(1): 359-369.

[35] Branca C, Blasi C D, Galgano A. Catalyst screening for the production of furfural from corncob pyrolysis[J]. Energy & Fuels, 2012, 26(3): 1520-1530.

[36] Lu Q, Dong C Q, Zhang X M, et al. Selective fast pyrolysis of biomass impregnated with $ZnCl_2$ to produce furfural: Analytical Py-GC/MS study[J]. Journal of Analytical and Applied Pyrolysis, 2011, 90(2): 204-212.

[37] Lu Q, Wang Z, Dong C Q, et al. Selective fast pyrolysis of biomass impregnated with $ZnCl_2$: Furfural production together with acetic acid and activated carbon as by-products[J]. Journal of Analytical and Applied Pyrolysis, 2011, 91(1): 273-279.

[38] Liu C J, Wang H M, Karim A M, et al. Catalytic fast pyrolysis of lignocellulosic biomass[J]. Chemical Society Reviews, 2014, 43(22): 7594-7623.

[39] Wang K G, Kim K H, Brown R C. Catalytic pyrolysis of individual components of lignocellulosic biomass[J]. Green Chemistry, 2014, 16(2): 727-735.

[40] Smith R L, Lind A, Akporiaye D, et al. Anatomy of screw dislocations in nanoporous SAPO-18 as revealed by atomic force microscopy[J]. Chemical Communications, 2015, 51(28): 6218-6221.

[41] Yu T, Fan D Q, Hao T, et al. The effect of various templates on the NH_3-SCR activities over Cu/SAPO-34 catalysts [J]. Chemical Engineering Journal, 2014, 243: 159-168.

[42] Mettler M S, Vlachos D G, Dauenhauer P J. Top ten fundamental challenges of biomass pyrolysis for biofuels[J]. Energy & Environmental Science, 2012, 5(7): 7797-7809.

第 9 章　生物质热解制备功能型生物炭材料研究

9.1　引　　言

生物炭具有很好的环境和经济效益，已被广泛应用于土壤改良、污染物去除和催化等领域[1, 2]；此外，将生物质转化为生物炭可实现 CO_2 负排放[3]，更重要的是，生物炭含有丰富的含氧基团，如 C—O、C═O、—COOH、O═C—O 和—OH，它们为吸附和反应提供了重要的活性位点[2, 4-6]，这些特性也使生物炭成为合成其他功能材料的有效平台物质[7]。然而，除了化学功能外，高比表面积对于功能型生物炭材料（用作吸附剂、催化剂和能量储存材料）的大规模和广泛应用也极其重要[8, 9]；但直接来源于生物质热解的生物炭的比表面积相对较低，约为 $200m^2/g$[10]，因此有必要调控生物炭的孔结构。活化是增加生物炭比表面积最主要的方法[11]，活化剂和活化过程对生物炭材料的性能有很大影响，其比表面积可能增加到 700～$3000m^2/g$[11, 12]；因此，了解活化剂的活化机理对于制备用作吸附剂、催化剂和储能材料等的功能型生物炭材料至关重要。

在各种活化剂（如 KOH、H_3PO_4、$ZnCl_2$ 和 H_2O 等）中，KOH 的活化温度适中，生物炭产率较高，且具有高度发展的孔隙结构与高的比表面积（达到 $3000m^2/g$），因此具有较好的应用前景[13, 14]。通过化学活化制备多孔生物炭材料的方法可以分为一步法和两步法。制备多孔生物炭的两步法通常如下：首先通过在较低温度（400～600℃）下进行生物质热解获得生物炭，然后采用活化剂活化生物炭，从而在较高温度（700～900℃）下制备多孔生物炭材料[9]。一步法为生物质和活化剂的混合物在较高温度（700～900℃）下直接热解，形成多孔生物炭材料[15, 16]。Oginni 等[17]对比了生物质一步和两步 KOH 化学活化的影响，发现一步法得到的多孔生物炭具有更好的多孔结构和吸附特性，且与两步法相比，一步法可以大大减少制备步骤并降低运行成本[18]，并且避免了热解油的浪费[19]。特别是对于一步法，多孔生物炭材料的制备过程不仅涉及 KOH 化学活化，还涉及生物质热解（释放大量液体和气体产物[20]），以及热解和活化之间的相互作用，化学反应复杂，在生物质热解过程中 KOH 化学活化机理还不清楚。

鉴于此，本章选择 KOH 作为活化剂，研究生物质热解过程中 KOH 的化学活化机理。首先研究了 KOH/生物质比（在 600℃时为 1∶8 至 1∶1）和热解温度（在 1∶2 时为 400～800℃）对热解产物（生物炭、生物油和气态产物）的影响。然后，在实验和量子计算的基础上，详细探讨了热解产物的形成和演化机理以及 KOH

的活化机理。

同时，为了增强电极的比电容特性，炭材料表面掺杂含氮官能团能够有效促进快速可逆的法拉第反应，从而增加赝电容。目前研究难点在于如何在合理的孔结构基础上调控氮掺杂(掺氮量、有效氮含量、氮分布、氮稳定性、特定含氮官能团)，然而，相关研究主要集中于提高掺氮量的方式以及调控活性炭微介孔结构，只有少部分研究探讨化学活化造孔过程与氮掺杂过程的交互作用。本章进一步以 KOH、K_2CO_3 和 H_3PO_4 为活化剂，以 NH_3 为外氮源，采用同步活化氨化与异步活化氨化的不同步骤对比分析活化剂对于生物质氨化热解的影响，探究活化刻蚀过程与氨化过程的交互作用及其对孔结构和掺氮情况的影响，为绿色高效制备高氮量且孔结构理想的生物炭提供理论依据。

9.2　实验样品与方法

9.2.1　KOH 活化热解实验方法

生物质样品为竹屑，其工业分析、元素分析和三组分含量如表 9-1 所示。实验前，将竹屑研磨后过筛得到粒径小于 120μm 的颗粒，置于 105℃烘箱内(大于 24h)烘干备用。竹屑的工业分析参照美国材料与试验协会标准，通过 TGA-2000 分析仪进行测试。竹屑的元素分析通过德国 Vario 公司生产的 CHNS/O 元素分析仪进行分析。竹屑的半纤维素、纤维素和木质素含量依据美国石油化学家协会标准，通过 ANKOM 2000 分析仪使用 van Soest 方法测得。

表 9-1　竹屑的原料特性　(单位：wt%, ad)

工业分析				元素分析					三组分		
水分	挥发分	灰分	固定碳	C	H	N	S	O*	半纤维素	纤维素	木质素
6.22	80.57	2.32	10.89	41.97	5.89	0.27	0.15	43.18	18.8	46.5	25.7

*表示含量由差减法计算得到。

竹屑是一种高挥发分(80.57wt%)和低灰分(2.32wt%)生物质，碳(41.97wt%)和氧(43.18wt%)是其主要元素，且仅含有可忽略不计的氮(0.27wt%)，并且纤维素是其主要成分，达到 46.5wt%。因此在竹屑热解过程中，碱金属和内源氮元素对热解过程和掺氮过程的影响可以忽略不计。故竹屑成为一种优良的研究活化作用和外源掺氮的生物质样品。实验中所用化学活化剂 KOH(≥85%，分析纯(AR))从国药集团化学试剂有限公司购买。

生物质的活化热解实验在固定床系统进行，台架系统包括石英反应器(高 1000mm，内径 35mm，以下简称反应器)、电炉、质量流量控制器、冰水混合冷凝系统、液氮冷凝系统、气体清洗干燥收集系统等，如图 9-1 所示。

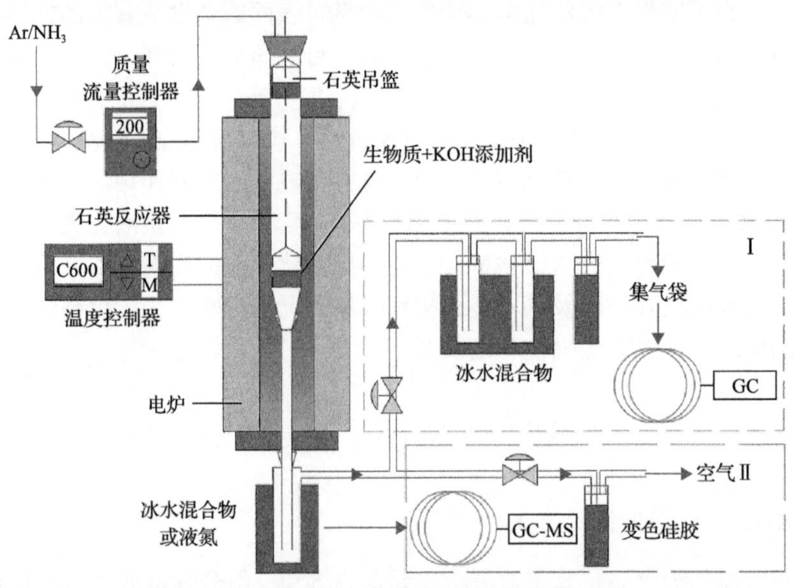

图 9-1　生物质活化氨化热解实验装置示意图

每一组实验前，将装有约 2g 的活化剂 KOH 与竹屑均匀混合物的石英吊篮（以下简称吊篮）置于反应器内顶部区域，其中 KOH 与竹屑的质量比为 1∶8、1∶4、1∶2 和 1∶1（即 0.125、0.25、0.5 和 1）。反应器持续通入 Ar（200mL/min）并升温至反应温度（600℃），待系统稳定后（约 30min）将吊篮迅速且平稳地推入反应区域，停留时间为 30min。样品受热分解产生的可冷凝挥发分通过冰水混合物收集，不可冷凝的气体部分经过干燥后由集气袋收集。同时为了保证生物油产品的准确度，重复每一组实验并使用液氮冷凝收集生物油。实验结束后，将反应器自然冷却至室温，收集热解产物，冷却过程中持续通入 Ar。未添加 KOH 活化剂的对照组实验在完全相同的实验条件下进行。每组至少进行三次平行实验。其中，热解产物生物炭用足量 1mol/L HCl 溶液浸泡以洗掉残留的钾盐及生物炭中的灰分，置于磁力搅拌器中室温搅拌 12h 后，使用超纯水过滤至滤液呈中性，所得生物炭在 70℃烘箱内烘干。需要特别说明的是研究热解活化温度（400～800℃）影响时 KOH 与竹屑的质量比固定为 0.5。

9.2.2　活化氨化热解实验方法

生物质样品为竹屑，取烘干竹屑与定量化学溶液混合搅拌成浆状（竹屑与活化剂的质量比为 2.5），活化剂种类包括 KOH、K_2CO_3、KOH+K_2CO_3（质量比为 1）和 H_3PO_4。充分搅拌后置于 70℃烘箱内（48h）蒸干水分后备用。化学活化剂

KOH(≥85%，AR)、K_2CO_3(≥99%，AR)和 H_3PO_4(≥85%，AR)从国药集团化学试剂有限公司购买。

同步活化氨化热解：取 2g 活化剂浸渍后的竹屑置于反应器中部的吊篮中，反应器持续通入 NH_3(200mL/min)，待系统稳定后(约 30min)将电炉升温至 800℃(20℃/min)，样品受热分解，停留时间为 30min。实验结束后，将反应器自然冷却至室温，冷却过程持续通入 NH_3，收集热解产物生物炭并用足量 1mol/L HCl 溶液浸泡以除去残留的钾系化合物及生物炭中的灰分。生物炭产物置于磁力搅拌器中室温搅拌 12h 后，使用超纯水过滤至滤液呈中性，所得生物炭在 70℃烘箱内烘干，分别命名为 O-x,x 代指所用活化剂。未添加活化剂的空白组实验命名为 O-AC。

异步活化氨化热解：第一步将活化剂浸渍后的竹屑在 Ar(200mL/min)气氛中慢速热解得到活化焦，操作与上述相同。第二步将活化焦在 NH_3(200mL/min，800℃)气氛中慢速热处理得到富氮热解炭，操作与上述相同。所得生物炭产物分别命名为 T-x，x 代指所用活化剂。未添加活化剂的空白组实验命名为 T-AC。

9.2.3　生物炭结构表征方法

生物炭的元素分析采用德国 Vario 公司生产的 CHNS/O 元素分析仪。生物炭表面含氧官能团通过 X 射线光电子能谱(XPS；Axis Ultra DLD，Kratos，英国)分析，以 Al K_α 线(15kV，10mA，150W)为辐射源，C 1s 曲线通过 XPS Peak 4.1 软件进行分峰。采用 ASAP 2020(Micromeritics，美国)自动吸附仪测定竹屑及其热解生物炭的比表面积和孔隙结构参数。样品测试前在 105℃下烘干脱水(10h)，然后在 230℃条件下脱气(10h)。该仪器以高纯度氮气(99.99%)为吸附介质，在液氮饱和温度 77K 下对竹屑热解生物炭样品进行静态等温吸附和脱附测定。通过 BET (Brunauer-Emmett-Teller)方程计算样品的比表面积(S_{BET})。通过 X 射线衍射(XRD；X'Pert PRO，PANalytical B.V.荷兰)鉴定颗粒的相组成，其中衍射源为 Al K_α 辐射源，λ=0.1542nm，角度设定范围为 2θ=5°～85°。生物炭的表面形貌通过场发射扫描电镜(FESEM；Sirion 200，FEI，荷兰)在 10kV 电压下测得。另为表征其石墨化程度，通过 LabRAM HR800(Horiba Jobin Yvon，日本)仪器进行拉曼(Raman)测试，测试范围为 3500～500cm^{-1}。

通过比较添加活化剂实验组与未添加活化剂的空白实验组在不同反应温度条件下的差异，分析 KOH 活化剂对生物质热解的影响，计算公式如下：

$$Y_{\text{difference}} = Y_{\text{bamboo+KOH}} - Y_{\text{bamboo}} \tag{9-1}$$

其中，$Y_{\text{bamboo+KOH}}$ 为添加 KOH 活化剂实验组的结果；Y_{bamboo} 为生物质直接热解的结果；$Y_{\text{difference}}>0$ 表示 KOH 对生物质热解起到促进作用，$Y_{\text{difference}}<0$ 则表示 KOH 对生物质热解起到抑制作用。

采用高斯程序(Gaussian 09)和密度泛函理论(DFT)法进一步分析了生物质热解过程中 KOH 化学活化机理。在 B3LYP/6-31++G(d,p)理论下对反应物和产物的几何结构进行了优化，并进行频率分析以保证反应物和产物没有虚频，从而得到反应物和产物的热力学参数。对于自由基反应，使用键解离能(BDE)作为活化能的近似值。对于每一种反应路径，在温度为 773K 和压力为 1atm 条件下，使用焓值来讨论其能量变化。

生物炭的电化学特性在以 6mol/L KOH 溶液为电解质的三电极体系中测试，使用 CHI60 电化学工作站(CH Instruments，美国)在室温下完成。铂板作为对照电极，饱和甘汞电极作为参比电极。工作电极的制备流程如下：热解生物炭(80%)、乙炔黑(10%)和聚偏氟乙烯(10%)混合后，滴入适量二甲基吡咯烷酮混合均匀呈浆状，超声处理 2h。然后将浆状物均匀涂敷在泡沫镍集流体平板上(约 1.5mg/cm^2)，105℃烘箱内真空干燥 12h 之后，10MPa 压力处理泡沫镍集流体。通过前后质量差得到工作电极上生物炭的质量。循环伏安法的扫描速率为 10mV/s，恒电流充放电特性的电流密度为 1A/g，电化学阻抗谱的电压幅度为 5mV，频率范围为 0.01Hz～100kHz。

9.3 活化剂对生物炭结构的影响

酸洗后生物炭的物化特性如图 9-2 所示。竹屑直接热解得到的生物炭含有较高的碳元素(90wt%)、少量的氧元素(7.16wt%)和氢元素(2.64wt%)。添加 KOH 活化剂(KOH 与生物质原料质量比为 0.125)后，碳元素和氢元素的含量明显下降，分别为 80.49wt%和 2.31wt%，而氧元素则大幅增长至 17.2wt%。而随着 KOH 活化剂与生物质原料的质量比的增加，碳元素和氢元素的含量进一步下降至仅 74.5wt%和 1.82wt%，氧元素则进一步大幅增长至 23.69wt%。碳元素含量的下降主要是由于 KOH 与碳骨架的刻蚀反应。氢元素含量的下降主要是由于 KOH 促进了脱氢反应，导致 H_2 含量的升高。氧元素含量的增加主要是由于 KOH 与生物质反应使得部分 OH^- 转化为生物炭中的含氧官能团。同时，竹屑直接热解生物炭的比表面积仅 24.91m^2/g，而竹屑活化热解生物炭的比表面积提高至 457.27m^2/g。随着 KOH 活化剂添加量的增加，生物炭的比表面积逐渐增加至 912.73m^2/g(KOH 与生物质原料的质量比为 1∶1)。发达的多孔结构主要是通过 KOH 刻蚀碳骨架并与生物质中含氧物质反应释放部分气体产物形成的。

随着反应温度的升高，生物炭中碳含量明显增加，由 400℃的 74.78wt%增加至 800℃的 82.33wt%，氧含量则由 22.27wt%下降至 16.61wt%，氢含量也略有下降，这主要是由于高温条件促进了脱氧和脱氢反应，增加了生物炭的碳化程度。生物炭的比表面积也大幅增加，随着温度升高由 26.98m^2/g 增加至 1351.13m^2/g，

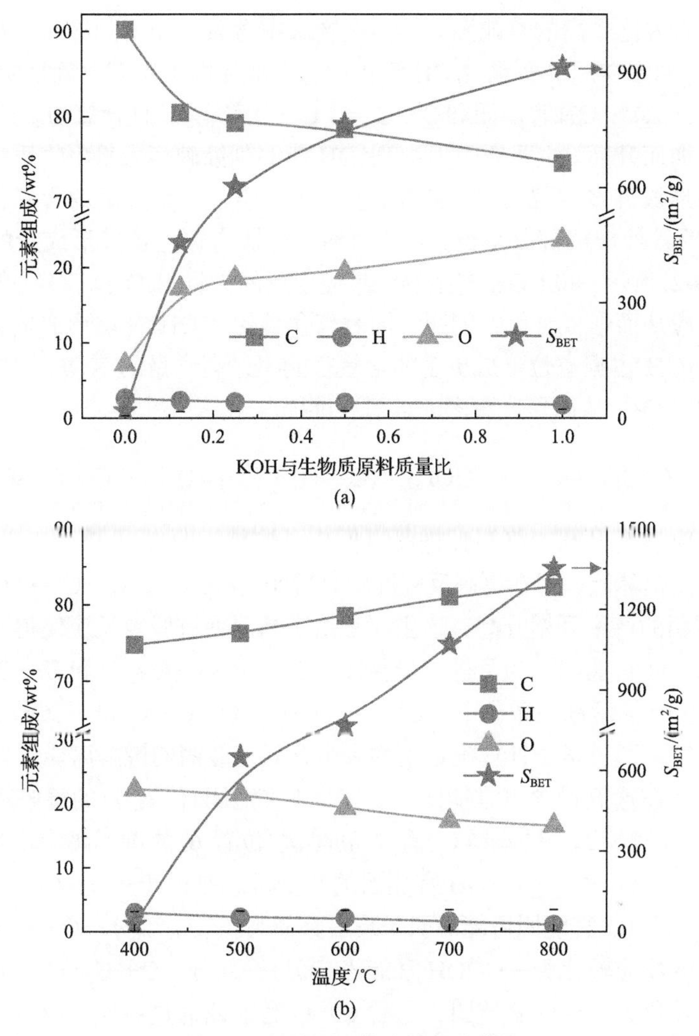

图 9-2　酸洗后生物炭的物化特性

表面更高的反应温度促进了生物炭中孔结构的形成。

生物炭中主要的含氧物质为醌中的羰基氧(C═O，531.0～531.9eV)、酯和酸酐中的羰基氧原子或羟基中的氧原子(O—C═<u>O</u>/—OH，532.3～532.8eV)、酯和酸酐中的非羰基或醚型氧原子(<u>O</u>—C═O/C—O，533.1～533.8eV)、羧基氧原子(—COOH，435.4～534.3eV)、吸附氧(536.0～536.5eV)。竹屑直接热解生物炭中最主要的含氧官能团为 C═O 官能团，另外还有 O—C═<u>O</u>/—OH、<u>O</u>—C═O/C—O 和—COOH 官能团，如图 9-3(a)所示。添加 KOH 活化剂后，O—C═<u>O</u>/—OH 取代 C═O 成为竹屑活化热解生物炭中最主要的含氧官能团，同时 C═O 官能团的相对含量大幅减少。当 KOH 活化剂与生物质原料质量比达到 1∶1 时，<u>O</u>—C═

O/C—O 成为占比最高的官能团。然而生物炭中含氧官能团的绝对含量变化趋势则有所不同，如图 9-3(b)所示。KOH 活化剂极大地提高了所有含氧官能团的产率，尤其是 O—C═<u>O</u>/—OH 官能团和 <u>O</u>—C═O/C—O 官能团，且含氧物质产率随 KOH 添加量的增加而升高。主要原因为：①KOH 能够刻蚀破坏大量生物质中的活性含氧物质从而形成许多空位，OH^-阴离子能够占据空位并形成新的含氧官能团；②KOH 刻蚀碳骨架形成部分空位，OH^-阴离子能够占据空位并形成新的含氧官能团，如式(9-2)所示；③KOH 与生物质反应生成的大量 H_2O 和 CO_2，能够进一步与生物质反应从而形成含氧官能团，同时高含量的 KOH 能够形成更多的空位，从而更多的 OH^-占据空位形成更多的含氧官能团，高含量的 KOH 同样能够产生更多 H_2O 和 CO_2，从而形成更多的含氧官能团。

$$OH^- + C(\text{空位}) \longrightarrow (\text{—COOH}) + (\text{C═O}) + (\text{—OH}) + (\text{—O—C═O}) \tag{9-2}$$

随着反应温度升高，高温促进脱氧反应，使得 C═O 和 O—C═<u>O</u>/—OH 官能团的产率大幅降低；但在更高反应温度时(700～800℃)，<u>O</u>—C═O/C—O 和—COOH 官能团的产率开始升高，这主要是由于高温促进脱氢反应使得 C═O 官能团转化为 C—O 官能团。为了进一步验证—OH、—O—C═O 和 C—O 官能团的实际变化趋势，揭示高温条件下—OH、—O—C═O、C—O 和—COOH 官能团之间的转化机理，通过量子计算确定生物炭中含氧官能团的键解离能，如图 9-4 和表 9-2 所示。在这五种含氧官能团中，—OH 官能团(位置 2)的键解离能最高；而—O—C═O 官能团中的端链(位置 7)和醚键(位置 6)的键解离能较低，因此易发生裂解反应。O—C═<u>O</u>/—OH 官能团的减少可能是由于—O—C═O 官能团的裂解，—O—C═O 官能团可能的两条裂解路径为：①一部分—O—C═O 官能团通过端链裂变反应转化为—COOH 官能团；②另一部分—O—C═O 官能团首先通过醚键裂解转化为 C═O 官能团，之后 C═O 官能团通过脱氢反应进一步转化为 C—O 官能团。因此，在高温条件下，—O—C═O 官能团大幅减少而—COOH 和 C—O 官能团大幅增多。上述结果与讨论表明，生物质同步活化热解能够制备含氧量高且比表面积大的生物炭材料，有利于直接作为吸附剂、催化剂或储能材料使用。

表 9-2　各含氧官能团的键解离能

位置	1	2	3	4	5	6	7
键解离能/(kJ/mol)	379.96	443.26	376.83	405.79	397.37	350.50	317.10

酸洗前生物炭的 XRD 谱图如图 9-5 所示。KOH 活化剂被完全消耗且生成新的化合物 K_2CO_3，其含量随着活化剂比例的增加而增加；同时在较低反应温度(小

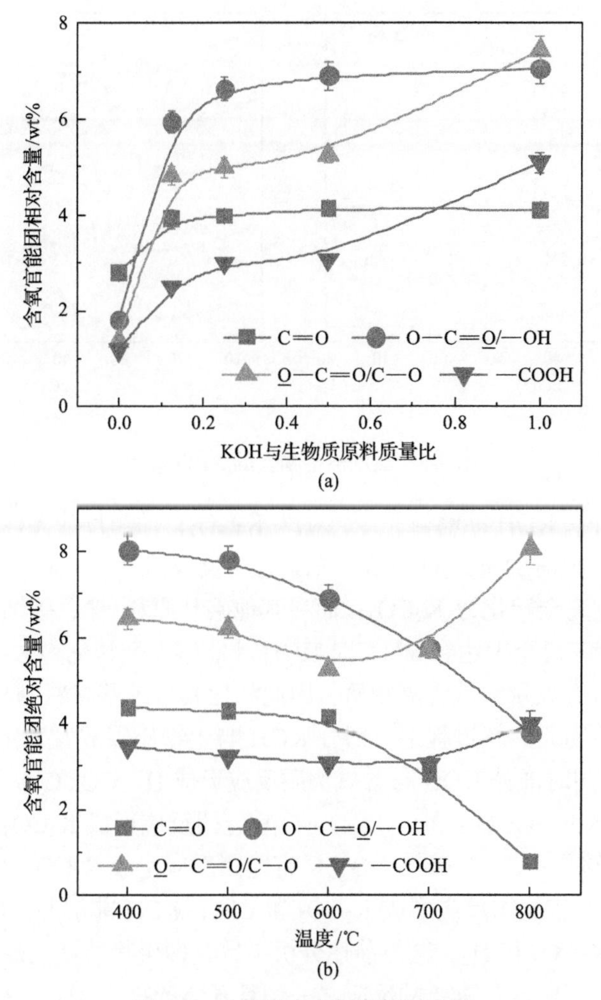

图 9-3　生物炭中含氧官能团含量

图(b)中数据根据生物炭的氧含量计算得到

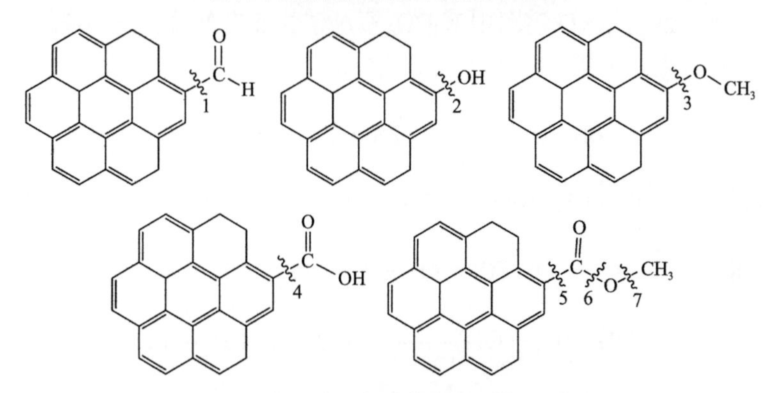

图 9-4　生物炭中含氧官能团的裂解理论路径

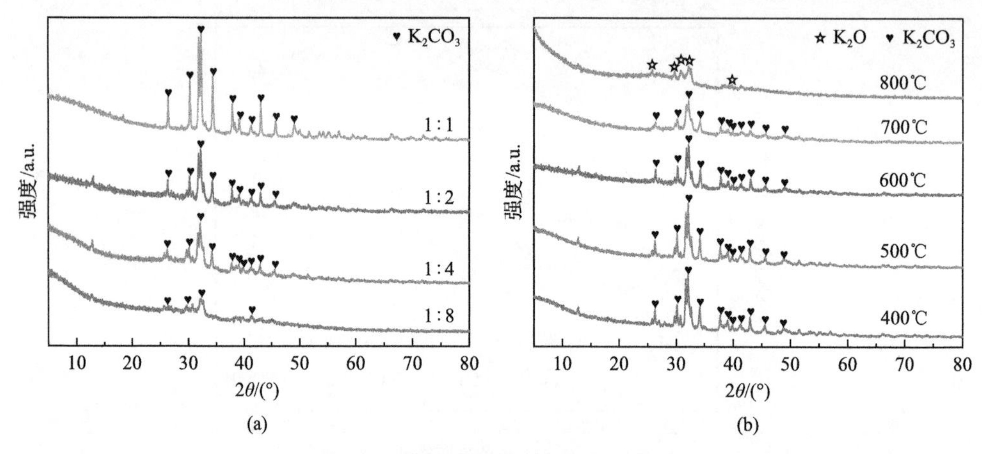

图 9-5 酸洗前生物炭的 XRD 谱图

于 700℃)条件下，KOH 能够被完全转化为 K_2CO_3；而当反应温度升至 800℃时，无 K_2CO_3 产生，但有少量 K_2O 形成；尤其是当反应温度为 400℃时，在生物质热解过程中 KOH 完全转化为 K_2CO_3；而在其他碳基原料(煤、碳纳米管等)活化过程中，反应温度需要至少达到 600℃时 KOH 才能够完全转化为 K_2CO_3。这可能是由于生物质中含有大量活性含氧物质，因此相比其他碳基材料其具有更高的反应活性。在低温生物质热解过程中，部分 KOH 与生物质碳链发生化学反应形成 H_2 和 K_2CO_3；与此同时部分 KOH 与含氧物质反应形成 H_2、CO、CO_2、CH_4 和 K_2CO_3。例如，KOH 能够和—COOH 和—O—C═O 官能团反应形成 K_2CO_3，同时释放 CO_2 和 H_2；KOH 能够与—C═O 或 C—O—C 官能团反应生成 K_2CO_3、CO 和 H_2；KOH 能够与—O—CH_3 官能团反应形成 K_2CO_3 和 CH_4；KOH 能够与—OH 或 C—H 官能团反应形成 K_2CO_3 和 H_2。这与前述分析一致，即生物质活化热解过程中 KOH 与含氧物质的反应同样是重要的反应之一，且气体产物中 H_2、CO、CO_2 和 CH_4 的含量均升高；而当反应温度升高至 800℃时，K_2CO_3 能够进一步转化为 K_2O 并释放 CO 气体，这与 XRD 谱图中 K_2CO_3 逐渐消失而有部分 K_2O 出现一致；热解气中 CO 产率大幅升高也进一步验证了该结论。

$$6KOH + 2C \longrightarrow 2K_2CO_3 + 2K + 3H_2 \tag{9-3}$$

$$KOH + (—COOH)/(—O—C═O) \longrightarrow K_2CO_3 + K + H_2 + CO_2 \tag{9-4}$$

$$KOH + (—C═O)/(C—O—C) \longrightarrow K_2CO_3 + K + H_2 + CO \tag{9-5}$$

$$KOH + (C—OH) \longrightarrow K_2CO_3 + K + H_2O + H_2 \tag{9-6}$$

$$KOH + (—O—CH_3) \longrightarrow K_2CO_3 + K + H_2 + CH_4 \tag{9-7}$$

$$KOH + (C—H) \longrightarrow K_2CO_3 + K + H_2 \tag{9-8}$$

$$K_2CO_3 + C \longrightarrow K_2O + 2CO \tag{9-9}$$

$$K_2CO_3 \longrightarrow K_2O + CO_2 \tag{9-10}$$

$$2K + CO_2 \longrightarrow K_2O + CO \tag{9-11}$$

$$K_2O + C \longrightarrow 2K + CO \tag{9-12}$$

KOH 与生物质中部分含氧物质发生化学反应形成 K_2CO_3，使得在较低反应温度下，竹屑活化热解的总产率低于 100wt%；而在较高反应温度时(700～800℃)，K_2CO_3 分解并释放出大量的 CO 或 CO_2，并且 K 金属达到沸点时也会挥发进入生物油之中，使得热解三态产物的总产率高于 100wt%。

基于上述讨论，生物质活化热解过程中 KOH 化学反应路径可描述为图 9-6。在生物质热解过程，KOH 首先与活性的含氧物质反应(—C═O、—OH、C—O、—O—C═O 和—COOH 官能团)，能够破坏掉大量含氧官能团并释放大量自由基(—C═O、—OH、C—O、—O—C═O、—COOH、H、—O—CH_3)和空位。同时部分 KOH 与碳骨架反应(C—C 或 C—H)，释放氢质子并形成空位。之后 KOH 活化剂中的 OH^- 阴离子则快速进入空位并形成新的含氧官能团。KOH 活化剂通过与含氧物质和碳骨架的反应能够转化为 K_2CO_3，在 800℃时进一步转化为 K_2O 并释放 K 金属单质和气体产物，这些反应过程极大地促进了生物炭的氧含量和孔结构的提升。

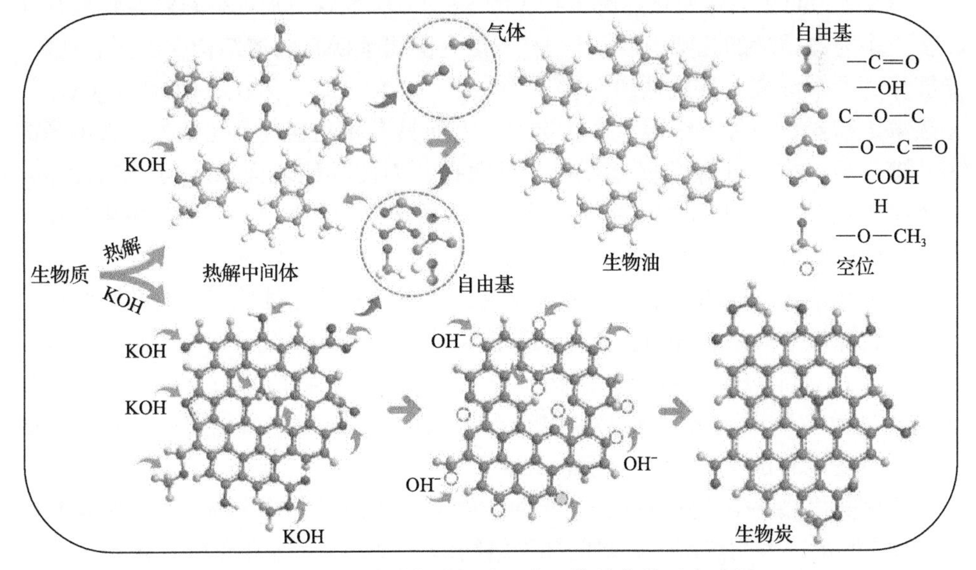

图 9-6　生物质活化热解过程中可能的化学反应路径

另外，部分 KOH 和上述过程形成的自由基离子能够与热解中间体（主要包括乙酸、羟基丙酮、左旋葡萄糖和甲氧基苯酚）反应促进脱氧反应（包括脱羧基、脱羰基、脱甲氧基和脱醚键）和芳构化反应（包括脱氢和末端链式裂变反应），并形成大量酚类物质和芳烃类物质（主要包括苯、甲苯、二甲苯）。此过程同样产生大量气体产物（H_2、CO、CO_2 和 CH_4），且部分自由基离子能够直接转化为气体物质；这些反应过程极大地降低了生物油产率，而提高了气体产率。

在 KOH 添加量较少时（活化剂与竹屑的质量比为 1∶8～1∶2），足够多的高活性含氧物质使得 KOH 与含氧物质之间的反应成为主导反应，释放大量气体产物和酚类物质；在 KOH 添加量较多时（活化剂与竹屑的质量比为 1∶1），KOH 活化剂与碳骨架之间的反应则变得较为明显。这两种反应均使生物炭产生大量空位，OH^- 阴离子能够占据空位并引入更多的含氧官能团和形成更大比表面积的多孔结构。与活化剂添加量相似，在较低反应温度时（400～600℃），KOH 与含氧物质之间的反应为主导反应，使得 KOH 完全转化为 K_2CO_3 和 K 金属单质，并促进气态产物、酚类物质和碳水化合物的形成。在较高反应温度时（700～800℃），温度对生物质活化热解过程的影响更加明显，KOH 易于刻蚀较稳定的碳骨架并提高 CO 产率和形成发达的多孔结构。

9.4　同步活化氨化对生物炭理化结构的影响

9.4.1　对生物炭物理孔隙结构的影响

图 9-7 为同步活化氨化热解生物炭的 SEM 图。发现竹屑原样热解生物炭存在较多大小为数微米的孔隙，这些排列整齐的孔隙可能源自竹屑结构中的固有孔隙，能够作为电解液离子传输通道并提高接触面积。KOH、K_2CO_3、KOH+K_2CO_3 活化热解生物炭是一种三维层状多孔炭，一方面具有相互连接且孔壁为数百纳米的大孔隙，另一方面孔隙孔壁上存在大量微孔，因此其比表面积达到 2891m^2/g，具体结果见表 9-3。这主要是由于活化过程在竹屑本身孔隙结构基础上发生钾化合物的刻蚀以及炭晶格中钾的蒸发，超纯水洗涤除去残余活化剂过程也在一定程度上改善了孔结构。H_3PO_4 活化热解生物炭保持了比较完好的竹屑本身孔隙结构，但表面孔隙被一层熔融物覆盖，可能是挥发物被炭化形成沉积炭，导致其比表面积较低。活化氨化热解生物炭的结构特征主要取决于生物质本身孔隙结构与活化剂刻蚀过程，异步活化氨化热解生物炭的表面形貌与相应活化剂在同步活化氨化热解过程制备的生物炭形貌相似。

活化氨化热解生物炭的孔径分布曲线如图 9-8 所示，比表面积和孔结构参数如表 9-3 所示，表明热解生物炭的孔网络结构包含微孔、小介孔（2～4nm）和中介

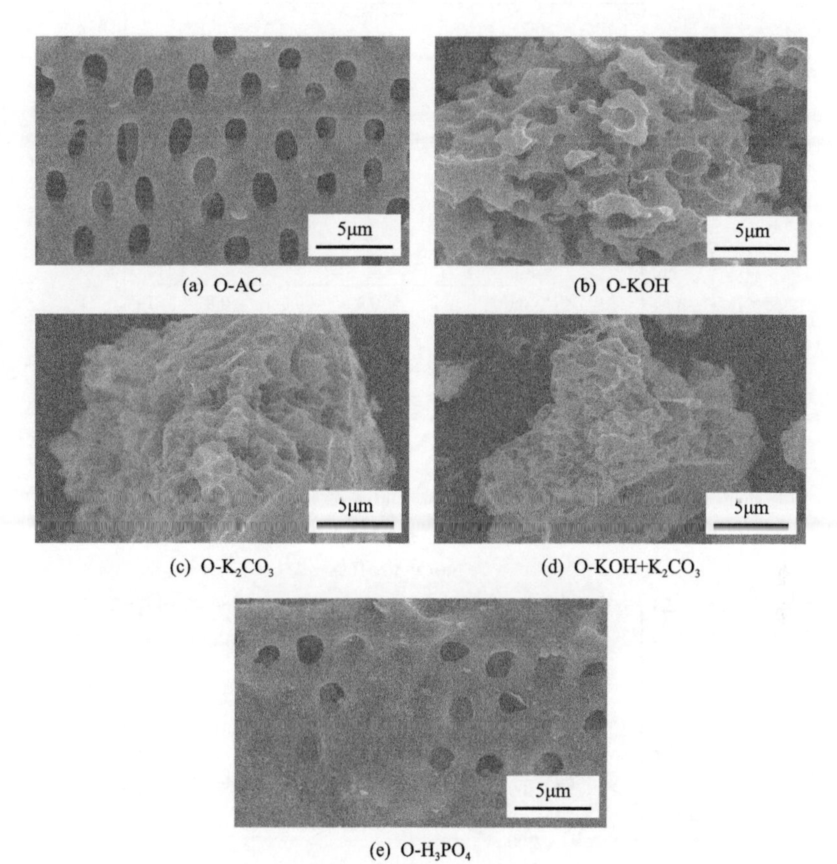

(a) O-AC　(b) O-KOH
(c) O-K_2CO_3　(d) O-KOH+K_2CO_3
(e) O-H_3PO_4

图 9-7　同步活化氨化热解生物炭 SEM 图

表 9-3　活化氨化热解生物炭孔隙结构特征参数

样品	S_{BET}/(m²/g)	微孔面积 S_{mic}/(m²/g)	微孔比例 S_{mic}/S_{BET}/%	总孔容 V_{total}/(cm³/g)	平均孔径 D/nm
O-AC	0.22	—	—	0.0014	—
O-KOH	2891.60	63.24	2.19	1.5326	2.120
O-K_2CO_3	1249.24	113.33	9.07	0.6760	2.164
O-KOH+K_2CO_3	2416.57	183.50	7.59	1.2699	2.102
O-H_3PO_4	210.47	175.36	83.32	0.1112	2.114
T-AC	245.43	—	—	0.0813	—
T-KOH	1275.91	995.91	78.06	0.7556	2.369
T-K_2CO_3	1267.70	1095.46	86.41	0.6227	1.965
T-KOH+K_2CO_3	1123.35	925.03	82.35	0.5480	2.020
T-H_3PO_4	782.43	588.00	75.15	0.3768	1.926

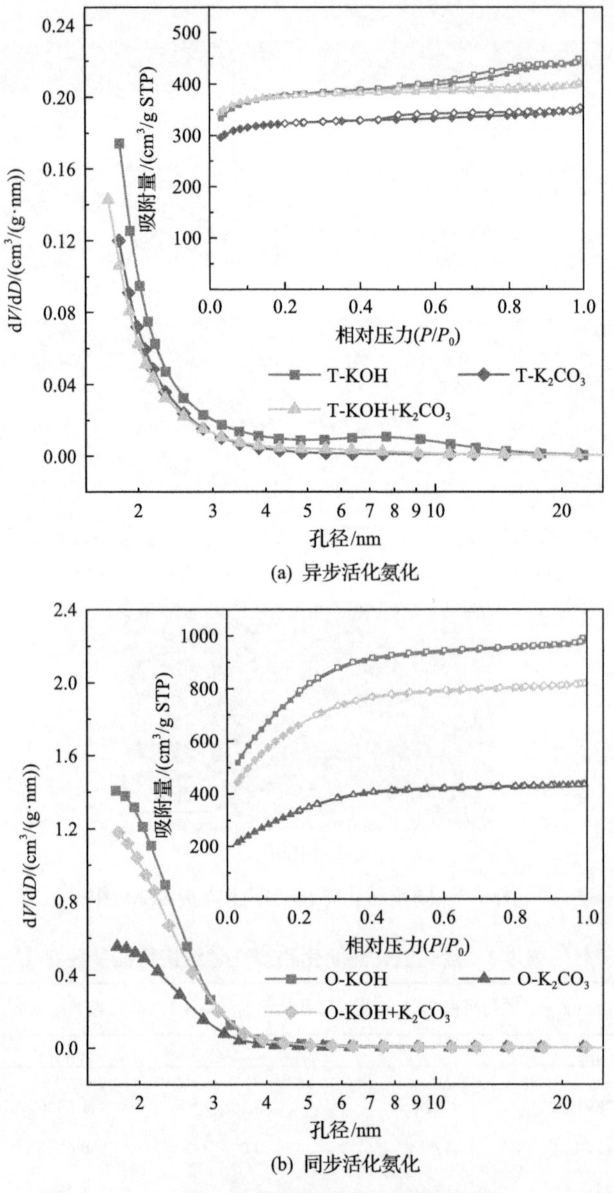

(a) 异步活化氨化

(b) 同步活化氨化

图 9-8　活化氨化热解生物炭的孔径分布

STP 表示标准温度和压力

孔(6～20nm)。异步活化氨化热解生物炭的单位孔径比表面积与同步活化氨化热解生物炭单位孔径比表面积相差 5～8 倍，即同步活化氨化热解生物炭的孔存在形式主要为小介孔，而异步活化氨化热解生物炭的孔以微孔为主。其主要原因是异步活化氨化热解中，第一步化学活化刻蚀形成微孔，第二步中 NH_3 活化刻蚀作用相对较弱，对孔结构改变不大，但同时会产生部分微孔，所以微孔比例高达

86%；而 T-KOH+K_2CO_3 混合活化热解生物炭的比表面积小于 T-KOH 和 T-K_2CO_3 两者的比表面积，说明在异步活化氨化热解过程，KOH+K_2CO_3 混合活化抑制了造孔作用。由不同活化方式的孔隙结构可知，同步活化氨化热解生物炭的比表面积普遍大于异步活化氨化热解生物炭，表明化学活化与 NH_3 活化在造孔方面具有相互促进的作用，造成生物质更深的刻蚀微孔变为小介孔；而 O-KOH+K_2CO_3 混合活化热解生物炭的比表面积达到 2416.57m^2/g，高于 O-KOH 和 O-K_2CO_3 两者比表面积的平均值，说明在同步活化氨化热解过程，KOH+K_2CO_3 混合活化产生了促进造孔的协同作用。值得注意的是，H_3PO_4 活化比表面积较小，微孔比例较高，且异步活化氨化热解生物炭比表面积增大，这与 SEM 图观察到的结果一致；然而 H_3PO_4 活化会有部分挥发分二次裂解沉积炭附着于热解生物炭表面，导致 H_3PO_4 活化生物炭的比表面积较小，但异步活化氨化过程第二步 NH_3 刻蚀产生部分微孔，在一定程度上提高了 T-H_3PO_4 的微孔比例以及比表面积。

活化氨化热解生物炭的拉曼光谱结果如图 9-9 所示，拉曼光谱 D 峰与 G 峰的峰强之比 I_D/I_G 能够说明热解生物炭的石墨化程度，较高的 I_D/I_G 值表明石墨化程度较低。由于 D 峰与 G 峰的相互重叠，根据 Vallerot 方法进行分峰拟合，所有样品均存在类似于石墨材料的主峰 D 峰(约 1335cm^{-1})和 G 峰(约 1587cm^{-1})，D 峰是一个涉及声子和缺陷的双重共振过程，G 峰源于面内振动并具有 E_{2g} 对称性。谱图表明在化学活化后，I_D/I_G 值增大，即石墨化程度降低，因为活化过程产生大量炭缺陷和无序结构，使得 D 峰峰强增大；而异步活化氨化热解生物炭的 I_D/I_G 值比同步活化氨化热解生物炭的 I_D/I_G 值更大，这主要因为异步活化氨化热解生物炭的微孔度更高。而 XRD 谱图呈现两个宽峰，在 KOH、K_2CO_3、KOH+K_2CO_3 活化后两个峰的宽度变大，表明其无定形热解生物炭结晶度较低；但是 H_3PO_4 活化后两个峰较为尖锐，这主要是因为磷可以促进石墨微晶区域形成，热解生物炭结晶度较高。

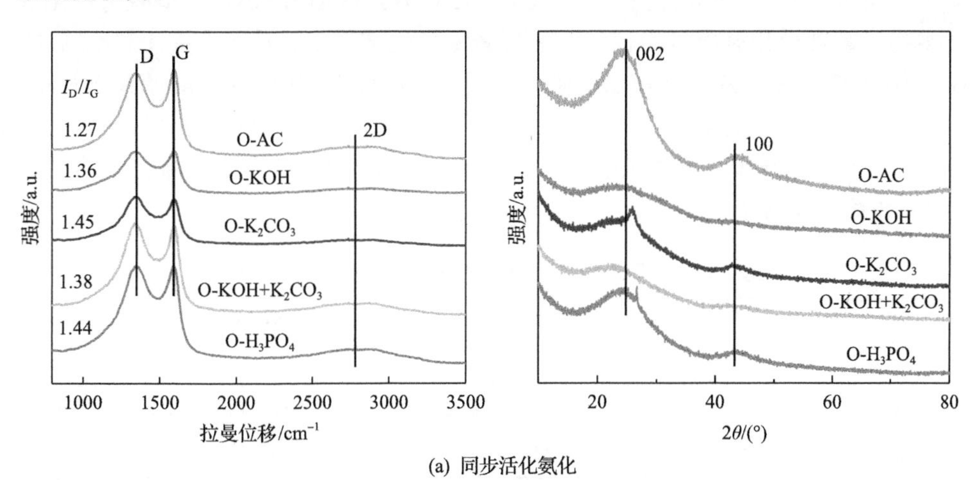

(a) 同步活化氨化

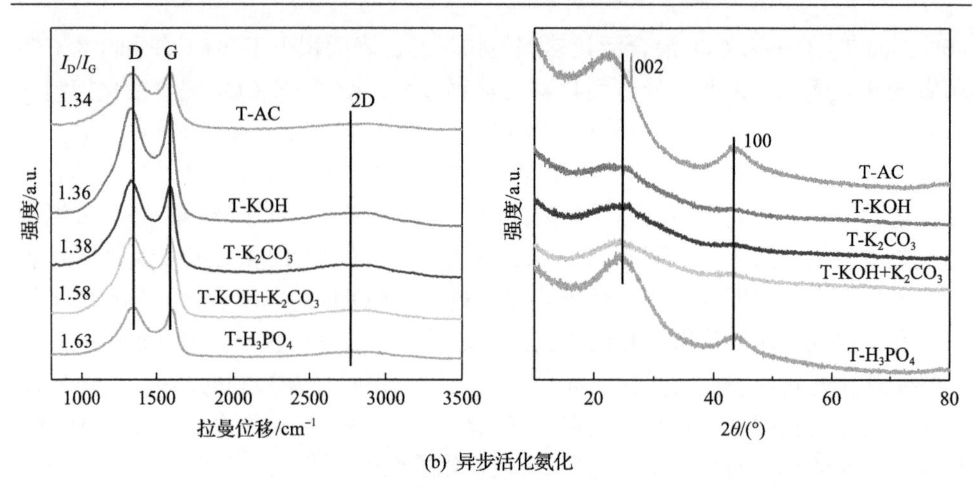

(b) 异步活化氨化

图 9-9　活化氨化热解生物炭结构(拉曼光谱和 XRD 光谱)

9.4.2　对生物炭表面含氮官能团的影响

氮掺杂量如表 9-4 所示。竹屑作为良好的炭电极材料前体，生物质原样含有超过 40%的氧，但在热解生物炭中氧仅为 8%，这大大降低了后续掺氮效率。对比未添加活化剂热解生物炭，KOH、KOH+K_2CO_3 同步活化氨化热解生物炭氧含量较低，但氮含量较高，这主要是由于同步活化氨化过程中活化剂与 NH_3 同时作用于生物质，相互竞争与含氧官能团的反应，但化学活化剂在刻蚀过程中能够产生大量活性位点供 NH_3、NH_2· 和 NH· 参与脱水反应，故同步活化氨化热解生物炭(O-AC)掺氮量较高和氧含量较低。而异步活化氨化热解过程，第一步活化破坏了生物质本身具有的大量活性位点，即降低了氧含量，后续掺氮中 NH_3 仅能与少部分含氧官能团反应生成含氮官能团，所以相对于 KOH、K_2CO_3、KOH+K_2CO_3 同步活化氨化热解生物炭，KOH、K_2CO_3、KOH+K_2CO_3 异步活化氨化热解生物炭氧含量和氮含量均较低。在 H_3PO_4 活化结果中，氮含量从 4.53wt%(O-H_3PO_4)增长到 8.77%(T-H_3PO_4)，而氧含量从 24.66at%(O-H_3PO_4)降低到 7.75at%(T-H_3PO_4)。同步活化氨化中形成了大量 C—O—PO_3 和 C—PO_3 官能团，P 含量和 O 含量较高，而异步活化氨化中第二步掺氮过程 NH_3 大量与含磷官能团反应造成 P 含量下降，N 含量上升。

表 9-4　竹屑热解生物炭的元素分析和 XPS 结果分析

样品	元素分析/wt%		XPS/at%			
	C	N	C	N	O	P
O-AC	82.97	2.99	86.99	2.87	10.11	—
O-KOH	83.37	2.27	89.18	2.96	7.83	—

续表

样品	元素分析/wt%		XPS/at%			
	C	N	C	N	O	P
$O-K_2CO_3$	81.50	3.17	88.67	2.76	8.56	—
$O-KOH+K_2CO_3$	76.34	3.89	88.13	3.82	8.03	—
$O-H_3PO_4$	68.75	4.53	69.58	2.95	24.66	2.81
T-AC	88.00	1.68	85.37	0.91	12.35	—
T-KOH	81.44	1.15	96.04	0.50	3.43	—
$T-K_2CO_3$	95.72	2.64	94.46	2.10	3.40	—
$T-KOH+K_2CO_3$	86.41	1.08	92.41	0.78	6.76	—
$T-H_3PO_4$	64.57	8.77	83.28	7.12	7.75	1.85

注：at%表示原子百分比。

同步活化氨化热解生物炭的XPS N 1s谱图根据含氮官能团的结构可以分为四个峰(图 9-10(a)～(d))：吡啶氮(398.5eV±0.3eV)、吡咯氮(400.5eV±0.3eV)、石墨氮(401.2eV±0.3eV)、吡啶氮氧化物(403.2eV±0.3eV)，各峰相对含量如图 9-10(e)所示。同步活化氨化中，KOH 能够明显促进吡啶氮和吡咯氮的生成，与 KOH 相比，K_2CO_3 能够促进吡咯氮和石墨氮的生成，KOH 与 K_2CO_3 共活化存在协同促进作用，提高了掺氮量且吡啶氮、吡咯氮和石墨氮比例均较高，而 H_3PO_4 活化对氮官能团影响不大。异步活化氨化中，KOH 能够提高吡啶氮比例，K_2CO_3 能够促进吡啶氮和吡咯氮的生成，KOH 与 K_2CO_3 共活化存在协同抑制作用，降低了掺氮量但提高了吡咯氮比例，石墨氮比例变小。

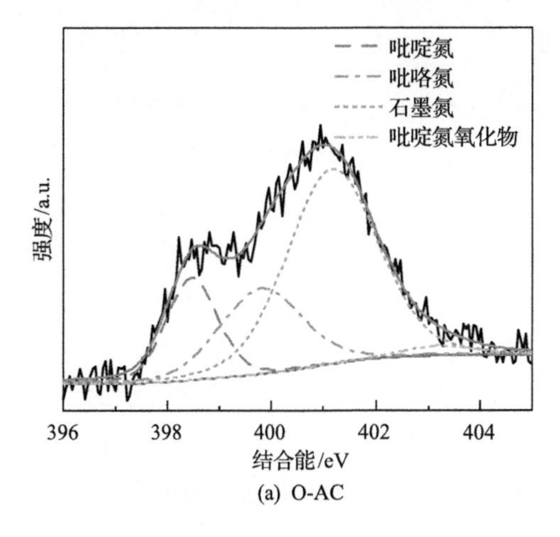

(a) O-AC

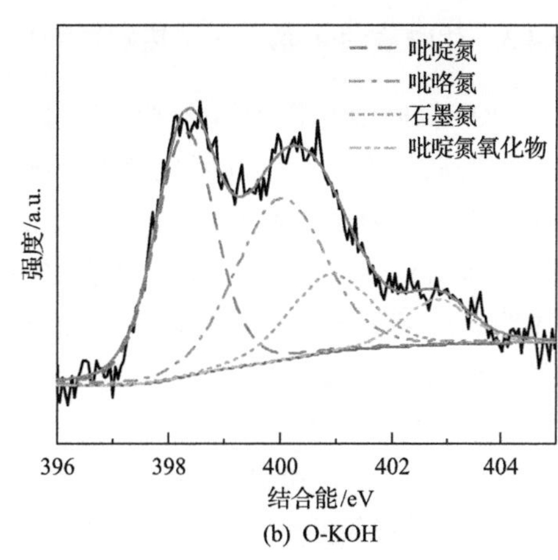

(b) O-KOH

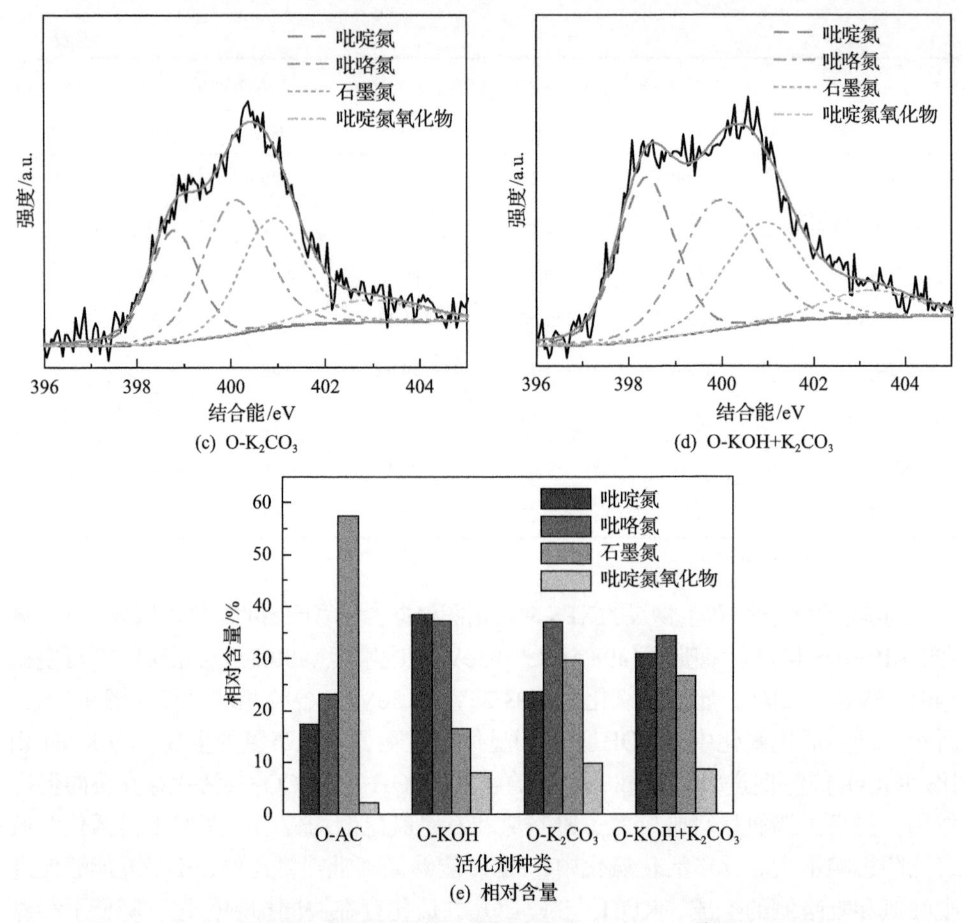

(c) O-K_2CO_3　(d) O-KOH+K_2CO_3

(e) 相对含量

图 9-10　同步活化氨化热解生物炭 XPS N 1s 谱图

9.4.3　生物质活化氨化一步热解过程机理

KOH+K_2CO_3 作为活化剂时在同步活化氨化热解中相互促进比表面积和掺氮量的提高，而在异步活化氨化热解中则相互抑制孔隙结构的形成和掺氮量的提高。为了更进一步讨论混合活化氨化热解的机理，首先分析 KOH 和 K_2CO_3 活化过程机理的不同之处，两者都通过碳氧化和氢还原进行造孔，活化过程反应如下：当温度处于 475～570℃范围时，KOH 通过对碳骨架的刻蚀主要产生大量微孔；当达到更高温度接近 700℃时，K_2CO_3 的分解则进一步起到扩孔作用，同时反应生成大量 CO、CO_2 和 K 蒸气；当反应温度达到 500℃左右时，NH_3 能够分解为大量 NH_2·、NH·、H·等自由基离子，其能够通过与生物炭表面的活性位点进行反应达到刻蚀及掺氮的作用；然而 NH_3 刻蚀孔结构能力较微弱，仅能较小幅度地提高生物炭的微孔孔容。

在慢速热解生成 T-KOH 炭的第一阶段(约 500℃)，竹屑开始热解，其分子链结构的改变导致多稠环碳结构增加，而亚甲基和含氧官能团急剧减少；在惰性气氛中 KOH 的刻蚀作用使得碳链中的含氧官能团充分暴露，并进一步被 KOH 刻蚀破坏，从而在比表面积较大的同时使得半焦处于一种“非活化”的状态，其表面活性位点较少，进而导致第二阶段(约 700℃)不易进一步产生刻蚀作用。在第二阶段(约 700℃)，孔径增大，但造孔作用有限，也使得在第二步氨化过程没有足够的活性位点或含氧官能团供 NH_3 参与掺杂反应，使得 T-KOH 炭的掺氮量甚至小于 T-AC 生物炭。对于 T-K_2CO_3，由于第一阶段不发生 KOH 的刻蚀反应，半焦中保留了较多的活性含氧官能团，从而保持了低水平的“活化”状态，因此，第二阶段中 K_2CO_3 通过剧烈刻蚀半焦表面的活性位点形成相当大的比表面积；也使得第二步氨化过程活性位点能够与 NH_3 反应，同时实现掺氮，因此 T-K_2CO_3 的掺氮量要高于 T KOH。然而，对于 T KOH+K_2CO_3，KOH 刻蚀反应会导致半焦处于“非活化”状态且少量的 KOH 并无法充分地发挥造孔作用，在第二阶段没有足够的活性位点与 K_2CO_3 反应进行扩孔使得 T-KOH+K_2CO_3 炭的比表面积最终小于 T-KOH 和 T-K_2CO_3 炭的加和平均，即混合活化降低了比表面积。而对于掺氮的影响，一方面 KOH 刻蚀破坏了大量活性物质，另一方面浸渍部分的 K_2CO_3 又在活化的第二阶段加剧了对活性物质的消耗，最终使得第二步氨化过程更加无法刻蚀并掺氮，从而抑制了 NH_3 的掺氮作用。

对于同步活化氨化热解，整个反应过程与异步活化氨化热解一致，主要差别为活化热解过程在 NH_3 氛围中进行，氨化过程与化学活化过程存在一定的竞争关系，因为活化过程能够破坏活性物质，包括含氮官能团，而含氮官能团主要是通过 NH_3 及其自由基离子(NH_2·、NH·、H·)与活性物质的反应生成。对于 O-KOH，当反应温度达到约 500℃时，KOH 刻蚀反应开始发挥作用，使得连接高分子量化合物的亚甲基和乙醚桥断裂形成挥发分和半焦。由于反应是在活性的 NH_3 氛围中进行，NH_3 及其自由基离子(NH_2·、NH·、H·)能够充分地参与并与活性物质反应，在半焦表面生成大量含氮官能团。因此半焦处于一种“活化”状态，表面含有大量活性官能团且处于活性气氛中。当温度升高到第二阶段(约 700℃)时，K_2CO_3 则能够通过刻蚀活性官能团达到进一步提高生物炭比表面积的目的，但也使得掺氮量有所降低。对于 O-K_2CO_3，当热解温度达到约 500℃时，由于生物质热解过程主要反应温度区域为 300～550℃，因此没有发生 KOH 刻蚀反应。由于部分 NH_3 及其自由基离子能够通过与热解中间体反应生成少量含氮官能团，且半焦处于“半活化”状态，在活化的第二阶段(约 700℃)随着 K_2CO_3 刻蚀进一步造孔，NH_3 也可以再次与活性物质反应掺氮，因此 O-K_2CO_3 炭的比表面积要低于 O-KOH 炭的比表面积，但掺氮量却较高。而对于 O-KOH+K_2CO_3，KOH 的存在使得半焦在活化的第一阶段达到“活化”状态，然后在活化的第二阶段 K_2CO_3（包括竹屑浸渍过程添加的 K_2CO_3 以及 KOH 刻蚀反应所产生的 K_2CO_3）的进一步刻蚀使得比表面积进一步增大；而一种较好的“活化”状态与含量官能团数量之间的平衡，使得 KOH+K_2CO_3 混合活化时得到了最高的掺氮量；而在 O-KOH+K_2CO_3 活化过程的第二阶段，与 O-K_2CO_3 相比，浸渍部分的 K_2CO_3 能够更多地发挥刻蚀造孔功能，因此使得 KOH+K_2CO_3 的混合活化具有协同促进比表面积增大的作用，反应机理如图 9-11 所示。

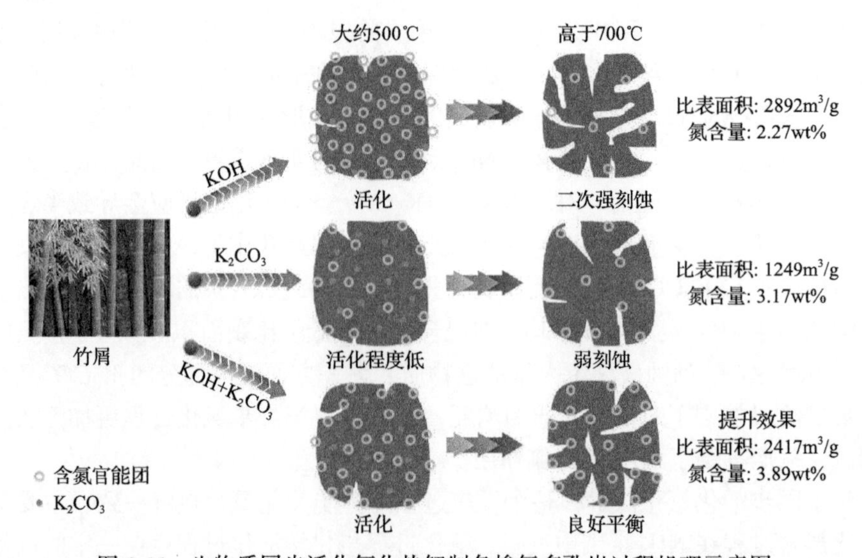

图 9-11　生物质同步活化氨化热解制备掺氮多孔炭过程机理示意图

在同步活化氨化热解过程，化学活化与氨化过程的交互使生物炭孔径增大。化学活化能够使生物质中大量含氧官能团暴露在孔道表面，使 NH_3 及其自由基离子（NH_2·、NH·、H·）能够进入孔道与活性位点反应，从而扩大孔径、形成新孔和增加掺氮量，这也是使得同步活化氨化热解生物炭的比表面积、总孔容和掺氮量更大的因素之一。

9.5　掺氮多孔生物炭的电化学特性

掺氮多孔生物炭的电化学测试的电解液为 6 mol/L KOH 溶液，其结果见图 9-12。从图可知掺氮多孔生物炭的循环伏安特性曲线均是一个大致扭曲的矩形形状，说明双电层是主要电容；在 −0.3V 左右处存在小驼峰，说明含氮官能团产生了部分赝电容；而含氮官能团的存在使得所有曲线均部分偏离线性，这与循环伏安特性曲线分析一致。而对于比电容，O-KOH+K_2CO_3 炭的比电容最大，达到 175F/g，而 O-H_3PO_4 炭的比电容最小，这主要是 O-KOH+K_2CO_3 炭良好的孔结构和相对高

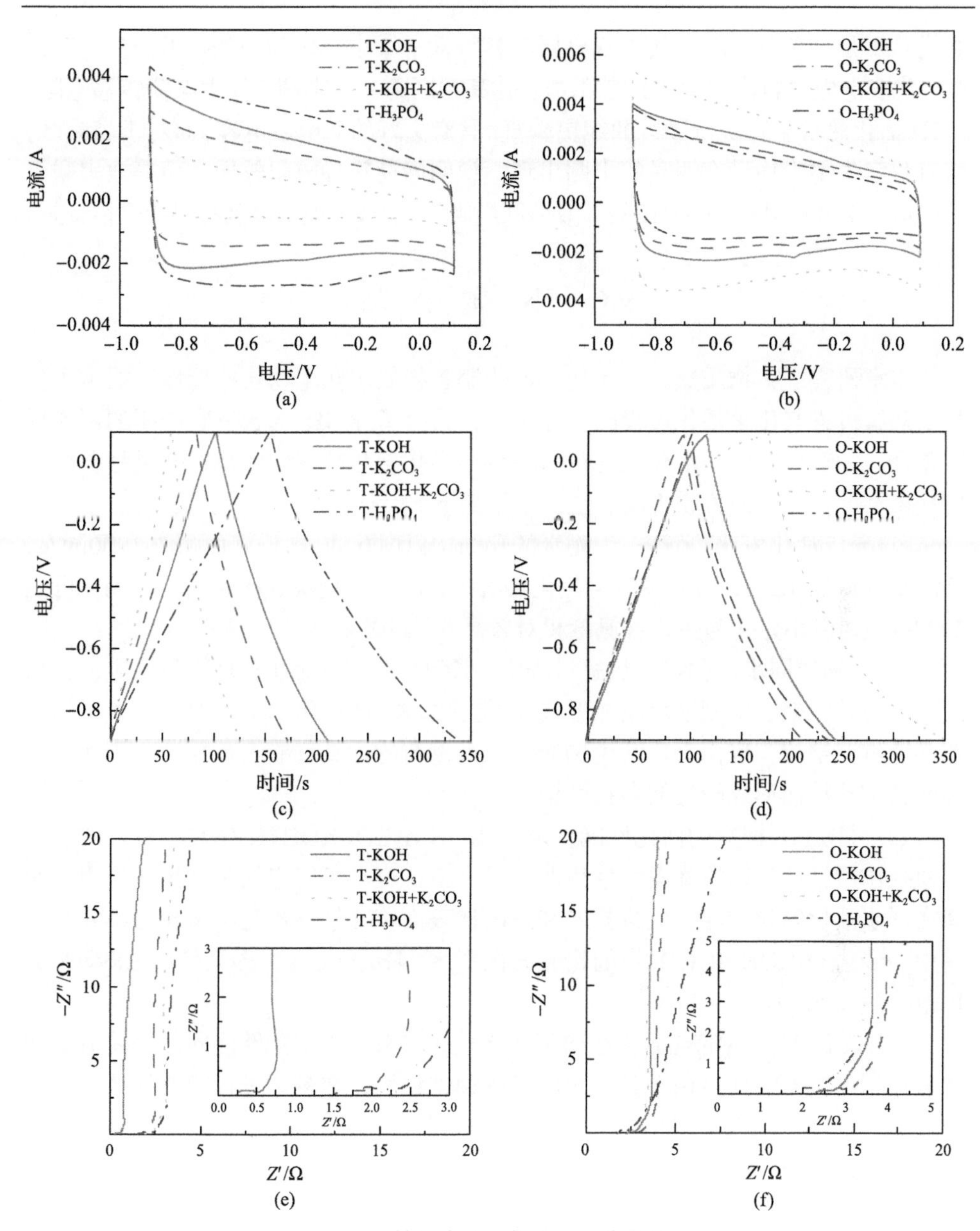

图 9-12　掺氮多孔生物炭的电化学特性

(a)和(b)为 10mV/s 循环伏安特性曲线；(c)和(d)为 1.0A/g 恒电流充放电曲线；(e)和(f)为交流阻抗谱图(Z'和 Z''表示阻抗的实部和虚部，负号为虚部)

的氮掺杂量的共同作用，而 O-H_3PO_4 炭比表面积低且掺氮量不高。掺氮多孔生物炭电极的恒电流充放电曲线中，4 种掺氮多孔生物炭的比电容几乎相同，可能是因为比表面积和有效氮含量均相差不大。交流阻抗谱图由三部分组成：①低频区，曲线几乎是一条垂直线，代表双电层电容特性；②中频区为一条接近 45°的对角线，代表电极材料内的离子扩散阻力；③高频区为一个半圆，代表电荷转移电阻。KOH 活化热解生物炭低频区曲线更垂直，具有更好的双电层电容；而对于高频区，所有热解生物炭均没有明显的半圆出现，说明电荷转移电阻较低；而等效串联电阻均低于 2.4Ω，其中 O-KOH 的等效串联电阻为 0.24Ω，说明电极材料导电性良好。

9.6 本章小结

本章研究了生物质热解、活化、氨化制备掺氮多孔生物炭的特性，揭示了生物质热解过程与化学活化过程的交互机制，给出了 KOH 与含氧官能团的可能反应路径，并对比了同步活化氨化热解与异步活化氨化热解中活化造孔过程与外源 NH_3 掺氮过程之间的关联机制。主要结论如下。

(1) 异步活化氨化热解中，生物炭的孔结构以微孔为主，比表面积约 1200m^2/g，含氮量较低在 1.2%；而同步活化氨化热解中，所得生物炭的比表面积较高，可达 2000m^2/g，以小介孔为主，含氮量相对较高，达 10%。

(2) 生物质同步活化氨化热解过程中，KOH 不仅与活性含氧物质反应，也与较稳定的碳骨架发生刻蚀反应并形成大量空位，KOH 活化剂中的 OH^-阴离子则能够迅速占据空位，进而为热解生物炭引入大量新的含氧官能团，并进一步深入刻蚀造孔扩孔从而形成较好的多孔结构。

(3) 对比不同钾盐的活化性能，发现 KOH/K_2CO_3/KOH+K_2CO_3 具有强的活化造微孔作用且使生物质暴露大量活性位点，NH_3 也具备一定的刻蚀炭孔作用，两者在同步活化氨化中相互促进掺氮和提高比表面积并进一步刻蚀微孔为小介孔；其中一步法 O-KOH+K_2CO_3 炭的比表面积高达 2416.57m^2/g，掺氮量达 3.89wt%，比电容达 175F/g。

(4) KOH+K_2CO_3 混合活化在同步活化氨化热解过程中能够协同促进掺氮量和比表面积的提升；而且由于其相对较强的刻蚀作用，在刻蚀过程能够释放大量活性位点，促进 NH_3 及其自由基离子参与反应提高掺氮量；而丰富的活性含氮官能团也易于参与第二阶段(约 700℃)的二次刻蚀，进一步提高活性焦的比表面积。

参考文献

[1] Liu W J, Jiang H, Yu H Q. Emerging applications of biochar-based materials for energy storage and conversion[J]. Energy & Environmental Science, 2019, 12(6): 1751-1779.

[2] Xiao X, Chen B L, Chen Z M, et al. Insight into multiple and multilevel structures of biochars and their potential environmental applications: A critical review[J].Environmental Science & Technology, 2018, 52(9): 5027-5047.

[3] Lehmann J. A handful of carbon[J]. Nature, 2007, 447(7141): 143-144.

[4] Chen W, Yang H P, Chen Y Q, et al. Influence of biochar addition on nitrogen transformation during copyrolysis of

algae and lignocellulosic biomass[J].Environmental Science & Technology, 2018, 52(16): 9514-9521.

[5] Ishii T, Ozaki J I. Understanding the chemical structure of carbon edge sites by using deuterium-labeled temperature programmed desorption technique[J]. Carbon, 2020, 161: 343-349.

[6] Yang X D, Wan Y S, Zheng Y L, et al. Surface functional groups of carbon-based adsorbents and their roles in the removal of heavy metals from aqueous solutions: A critical review[J]. Chemical Engineering Journal, 2019, 366: 608-621.

[7] Liu W J, Jiang H, Yu H Q. Development of biochar-based functional materials: Toward a sustainable platform carbon material[J]. Chemical Reviews, 2015, 115(22): 12251-12285.

[8] Wang J C, Kaskel S. KOH activation of carbon-based materials for energy storage[J]. Journal of Materials Chemistry C, 2012, 22(45): 23710-23725.

[9] Chen Q, Tan X, Liu Y G, et al. Biomass-derived porous graphitic carbon materials for energy and environmental applications[J]. Journal of Materials Chemistry C A, 2020, 8: 5773-5811.

[10] Lian F, Xing B S. Black carbon(biochar) in water/soil environments: Molecular structure, sorption, stability, and potential risk[J]. Environmental Science & Technology, 2017, 51(23): 13517-13532.

[11] Wang J, Nie P, Ding B, et al. Biomass derived carbon for energy storage devices[J]. Journal of Materials Chemistry C A, 2017, 5(6): 2411-2428.

[12] László K, Tombácz E, Josepovits K. Effect of activation on the surface chemistry of carbons from polymer precursors[J]. Carbon, 2001, 39(8): 1217-1228.

[13] Deng J, Li M M, Wang Y. Biomass-derived carbon: Synthesis and applications in energy storage and conversion[J]. Green Chemistry, 2016, 18(18): 4824-4854.

[14] Li S P, Song X Y, Wang X T, et al. One-step construction of hierarchically porous carbon nanorods with extraordinary capacitive behavior[J]. Carbon, 2020, 160: 176-187.

[15] Deng J, Xiong T Y, Xu F, et al. Inspired by bread leavening: One-pot synthesis of hierarchically porous carbon for supercapacitors[J]. Green Chemistry, 2015, 17(7): 4053-4060.

[16] Chen W, Yang H P, Chen Y Q, et al. Biomass pyrolysis for nitrogen-containing liquid chemicals and nitrogen-doped carbon materials[J]. Journal of Analytical and Applied Pyrolysis, 2016, 120: 186-193.

[17] Oginni O, Singh K, Oporto G, et al. Influence of one-step and two-step KOH activation on activated carbon characteristics[J]. Bioresource Technology Reports, 2019, 7: 100266.

[18] Zubrik A, Matik M, Hredzák S, et al. Preparation of chemically activated carbon from waste biomass by single-stage and two-stage pyrolysis[J]. Journal of Cleaner Production, 2017, 143: 643-653.

[19] Fu Y H, Shen Y F, Zhang Z D, et al. Activated bio-chars derived from rice husk via one- and two-step KOH-catalyzed pyrolysis for phenol adsorption[J]. Science of the Total Environment, 2019, 646: 1567-1577.

[20] Wang S R, Dai G X, Yang H P, et al. Lignocellulosic biomass pyrolysis mechanism: A state-of-the-art review[J]. Progress in Energy and Combustion Science, 2017, 62: 33-86.

第10章 生物质富氮热解联产含氮化学品及富氮热解炭材料研究

10.1 引 言

为了得到高质量的含氮物质，引入人工合成且易于控制的外源氮素(NH_3)是实现富氮热解必不可少的方式。另外，目前传统的生物油热值约为 17MJ/kg，仅为石油热值的一半，这主要是由于生物油含氧量较高，达 40～50wt%。为了进一步提高生物油品质，催化裂解和加氢脱氧已经被广泛研究[1,2]；然而过度脱氧导致生物油产率大幅降低，造成生物质利用率降低。从生物质的组成来看，可以发现其含有大量的含氧官能团，将其转化为高附加值的化学品，而非生物燃料，也是一种很好的利用方式[3,4]。为此众多研究者也成功地将含氧物质转化为高附加值的含氧小分子，如呋喃[5]、糠醛[6]、左旋葡萄糖酮[7,8]、4-乙烯基苯酚[9]等。

如果能够用氮取代氧元素，则可能得到大量的高附加值含氮化学品，如吡咯、吡啶、吲哚和苯胺等，它们都是合成药物、香料和染色剂的重要原料[10]。而合成含氮化学品常用的外源氮素有 NH_3、尿素、三聚氰胺等。Li 等[11]发现氨源浸渍后的木质纤维素类生物质热解生物油中的羰基化合物可转化为含氮杂环化合物，从而提高了生物油的稳定性。Xu 等[12,13]通过在 NH_3 气氛下催化热解纤维素和木质素，获得了高附加值的含氮杂环化合物(吡咯类、吡啶类和吲哚类)以及苯胺类物质；同时，氮素引入生物炭中也可以提高生物炭的活性，可应用于催化、吸附和储能等领域[14,15]。因此生物质热解制备高附加值的含氮化合物和富氮热解炭将显著提高生物质资源的利用价值。然而，目前关于生物质在 NH_3 气氛下热解过程中含氮物质的形成机理还没有相关报道，因此，有必要深入研究生物质富氮热解。

为了进一步提高含氮液体油和富氮热解炭材料的品质，在生物质富氮热解过程中引入催化剂或活化剂等是至关重要的[16-18]。Xu 等[19]通过在 NH_3 气氛下催化热解呋喃类衍生物，得到了大量的吲哚类物质。Zhou 等[20]通过热解聚合乙二胺制备了多孔富氮热解炭材料，其具有很好的电容特性。Sun 等[21]通过联合热解四乙基正硅酸盐、硝酸镍、葡萄糖和三聚氰胺，合成了富氮热解炭材料，其表现出优异的电化学特性。然而，目前的研究仅关注模化物或生物质衍生物生成的单一产物，还没有报道过整个热解过程行为，包括热解特性及产物特性。

本章将重点分析外源氮素 NH_3 对于竹屑的热解特性的影响，包括整个热解过程及产物特性。探讨活化剂 KOH 引入对于含氮液体油，富氮热解炭的掺氮量、含氮官能团分布、比表面积及孔径分布特性的影响，并揭示 NH_3 和 KOH 共同作用下，含氮液体油和富氮热解炭材料协同调控机理，实现生物质富氮热解联产高值的含氮液体油和富氮热解炭材料的目标，为生物质高效高质利用提供科学依据。

10.2　实验样品与方法

竹屑样品首先采用 KOH 溶液浸渍(KOH 和竹屑的质量比分别为 0.1、0.2、0.3 和 0.4)，在 60℃下边搅拌边蒸干水分，分别命名为 BC-0.1、BC-0.2、BC-0.3 和 BC-0.4，BC 表示竹屑。

竹屑快速热解实验在固定床系统进行。系统包括反应器(高 1000mm，内径 45mm)、电炉、温度控制器、冷凝系统、气体清洗和干燥系统等，具体示意参见图 9-1。每次实验时，加热反应器至预设温度 800℃，首先通入 500mL/min Ar(99.99%)，然后引入 50mL/min NH_3(99.99%)，并将 Ar 流速减小至 450mL/min。当系统达到稳定时，样品(约 2g)被快速放入反应器内，停留 60min。竹屑受热分解后挥发分快速析出，可冷凝的挥发分在冰水混合物的冷凝系统中冷凝，不可冷凝组分经过水洗、脱脂棉过滤及硅胶干燥后，用集气袋收集。

待实验结束后，将反应器冷却至环境温度，冷却过程中持续通入 500mL/min 纯 Ar，收集热解产物生物炭、生物油和气体，气体质量根据收集的气体体积计算得到。称取生物炭质量及反应前后冷凝系统的质量，以获得生物炭和生物油产率，其中冷凝系统中的生物油可以直接倒出的部分具有较好的流动性，称为水相，需添加丙酮进行清洗的部分称为非水相，并分别称量每部分的质量。每组实验都进行了三次重复性实验，具有很好的重复性(数据的重复率保证在 95%以上)，所有的数据均为三次平均值。

热解生物炭首先采用 1mol/L HCl 浸渍以除去其中的含钾化合物，随后用去离子水不断冲洗，直至滤液为中性为止，滤出的生物炭置于 105℃烘箱中干燥 24h。在 Ar 和 NH_3 混合气气氛下热解样品分别命名为 BC-N、BC-0.1-N、BC-0.2-N、BC-0.3-N 和 BC-0.4-N。为了与传统热解对比，同时开展了竹屑在 800℃纯 Ar(500mL/min)气氛下的热解，命名为 BC。

热解气体产物采用微型气相色谱仪(Micro-GC，Agilent，Agilent 3000)进行分析。含氮气体成分采用 Gasmet Dx-4000 FTIR 多组分气体分析仪分析[22,23]。Gasmet Dx-4000 FTIR 多组分气体分析仪包括 FTIR 分光仪、温控样品管和信号处理电子元件。生物油中的主要化学成分采用气相色谱-质谱联用仪(GC/MS，Agilent，HP7890)进行分析，色谱柱为 HP-5；生物油水分采用卡尔・费歇尔(Karl Fischer)滴定法测得；生物油的 pH 通过 OHAUS 电极测得。

通过德国 Vario 公司生产的 CHNS/O 元素分析仪进行生物炭元素分析，工业分析标准参照美国材料与试验协会标准进行测试，确定水分、挥发分、固定碳和灰分的含量；低位热值通过弹式量热法测得。生物炭比表面积和孔隙结构参数采用自动吸附仪(ASAP 2020，Micromeritics，美国)测定，以高纯度氮气(99.99%)为吸附介质，在液氮饱和温度–196℃下对样品进行静态等温吸附测定；吸附前，样品在 150℃下脱气 10h。孔径分布(pore size distribution，PSD)曲线通过密度泛函理论计算确定。生物炭表面含氮官能团通过 X 射线光电子能谱分析，以 Al K_α 线为辐射源。

生物炭的电化学特性通过 CHI760(CH Instruments，美国)电化学工程站三电极系统测得，以 6mol/L KOH 为电解质，分别以铂片和饱和甘汞电极作为辅助电极和参比电极。工作电极的制备方法如下：首先将生物炭(80%)、乙炔黑(10%)和聚偏二氟乙烯(PVDF，10%)混合均匀后分散到 *N*-甲基-2 吡咯烷酮(NMP)中形成浆体；然后将浆体涂覆在 1cm× 1cm 泡沫镍集流体上，置于 110℃真空干燥箱中 12h；最后用 10MPa 压力进行压片，并称量涂覆前后的质量差来计算工作电极上生物炭的质量。循环伏安(cyclic voltammetry，CV)测试的扫描速率为 10mV/s，恒电流充放电(galvanostatic charge/discharge，GCD)测试的电流密度为 1A/g，电化学阻抗光谱(electrochemical impedance spectroscopy，EIS)测试的频率范围为 0.01Hz～100kHz，电压振幅为 5mV。

超级电容器生物炭电极材料比电容(C_{spec}，F/g)的计算方法如下[21,24]：

$$C_{spec} = \frac{I \times t}{m \times \Delta V} \tag{10-1}$$

其中，I 为放电电流(A)；t 为放电时间(s)；m 为工作电极上生物炭质量(g)；ΔV 为电压范围(V)。

10.3 生物质富氮热解联产特性及气体析出特性

10.3.1 生物质富氮热解特性

不同样品热解的生物炭、生物油和气体产物产率分布如图 10-1 所示。竹屑在纯 Ar 下热解时，生物炭产率较低(约 17.5wt%)，而气体和生物油产率很高(分别约为 45.8wt%和 36.7wt%)，这主要是因为竹屑的挥发分含量高和热解温度高[25, 26]。随着 NH_3 的引入，气体产率显著降低，而生物油产率明显增加，但是生物炭产率没有明显变化；随着 KOH 的添加，生物炭产率大幅增加，且随 KOH 含量的增加，生物炭产率进一步增加，而生物油产率呈现出相反的趋势，逐渐下降。但是 KOH 含量对于气体产率没有明显影响，气体产率维持在 36wt%左右。

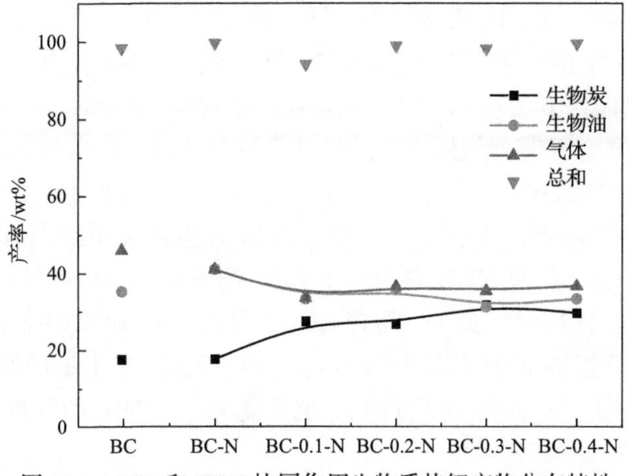

图 10-1　NH_3 和 KOH 协同作用生物质热解产物分布特性

10.3.2　生物质富氮热解气体产物析出特性

竹屑在纯 Ar 下热解时，气体主要由 CO(44.66vol%)、CH_4(17.92vol%)、H_2(15.61vol%)、CO_2(17.46vol%)和少量的 C_2H_4(3.33vol%)、C_2H_6(1.02vol%)组成，其低位热值超过 16MJ/Nm^3，为中热值气体燃料，可作为工业锅炉燃料[27]。如表 10-1 所示，随着 NH_3 的引入，H_2 含量骤增至 38.03vol%，而 CO、CO_2 和 CH_4 含量明显降低。这可能是由于高温下 NH_3 与生物质发生反应，释放出 H 原子、NH_2· 自由基和 NH· 自由基，而 H 原子与 H 原子相结合形成 H_2 释放出来，其形成的可能路径如式(10-2)所示[28, 29]；NH_3、NH_2· 自由基和 NH· 自由基与羰基反应(美拉德反应)[30]，会抑制脱羰基和脱羧基过程，从而抑制了 CO 和 CO_2 的生成。

$$C+NH_3 \rightarrow C\cdot+H\cdot+NH\cdot+NH_2\cdot \rightarrow H_2+C\text{—}NH+C\text{—}NH_2 \tag{10-2}$$

表 10-1　NH_3 和 KOH 协同作用下生物质热解气体产物组成

组分和 LHV		BC	BC-N	BC-0.1-N	BC-0.2-N	BC-0.3-N	BC-0.4-N
组分/vol%	H_2	15.61	38.03	57.85	55.88	55.40	53.40
	CH_4	17.92	13.71	6.58	6.44	5.99	5.99
	CO	44.66	32.75	17.35	22.09	23.62	26.88
	CO_2	17.46	9.06	8.00	8.23	8.17	7.95
	C_2H_4	3.33	2.20	1.04	1.14	1.11	1.14
	C_2H_6	1.02	0.78	0.54	0.69	0.71	0.70
	N_2	—	3.47	8.64	5.53	5.00	3.94
LHV/(MJ/Nm^3)		16.62	15.67	12.96	13.06	12.96	13.03

随着 KOH 的添加，H_2 含量急剧增加，而 CO、CO_2、CH_4 和 C_nH_m 含量显著降低。这可能是由于生物质热解过程中 KOH 与碳发生反应，形成 H_2、K_2CO_3 和金属 K，反应如式(10-3)所示[31-33]。随着 KOH 含量的增加，H_2 含量略微降低，CO 含量有所增加，而其他气体组分含量几乎没有变化；而当 KOH/竹屑质量比为 0.1 时，在式(10-2)和式(10-3)的共同作用下，得到了最高的 H_2 含量(57.85vol%)，CO 含量仅为 17.35vol%。另外，无论是引入 NH_3 还是 KOH，气体产物的低位热值都呈现降低趋势，但是 KOH 含量对于 LHV 的影响几乎可以忽略，始终保持较高的 LHV(约 13MJ/Nm^3)。此外，随着 NH_3 的引入，气体产物中检测到 N_2(3.47～8.64vol%)，这可能是 NO(来源于 NH_3 与生物质反应)与生物炭发生还原反应产生的，见式(10-4)[34]；而另一部分的 N_2 也可能来源于 NH_3 的分解(NH_3 在炭催化剂作用下分解成 N_2 和 H_2)[35]。

$$6KOH + 2C \longleftrightarrow 2K + 3H_2 + 2K_2CO_3 \tag{10-3}$$

$$NO + (—C)_{char} \longrightarrow N_2 + CO \tag{10-4}$$

随着 KOH 含量的增加，N_2 含量明显降低。另外值得注意的是实验过程中没有检测到 NH_3 的存在，这可能是因为 NH_3 被吸气装置完全吸收；气体产物中也未检测到 NO_2、NO、N_2O 和 HCN，表明气体产物可用作高值燃气且不会造成环境污染。

10.4 生物质富氮热解生物油特性

生物油产物根据流动性的不同被分为水相(产率占生物油的 90～93wt%)和非水相。水相生物油呈淡黄色(特别是 BC(竹屑直接热解得到的生物炭)，几乎无色)，具有很好的流动性，而非水相呈黑色，黏性很大。水相中的水含量较高，在 52～62wt%。对于水相生物油，竹屑在纯 Ar 下热解的主要有机生物油为乙酸、苯酚和对苯酚。随着 NH_3 的引入，乙酸迅速消失，这主要是因为 NH_3 与挥发分中的乙酸发生了酸碱中和反应，进而使得水相生物油呈弱碱性(pH 大约为 9)，与传统生物油的高酸性相比，更利于后续利用。

添加 NH_3 后含氮化合物得到了很好的富集，如 1-(二甲氨基)-2-丁醇、*N*-(1-甲基亚丙基)-2-丙胺和四甲基哌啶酮，这主要是由于 NH_3、NH_2· 自由基和 NH· 自由基与羰基官能团反应，形成含氮官能团，如—CH(OH)—NH_2、—CH(OH)—NH—、—CH═NH、—CH═N—等，进一步发生脱水或缩合反应产生含氮杂环化合物和其他含氮化合物[36]。随着 KOH 的添加，4-氨基-4-甲基-1-2-戊酮也成为主要的含氮化合物，而 1-(二甲氨基)-2-丁醇消失；而随 KOH 添加量的增加，尽管含氮化合物的产率和成分没有明显的规律，但它们始终是最主要的组成成分。而对于非水相生物油，竹屑在 Ar 下热解的主要物质为苯酚、对苯酚和 4-乙烯苯酚；随着 NH_3 和 KOH 的添加，非水相中主要的含氮化合物和 pH 与水相相似，都有明显升高，但其成分变得更加复杂。

水相和非水相生物油的组成分布如表 10-2 所示[37]，它们被分为五大类：①含氮化合物，指含有氮原子的化合物；②含氮/氧化合物，指同时含氮和氧原子的化合物；③含氧化合物，指含氧原子但不含氮原子的化合物(不包括酚及其衍生物)；④芳香烃物质，指含有苯环的烃类化合物；⑤酚类物质，指苯酚及其衍生物。从表 10-2 可以看出，竹屑在 Ar 下热解的水相生物油中主要组分为酚类物质(73.41%)；而随着 NH_3 的引入，含氮化合物和含氮/氧化合物成为主要组分(79.14%～90.9%)，酚类物质和含氧化合物的量明显降低，几乎消失。与水相相比，竹屑在 Ar 下热解的非水相生物油中酚类物质和芳香烃物质为主要组分(64.06%)，随着 NH_3 的引入，含氧化合物和酚类物质含量明显增加，芳香烃物质含量减少，但是含氮化合物和含氮/氧化合物始终是非水相的主要组分(33.70%～68.57%)。然而，随着 KOH 的添加，生物油主要组成物质产率没有明显变化规律。

表 10-2　NH_3 和 KOH 协同作用下生物油的组成分布　(单位：%)

分类		BC	BC-N	BC-0.1-N	BC-0.2-N	BC-0.3-N	BC-0.4-N
水相	含氮化合物	2.30	58.03	49.70	46.13	53.89	53.64
	含氮/氧化合物	—	28.91	29.58	40.53	25.25	37.26
	含氧化合物	24.29	4.05	4.65	4.66	8.10	3.69
	酚类物质	73.41	—	—	—	—	—
非水相	含氮化合物	2.77	27.46	30.26	22.87	61.43	14.88
	含氮/氧化合物	—	28.70	6.60	22.56	7.14	18.82
	含氧化合物	5.13	11.02	9.37	8.58	6.31	10.78
	芳香烃物质	25.33	3.02	10.01	4.72	3.76	15.19
	酚类物质	38.73	11.08	29.89	21.39	5.4	25.76

10.5　富氮热解炭物化特性

10.5.1　富氮热解炭物理孔隙结构特性

生物炭的孔径特性如表 10-3 所示。竹屑 Ar 下热解制备的生物炭呈现低的比表面积($158m^2/g$)。随着 NH_3 的添加，BC-N 的比表面积和总孔容积明显增加，分别达 $521m^2/g$ 和 $0.248cm^3/g$。根据式(10-2)，H 原子、NH_2· 自由基和 NH· 自由基会刻蚀碳碎片，形成含氮官能团并促使孔打开[28, 29, 38]。另外，随着 KOH 的添加，BC-0.1-N 的 S_{BET} 和 V_{total} 显著增加(分别达 774m²/g 和 0.367cm³/g)。这可能是因为高温会形成 K 金属，部分 K 金属由于蒸发(K 沸点为 762℃)，从碳基质中移除，而还有部分 K 停留在碳基质夹层中，促使孔打开从而产生微孔和介孔[32]。当 K 金属被载气 Ar 吹走后，为了达到反应平衡，会有更多的 K 金属蒸发，从而进一步加强 KOH 与竹屑的反应活性[39]。随着 KOH 含量的增加，生物炭的比表面积和总孔容积急剧增加，当 KOH/竹屑质量比为 0.4 时，其 S_{BET} 和 V_{total} 达到最大值，分别为 1873m²/g 和 0.939cm³/g；同时随着 KOH 含量的增加，S_{mic} 和 V_{mic} 也明显增加，而当 KOH/竹屑质量比高于 0.2 时，其值开始降低，表明有更多介孔形成，这与平均孔径的变化趋势一致。

表 10-3　生物炭的孔径特性

样品	S_{BET}/(m²/g)	S_{mic}/(m²/g)	V_{total}/(cm³/g)	V_{mic}/(cm³/g)	D/nm
BC	158	148	0.075	0.069	1.898
BC-N	521	470	0.248	0.219	1.902
BC-0.1-N	774	693	0.367	0.323	1.897
BC-0.2-N	1205	1039	0.573	0.481	1.901
BC-0.3-N	1522	1032	0.735	0.477	1.932
BC-0.4-N	1873	522	0.939	0.219	2.006

注：S_{BET} 为比表面积；S_{mic} 为微孔面积；V_{total} 为总孔容积；V_{mic} 为微孔孔容积；D 为平均孔径。

图 10-2 为生物炭的孔径分布曲线。与竹屑 Ar 下热解得到的生物炭 BC 相比，引入 NH_3 后，BC-N 在孔径为 2～2.7nm 时的孔容积显著增加。随着 KOH 的添加，孔径为 2nm 左右的孔容积明显增加，并且随着 KOH 含量的增加，其持续增加。当 KOH/竹屑质量比超过 0.3 时，生成大量孔径为 2～3nm 的孔。当 KOH/竹屑质

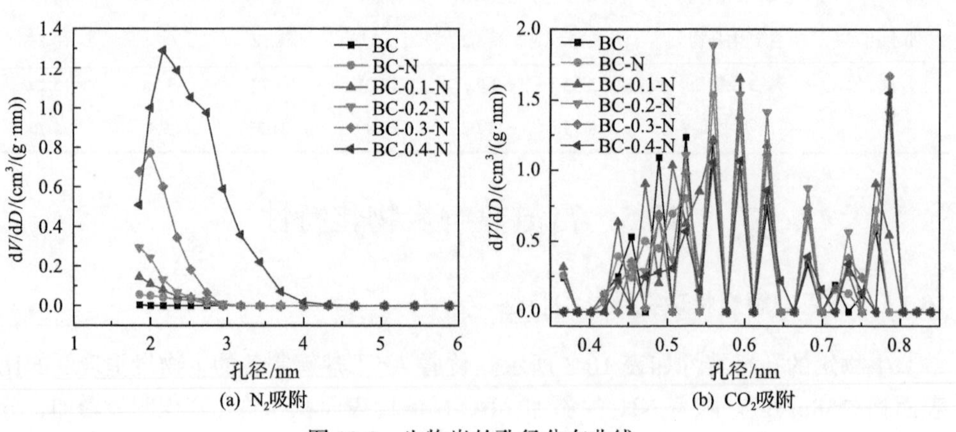

图 10-2　生物炭的孔径分布曲线

量比为 0.4 时，孔径为 2～4nm 的介孔急剧增加，取代微孔成为主要类型的孔(约 70%)；而微孔和介孔并存对于制备超级电容器电极十分有利，这是由于实际的能量储存主要发生在微孔，而介孔为电解质提供进入微孔的通道[40]。

10.5.2　富氮热解炭化学组成结构特性

生物炭的元素分析如表 10-4 所示。随着 NH_3 的引入，生物炭中的 N 元素含量明显提高，而表面的 O 含量明显降低，这主要是由于 NH_3 与含氧官能团发生了反应，从而取代了氧，实现了很好的富氮[41]。随着 KOH 的添加，N 含量大幅增加，而 O 含量持续降低，最高 N 含量可达 10.4wt%(BC-0.1-N)。然而，随着 KOH 含量的增加，生物炭中的 N 含量呈下降趋势，而表面 N 含量呈相反趋势，这主要是因为 KOH 的存在促进了生物炭表面含氧官能团和氨基的反应，进而促进了氮在生物炭表面的富集。随着 NH_3 和 KOH 的添加，生物炭中的 C 含量明显降低，这是由于 NH_3 和 KOH 均与碳发生了化学反应。

表 10-4　生物炭的元素分析、XPS 分析和比电容特性

样品	元素组成/wt%		XPS/at%			N 1s/%				C_{spec}/(F/g)
	C	N	C	N	O	N-1	N-2	N-3	N-4	
BC	80.6	0.8	93.4	0.3	6.3	—	—	—	—	—
BC-N	90.6	7.3	90.3	4.6	5.1	37.7	25.6	27.6	9.1	39
BC-0.1-N	83.2	10.4	87.5	7.3	5.0	35.1	33.1	10.7	21.1	133
BC-0.2-N	89.3	9.6	89.0	7.2	3.8	32.7	32.4	8.2	26.7	146
BC-0.3-N	75.9	9.6	88.6	7.8	3.6	32.5	40.3	12.8	14.4	161
BC-0.4-N	70.5	9.1	88.5	8.0	3.5	36.0	37.2	9.5	17.3	187

富氮热解炭典型的 XPS 光谱如图 10-3 所示。N 1s 光谱可以去卷积成 4 个峰，分别为吡啶-N(pyridinic-N，N-1，398.2eV)、吡咯-N(pyrrolic/ pyridone-N，N-2，399.8eV)、季-N(quaternary-N，N-3，400.9eV)、吡啶-N-氧化物(pyridone-N-oxide，N-4，403.2eV)[21, 42, 43]。含氮官能团的相对含量如表 10-4 所示。可以看出，富氮热解炭中吡啶-N 和吡咯-N 含量较高，而季-N 和吡啶-N-氧化物含量较低。这有利于提高富氮热解炭电极材料的电化学特性，因为吡啶-N 和吡咯-N 有助于产生赝电容现象[42, 43]。吡啶-N 和吡咯-N 可能是 NH_3 与羟基和羰基反应的产物，而季-N 的形成是由于吡啶-N 转变为石墨型 N，并且 N 原子进一步取代中间的 C 原子[24, 44]。随着 KOH 的添加，吡咯-N 和吡啶-N-氧化物含量呈明显增加趋势，而季-N 呈现相反的变化趋势，吡啶-N 没有明显变化，表明 KOH 能够促进吡咯-N 和吡啶-N-氧化物的生成，抑制季-N 形成。

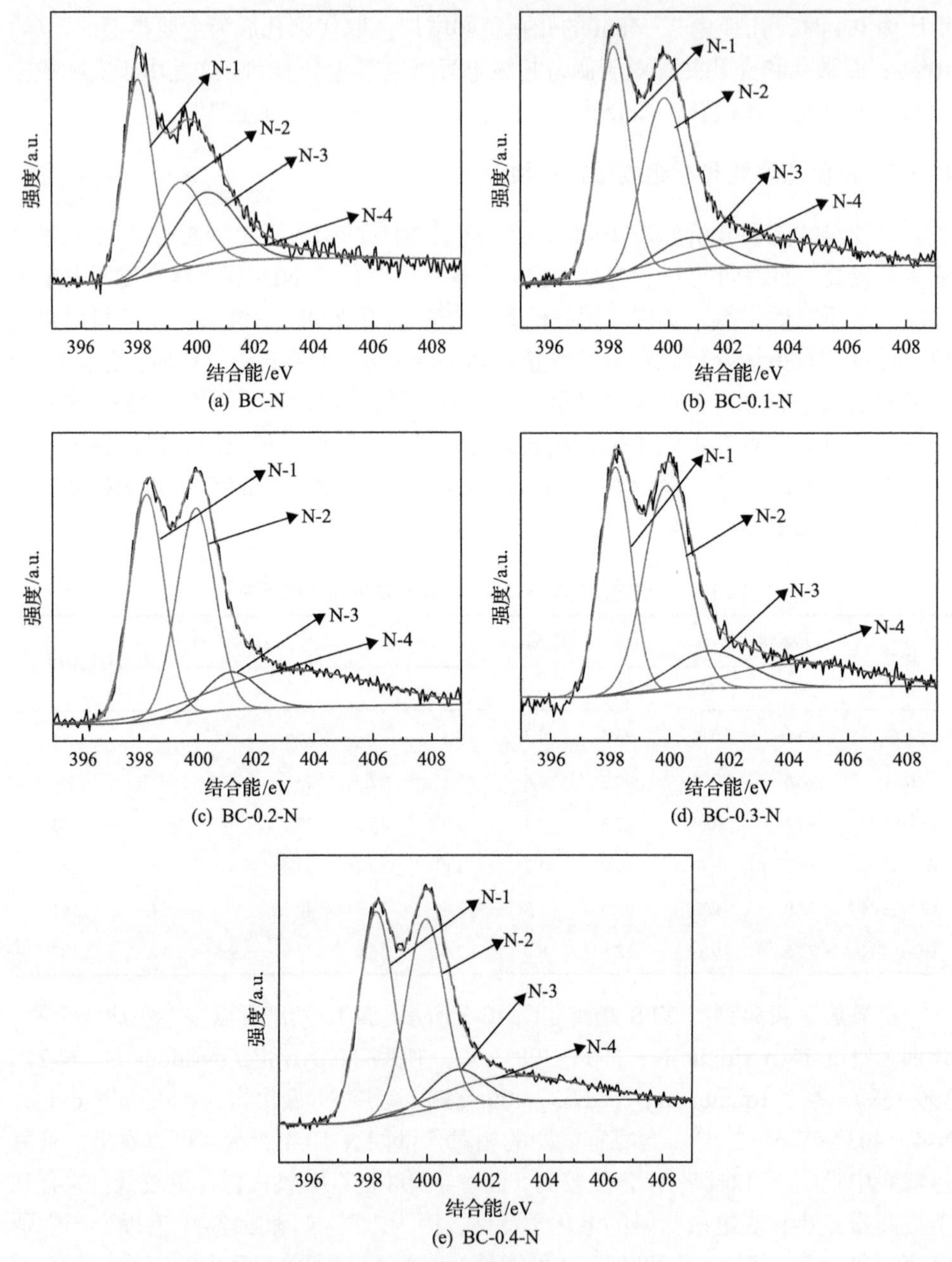

图 10-3　富氮热解炭典型的 XPS 光谱

10.5.3　富氮热解炭材料的电化学性能

富氮热解炭在电势窗口范围为–0.9～0.1V、扫描速率为 10mV/s 的 CV 特性曲线如图 10-4(a)所示。从图中可以看出，富氮热解炭 BC 的 CV 特性曲线严重偏离矩形形状，表明比电容特性极差，这是由其低比表面积导致的。随着 NH_3 的引入，BC-N 的 CV 特性曲线略微偏离矩形形状且没有氧化还原峰，这是由于其比表面积不够大以及 N 含量较低。添加 KOH 后，富氮热解炭电极材料的 CV 特性曲线呈现很好的准矩形形状，并且在−0.8V 位置有一对氧化还原峰，表明良好的双电层电容和赝电容特性同时存在。这主要是因为：①大的比表面积及大量微孔和介孔同时存在，有利于形成双电层电容；②高 N 含量提高了电极和 KOH 溶液的润湿性；③富氮热解炭表面的含氮官能团(吡啶-N 和吡咯-N)促进法拉第反应从而产生赝电容现象。

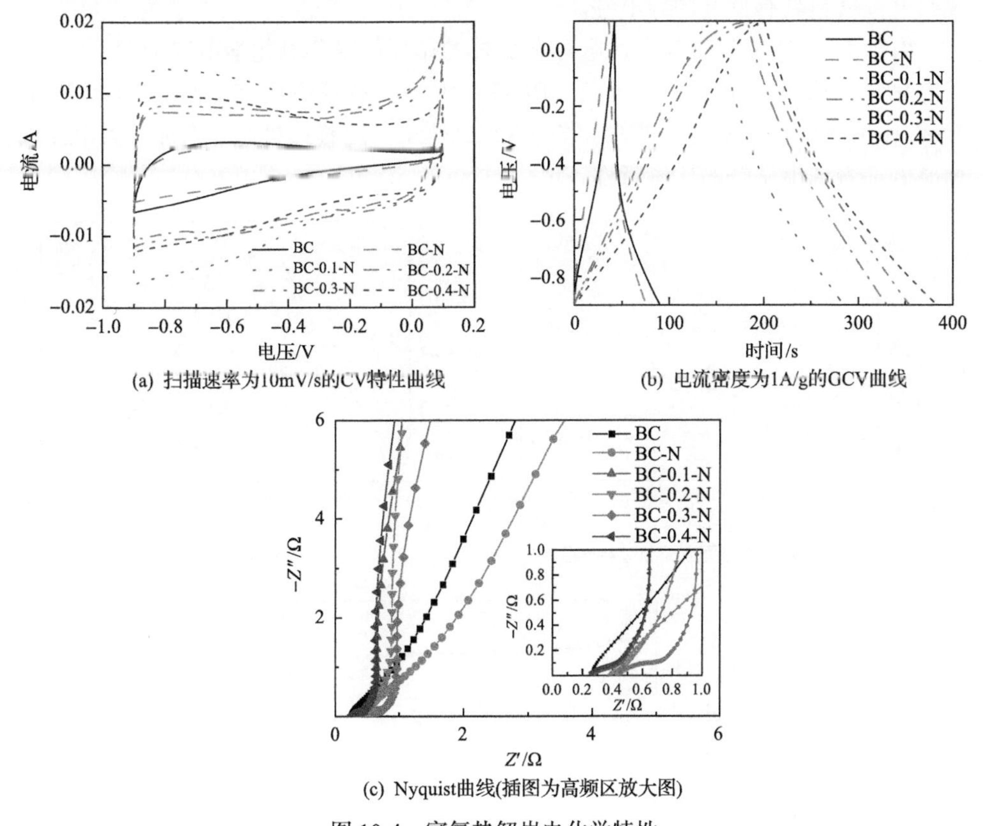

(a) 扫描速率为10mV/s的CV特性曲线　(b) 电流密度为1A/g的GCV曲线

(c) Nyquist曲线(插图为高频区放大图)

图 10-4　富氮热解炭电化学特性

不同样品在电流密度为 1A/g 下的 GCV 曲线如图 10-4(b)所示。从图中可以看出，添加 KOH 后的富氮热解炭电极材料的 GCV 曲线稍微偏离线性，说明存在赝电容现象。然而 BC 和 BC-N 的 GCV 曲线严重偏离三角形形状(特别是 BC，由于其电容特性较差，比电容没有进行计算)，这是其不理想的电容特性所致。生物炭电极材料的比电容值分别列于表 10-4 中。从表中可以看出，随着 KOH 的添加，比电容值明显增加，且随着 KOH 含量的增加，其值持续升高，当 KOH/竹屑质量比为 0.4 时，比电容达到最大值 187F/g。

生物炭样品的奈奎斯特(Nyquist)曲线如图 10-4(c)所示。从图中可以发现，在低频区，KOH 活化后的富氮热解炭电极材料曲线比未经活化的曲线更加垂直，即前者的双电层电容特性优于后者。另外，在高频区，所有电极材料没有明显的半圆形成，说明电极材料的导电性良好。曲线与实轴的截距表征等效串联电阻，它由电极材料电阻、生物炭与集流体接触电阻、电解质离子电阻组成。对于所有电极材料，集流体和电解质是相同的，即接触电阻和离子电阻为常数。因此，本书中等效串联电阻反映了生物炭电阻大小[45]。所有电极的等效串联电阻均较小，表明电极材料具有良好的导电性。

由于 BC-0.4-N 具有最大比电容和良好的循环伏安和电化学阻抗特性，因此对其电化学性质进行了进一步研究。BC-0.4-N 在扫描速率为 5mV/s、10mV/s 和 20mV/s 下的循环伏安特性曲线如图 10-5(a)所示。随着扫描速率增加，其电流增长显著，表现出良好的比率特性。

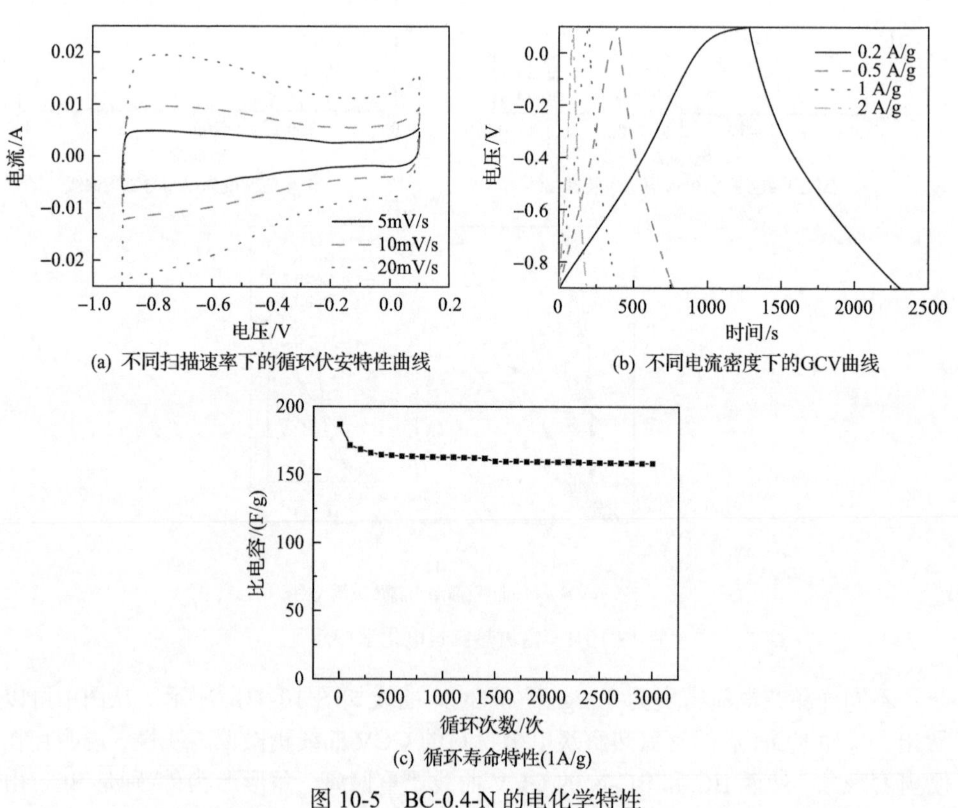

(a) 不同扫描速率下的循环伏安特性曲线

(b) 不同电流密度下的GCV曲线

(c) 循环寿命特性(1A/g)

图 10-5　BC-0.4-N 的电化学特性

BC-0.4-N 在电流密度为 0.2A/g、0.5A/g、1A/g 和 2A/g 下的 GCV 曲线如图 10-5(b)所示。所有 GCD 曲线都呈现出很好的三角形形状，表明了其优异的电容特性和充放电可逆性。当电流密度从 0.2A/g 增加到 2A/g 时，BC-0.4-N 的比电容从 207F/g 降低为 179F/g，电容留存率为 86.5%。

在电流密度为 1A/g 下，对 BC-0.4-N 进行了循环充放电测试，以探究其循环稳定性。图 10-5(c)给出了其比电容与循环次数的关系。进行 3000 次循环测试后，BC-0.4-N 仍然保留有 85%的比电容量，表明其可逆性和稳定性优异，主要归因于其良好的双电层特性和稳定的含氮官能团产生的赝电容效应。

基于以上讨论，可以得出：BC-0.4-N 具有大的比表面积、高的 N 含量和稳定的含氮官能团，是制备高性能超级电容器很有前景的富氮热解炭电极材料。

10.6　本章小结

本章在富氮热解过程中以 KOH 为活化剂，探究了 NH_3 和 KOH 共同作用下，生物质富氮热解产物的演变规律，提出了一种生物质富氮热解联产高附加值的含氮液体油和富氮热解炭材料的方法，并揭示了含氮液体油和富氮热解炭电极材料的形成机理。主要研究结论如下。

(1)在外源氮素 NH_3 与活化剂 KOH 的协同作用下，生物油中富集了大量含氮化合物，同时酚类、芳香类和含氧类物质骤减。同时也促进了 H_2 的形成，其含量超过 50vol%。

(2)富氮热解炭比表面积急剧上升，可达 1873m^2/g，介孔含量逐渐占据主导地位，同时 N 含量(达 10.4wt%)及吡啶-N 和吡咯-N 含量明显提高。富氮热解炭材料制备的超级电容器电极最大比电容可达 187F/g，且具有很好的比率特性和循环稳定性。

(3)高温下(800℃)，KOH 与生物质中的活性官能团发生优先反应，脱除大量的含氧基团，并形成丰富的活性空位，同时 NH_3 与生物质反应生成大量 NH_2· 和 NH· 自由基，这些自由基快速地填充活性空位，富集大量的氮素于生物炭产品及液体油中，从而形成高氮含量的含氮液体油和富氮热解炭材料。另外，NH_3 和 KOH 都具有活化作用，相互促进并剧烈地刻蚀碳骨架，促使富氮热解炭中生成大量孔隙，从而形成高比表面积、发达介孔的富氮热解炭材料。

(4)通过调控富氮热解过程，实现了生物质富氮热解联产高附加值的含氮化学品和富氮热解炭电极材料的目标。

参考文献

[1] Wang Y, Akbarzadeh A, Chong L, et al. Catalytic pyrolysis of lignocellulosic biomass for bio-oil production: A review [J]. Chemosphere, 2022, 297: 134181.

[2] Qiu B B, Yang C H, Shao Q N, et al. Recent advances on industrial solid waste catalysts for improving the quality of

bio-oil from biomass catalytic cracking: A review[J]. Fuel, 2022, 315: 123218.
[3] Yogalakshmi K N, Devi T P, Sivashanmugam P, et al. Lignocellulosic biomass-based pyrolysis: A comprehensive review[J]. Chemosphere, 2022, 286: 131824.
[4] Chen X, Che Q F, Li S J, et al. Recent developments in lignocellulosic biomass catalytic fast pyrolysis: Strategies for the optimization of bio-oil quality and yield[J]. Fuel Processing Technology, 2019, 196: 106180.
[5] Hoang A T, van Pham V. 2-methylfuran (MF) as a potential biofuel: A thorough review on the production pathway from biomass, combustion progress, and application in engines[J]. Renewable & Sustainable Energy Reviews, 2021, 148: 111265.
[6] Chen X, Yang H P, Chen Y Q, et al. Catalytic fast pyrolysis of biomass to produce furfural using heterogeneous catalysts[J]. Journal of Analytical and Applied Pyrolysis, 2017, 127: 292-298.
[7] Wang B, Li K, Nan D H, et al. Enhanced production of levoglucosenone from pretreatment assisted catalytic pyrolysis of waste paper[J]. Journal of Analytical and Applied Pyrolysis, 2022, 165: 105567.
[8] Li Y, Hu B, Fu H, et al. Catalytic fast pyrolysis of cellulose for the selective production of levoglucosenone using phosphorus molybdenum tin mixed metal oxides[J]. Energy & Fuels, 2022, 36 (17): 10251-10260.
[9] Chen W, Fang Y, Li K X, et al. Bamboo wastes catalytic pyrolysis with N-doped biochar catalyst for phenols products [J]. Applied Energy, 2020, 260: 114242.
[10] Xu L J, Shi C C, He Z J, et al. Recent advances of producing biobased N-containing compounds via thermo-chemical conversion with ammonia process[J]. Energy & Fuels, 2020, 34 (9): 10441-10458.
[11] Li K, Zhu C P, Zhang L Q, et al. Study on pyrolysis characteristics of lignocellulosic biomass impregnated with ammonia source[J]. Bioresource Technology, 2016, 209: 142-147.
[12] Xu L J, Yao Q, Zhang Y, et al. Integrated production of aromatic amines and N-doped carbon from lignin via ex situ catalytic fast pyrolysis in the presence of ammonia over zeolites[J]. ACS Sustainable Chemistry & Engineering, 2017, 5 (4): 2960-2969.
[13] Xu L J, Yao Q, Deng J, et al. Renewable N-heterocycles production by thermocatalytic conversion and ammonization of biomass over ZSM-5[J]. ACS Sustainable Chemistry & Engineering, 2015, 3 (11): 2890-2899.
[14] Inagaki M, Toyoda M, Soneda Y, et al. Nitrogen-doped carbon materials[J]. Carbon, 2018, 132: 104-140.
[15] Wang S X, Zou K X, Qian Y X, et al. Insight to the synergistic effect of N-doping level and pore structure on improving the electrochemical performance of sulfur/N-doped porous carbon cathode for Li-S batteries[J]. Carbon, 2019, 144: 745-755.
[16] Chen W, Chen Y Q, Yang H P, et al. Investigation on biomass nitrogen-enriched pyrolysis: Influence of temperature [J]. Bioresource Technology, 2018, 249 (Supplement C): 247-253.
[17] Chen W, Li K X, Xia M W, et al. Influence of NH_3 concentration on biomass nitrogen-enriched pyrolysis[J]. Bioresource Technology, 2018, 263: 350-357.
[18] Li K X, Chen W, Yang H P, et al. Mechanism of biomass activation and ammonia modification for nitrogen-doped porous carbon materials[J]. Bioresource Technology, 2019, 280: 260-268.
[19] Xu L J, Jiang Y Y, Yao Q, et al. Direct production of indoles via thermo-catalytic conversion of bio-derived furans with ammonia over zeolites[J]. Green Chemistry, 2015, 17 (2): 1281-1290.
[20] Zhou M, Pu F, Wang Z, et al. Nitrogen-doped porous carbons through KOH activation with superior performance in supercapacitors[J]. Carbon, 2014, 68: 185-194.
[21] Sun L, Tian C G, Fu Y, et al. Nitrogen-doped porous graphitic carbon as an excellent electrode material for advanced supercapacitors[J]. Chemistry A Eroupean Journal, 2014, 20 (2): 564-574.

[22] Alves C A, Gonçalves C, Pio C A, et al. Smoke emissions from biomass burning in a mediterranean shrubland[J]. Atmos Environ, 2010, 44(25): 3024-3033.

[23] Fu P, Hu S, Xiang J, et al. FTIR study of pyrolysis products evolving from typical agricultural residues[J]. Journal of Analytical and Applied Pyrolysis, 2010, 88(2): 117-123.

[24] Zhao H B, Wang W D, Lv Q F, et al. Preparation and application of porous nitrogen-doped graphene obtained by co-pyrolysis of lignosulfonate and graphene oxide[J]. Bioresource Technology, 2015, 176: 106-111.

[25] Westerhof R J M, Brilman D W F, Swaaij W P M V, et al. Effect of temperature in fluidized bed fast pyrolysis of biomass: Oil quality assessment in test units[J]. Industrial & Engineering Chemistry Research, 2010, 49(3): 1160-1168.

[26] Westerhof R J M, Nygård H S, Swaaij W P M V, et al. Effect of particle geometry and microstructure on fast pyrolysis of beech wood[J]. Energy & Fuels, 2012, 26(4): 2274-2280.

[27] Yang H P, Yan R, Chen H P, et al. Pyrolysis of palm oil wastes for enhanced production of hydrogen rich gases[J]. Fuel Processing Technology, 2006, 87(10): 935-942.

[28] Boehm H P, Mair G, Stoehr T, et al. Carbon as a catalyst in oxidation reactions and hydrogen halide elimination reactions[J]. Fuel, 1984, 63(8): 1061-1063.

[29] Stöhr B, Boehm H P, Schlögl R. Enhancement of the catalytic activity of activated carbons in oxidation reactions by thermal treatment with ammonia or hydrogen cyanide and observation of a superoxide species as a possible intermediate[J]. Carbon, 1991, 29(6): 707-720.

[30] Moens L, Evans R J, Looker M J, et al. A comparison of the maillard reactivity of proline to other amino acids using pyrolysis-molecular beam mass spectrometry[J]. Fuel, 2004, 83(11-12): 1433-1443.

[31] Lillo-Ródenas M A, Juan-Juan J, Cazorla-Amorós D, et al. About reactions occurring during chemical activation with hydroxides[J]. Carbon, 2004, 42(7): 1371-1375.

[32] Jiménez V, Sánchez P, Valverde J L, et al. Influence of the activating agent and the inert gas(type and flow) used in an activation process for the porosity development of carbon nanofibers[J]. Journal of Colloid and Interface Science, 2009, 336(2): 712-722.

[33] Deng H, Li G X, Yang H B, et al. Preparation of activated carbons from cotton stalk by microwave assisted KOH and K_2CO_3 activation[J]. Chemical Engineering Journal, 2010, 163(3): 373-381.

[34] Liu J X, Jiang X M, Shen J, et al. Pyrolysis of superfine pulverized coal. Part 3. Mechanisms of nitrogen-containing species formation[J]. Energy Conversion and Management, 2015, 94: 130-138.

[35] Janssens T V W, Falsig H, Lundegaard L F, et al. A Consistent reaction scheme for the selective catalytic reduction of nitrogen oxides with ammonia[J]. ACS Catal, 2015, 5(5): 2832-2845.

[36] Hodge J. Dehydrated foods chemistry of browning reactions in model systems[J]. Journal of Agricultural & Food Chemistry, 1953, 1: 16.

[37] Marcilla A, Leon M, Nuria Garcia A, et al. Upgrading of tannery wastes under fast and slow pyrolysis conditions[J]. Industrial & Engineering Chemistry Research, 2012, 51(8): 3246-3255.

[38] Mangun C L, Benak K R, Economy J, et al. Surface chemistry, pore sizes and adsorption properties of activated carbon fibers and precursors treated with ammonia[J]. Carbon, 2001, 39(12): 1809-1820.

[39] Lozano-Castelló D, Lillo-Ródenas M A, Cazorla-Amorós D, et al. Preparation of activated carbons from Spanish anthracite: Ⅰ. Activation by KOH[J]. Carbon, 2001, 39(5): 741-749.

[40] Chen X Y, Chen C, Zhang Z J, et al. Nitrogen-doped porous carbon for supercapacitor with long-term electrochemical stability[J]. Journal of Power Sources, 2013, 230: 50-58.

[41] Hulicova-Jurcakova D, Kodama M, Shiraishi S, et al. Nitrogen-enriched nonporous carbon electrodes with extraordinary supercapacitance[J]. Advanced Functional Materials, 2009, 19(11): 1800-1809.

[42] Xu B, Hou S S, Cao G P, et al. Sustainable nitrogen-doped porous carbon with high surface areas prepared from gelatin for supercapacitors[J]. Journal of Materials Chemistry C, 2012, 22(36): 19088-19093.

[43] Hulicova-Jurcakova D, Seredych M, Lu G Q, et al. Combined effect of nitrogen-and oxygen-containing functional groups of microporous activated carbon on its electrochemical performance in supercapacitors[J]. Advanced Functional Materials, 2009, 19(3): 438-447.

[44] Lin Z Y, Waller G, Liu Y, et al. Facile synthesis of nitrogen-doped graphene via pyrolysis of graphene oxide and urea, and its electrocatalytic activity toward the oxygen-reduction reaction[J]. Advanced Functional Materials, 2012, 2(7): 884-888.

[45] Saha D, Li Y C, Bi Z H, et al. Studies on supercapacitor electrode material from activated lignin-derived mesoporous carbon[J]. Langmuir, 2014, 30(3): 900-910.

第 11 章　总结与展望

本书从微观化学有机结构层面揭示了生物质的热解机理，对生物质热解过程机理进行了全新的解读。进一步地本书将热解这一生物质高效转化方式与满足产品利用价值最大化有机结合，提出了热解多联产的生物质转化利用新思路，即以同时得到具有较高利用价值的可燃气、生物油和生物炭产品为目标的生物质热解。并从原料特性、预处理过程、热解条件、无机矿物质迁移转化、热解生物炭理化结构演变、热解催化等多个方面对生物质热解多联产过程进行全面系统深入地描述。本章在上述内容的基础上对目前生物质热解的研究前沿和发展方向进行总结和展望，以期为生物质进一步高效、高值转化和综合利用提供科学依据。

随着相应技术的发展，生物质热解的研究逐渐从反应工况的粗略调整转变为整个工艺过程的精细调控，其目标产物也逐渐由原始的热、电等能源性产物逐渐过渡到具有高附加值的生物燃气、液体燃料/化学品/药品分子以及碳基材料。另外，从生物质利用的整体经济性出发，着眼于生物质产物综合利用的热解多联产技术也逐渐受到广泛关注。需要指出的是现有的热解多联产技术的产物品质还处于较低水平，因此有必要将产物精炼过程和生物质热解多联产技术进行有机耦合，形成一套完整的从生物质原料到高附加值产品的工艺路线。为了实现上述目标，关键在于进一步研究热解路径与产物调控机制，并在此基础上结合生物精炼等产物提质的前沿技术手段，探索实现生物质高值化综合利用的方法。

11.1　生物质热解机理的深入阐述

由于生物质成分复杂，热解反应过程和作用机理尚不完全清楚，导致目前热解产物的品质品位较低，阻碍了生物质热解技术的商业应用。要实现生物质热解产物的定向调控和高值化，需要进一步深入研究生物质大分子的热解构与重组行为、有机组分之间的耦合作用机理以及基于无机组分的自催化作用和外加催化剂的协同调控机制，建立基于源头调质与过程强化的生物质热解产物控制转化理论与方法体系。

生物质中的主要组分纤维素、半纤维素和木质素是具有不同结构的高分子化合物，其在热化学环境下的解聚、重组等一系列反应直接决定了最终产物的分布，但该过程极为复杂，特别是中间的过渡态产物及其反应路径还不明确，需要结合先进的在线和原位分析手段以及量子化学计算方法，捕捉和确定中间态自由基，进而确定反应路径，从而加深对生物质大分子在不同环境和条件下的化学键断裂途径与转化机理的认识。

另外，三大组分之间也存在着不可忽略的相互作用，不能简单地根据三大组分的热解特性和分布来预测生物质热解产物，而需要对生物质全组分在热解过程中的转化、演变和相互作用机制进行全面深入的研究，以期建立基于组分分布和耦合方式的生物质热解机理模型，形成通过优化生物质原料组分来实现目标产物调控的新方法。

同时，对生物质热解过程中无机矿物质的影响，特别是碱金属和碱土金属的影响，也从研究其迁移、转化规律发展到研究其对热解过程和热解产物的作用机理，从尽量避免其不利影响发展到最大化利用其调控作用，进而通过引入外加催化剂，形成内外一体的热解产物催化调控机制，实现对目标产物的精准调控和高效提质。

11.2　生物质高值化综合利用展望

11.2.1　生物炭的高值化利用

生物炭在人类追求美好生活的过程中起着越来越重要的作用，近年来生物炭在吸附剂(气体污染物、污水处理和重金属吸附)、储能材料(超级电容器、纽扣电池)以及催化剂(氧化还原反应(ORR)、析氧反应(OER))等方面得到了广泛应用。

生物炭作为碳基肥可以有效地提高农作物的产量，同时能促进农业减排，减少化肥使用量。但是，生物炭运用于土壤也有一些不确定因素和风险，如生物炭对土壤有很多改良效果，但怎样提升这些优良效果仍没有明确方法，同时，生物炭固定污染物的效果有待长期探究，因为随着时间推移，生物炭降解，污染物可能重新释放到土壤中，再次造成污染。因此，需要进一步地研究如何定向调控生物炭的理化特性使其更有效地在土壤中发挥效力，以及研究生物炭与土壤、肥料、作物、水及微生物的耦合协同作用机理，使其稳定地存在于土壤中。

在储能材料方面，生物质的结构多样性为高性能超级电容器电极用炭的结构带来了丰富的可能性。但目前碳基超级电容器还存在能量密度低的问题。针对现存问题，未来的研究方向应该重点在于通过引入杂原子或金属合成复合材料，来提高超级电容器的能量密度，同时提高电池的功率密度和循环寿命。另外，通过结合超级电容器与电池的优点，制备混合型的电容器，也将是未来的一个重要研究方向。

生物炭可用作良好的催化剂材料，用于催化脱氧、电催化等领域。但还存在生物炭表面活性位点不足的问题。表面修饰引入含氮、含氧、含硫等活性官能团，可以提高其生物炭的催化效果；负载金属纳米颗粒可以赋予炭材料新的吸附位点、催化位点，可以制得具有高分散活性位点及高传质能力(多孔)的复合材料。

总体而言，在生物炭的高值化利用过程中，一方面需要考虑如何构造具有良好适应性的富含特定活性组分的多孔活性炭；另一方面则需要考虑到制备过程的绿色、经济以及产物的均一性。上述问题的解决需深入探究生物炭理化结构与特定功能的关联关系，同时也需要掌握改性剂种类、生物质种类、组成成分、结构特性对炭材料结构的影响机制。

11.2.2　生物油的高值化利用

生物油主要可用作液体燃料或提取化学品，但生物质热解的得到的原油含氧量高、组分复杂，因此需要对原油进行品质提升。

催化热解过程通过引入适宜的催化剂调控挥发分重整过程、促进二次反应的进行，从而脱除生物油中过多的氧元素以实现生物油基燃料品质的提升。在催化热解制备液体燃料时，生物油品质的提升会不可避免地带来产率的降低，现有研究的重心在于如何提升生物油的品质(催化剂筛选、反应机理分析、反应过程优化)，高品位生物油的产率通常较低，如何平衡生物油的品质和产率是经济性制备高品质液体燃料的关键。通过过程偶联(如生物油催化加氢与催化裂化偶联)可能实现较高产率高品位液体燃料的制备，但其过程经济性仍需要进一步考察。

目前生物质催化热解制备化学品的研究以制备不含氧的碳氢化合物为主，该过程会在移除氧元素的同时带走部分氢原子以及碳原子，造成原子经济性较低。相对而言，制备富含较高活性的含氧官能团化学品的研究较少，且相关研究大多以无机盐/酸/碱为催化剂，这些催化剂的使用一方面会造成高温时设备的腐蚀，另一方面催化剂的回收较为困难。因此，需要基于糖平台(半纤维素、纤维素)和木质素平台对应的含氧化合物特性，开发出相应的高选择性、高活性、高稳定性的非均相催化剂。此外，高温条件下，含氧化合物容易发生进一步转化，如何将其快速地从高温区移除并阻碍其二次反应也是未来需要重点研究的对象。

11.2.3　生物质热解气利用

常规生物质热解气包含 CO、CO_2、H_2、CH_4 以及少量低碳烯烃。与生物油类似，其高值化利用的关键核心问题是目标组分的有效富集。生物质热解气可以作为费-托合成的原料(适宜比例的 CO 和 H_2 的混合气)，在面向费-托合成工艺时，调整热解气中 CO 和 H_2 的比例至适宜值并减少杂质气体的存在是保障该技术的可行性以及经济性的关键。此外，如何实现费-托合成过程中碳链的可控增长也是其面临的挑战之一。另外，由于氢气的独特优点，探索生物质热解制备富氢气体也受到较多关注，其关键在于如何提升氢气的选择性和产率。适宜的廉价氧化钙基催化剂的加入可以有效提高氢气的含量，但其面临着催化剂失活的问题，未来研究的重点在于具有高活性、高稳定性催化剂的制备方法的探索。

11.2.4　生物质高值负碳综合利用

当前生物质定向制备高品位气体燃料、高附加值液体燃料或化学品以及高值化碳基材料的研究都只关注其目标产物，并对应开展了针对目标产物调控机制的研究。但单一目标产物的产率通常较低、生物质原料的整体利用率不高。气、液、固三者之间的协同优化是实现生物质高效、高值化利用目标的关键，且该协同优化过程会存在新的反应机制。因此，有必要将生物质单一产物的优化方法进行合理的组合，并通过对偶联调控过程的反应机理、过程经济性进行研究，探索出一条具有良好原料适应性的生物质全组分、高值化、多联产、资源化利用路线(图 11-1)。

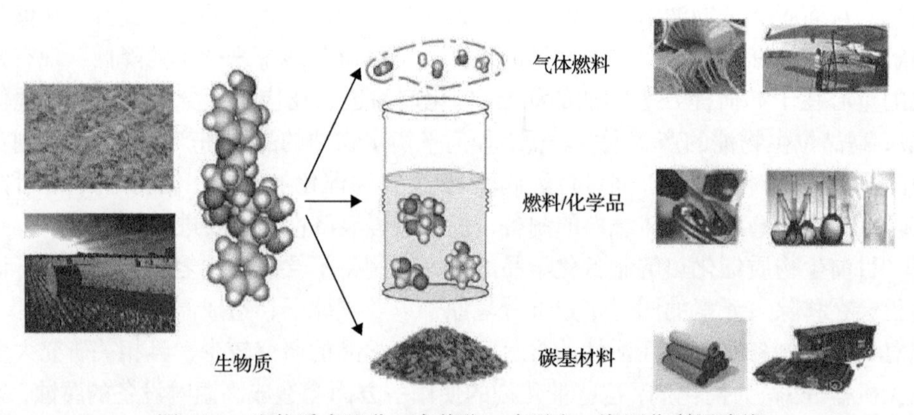

图 11-1　生物质全组分、高值化、多联产、资源化利用路线